高等职业教育计算机类专业新型一体化教材

CentOS 7 系统配置与管理
（第 2 版）

杨海艳　张文库　主编

电子工业出版社
Publishing House of Electronics Industry
北京·BEIJING

内 容 简 介

本书旨在打造简单易学且实用性强的轻量级 CentOS Linux 入门教程，基于 CentOS 7 编写，其内容通用于 RHEL、Fedora 等操作系统。本书共 16 章，涵盖部署虚拟环境、安装 CentOS 7；Linux 操作系统运维基本命令；与文件读写操作有关的技术；使用 Vim 编辑器编写 Shell 脚本；配置与应用远程连接服务、管理用户与用户组、管理文件权限；硬盘分区管理、格式化及挂载等操作；管理 RAID 与 LVM 磁盘阵列、配置网络存储 iSCSI 服务；配置与应用 DHCP 服务；配置与应用 Web 服务；使用 BIND 提供 DNS 域名解析服务；使用 Postfix 与 Dovecot 部署邮件系统；配置 MariaDB 网络数据库服务；安装与配置 LNMP 服务器等。此外，本书还深度点评了红帽 RHCSA、RHCE、RHCA 认证，方便读者备考。

本书适合计划系统、全面学习 Linux 技术的运维人员阅读，具有一定的 Linux 使用经验的读者也可以通过本书来巩固自己的 Linux 知识。

图书在版编目（CIP）数据

CentOS 7 系统配置与管理 / 杨海艳，张文库主编. —2 版. —北京：电子工业出版社，2020.4（2024.12重印）

ISBN 978-7-121-37497-5

Ⅰ．①C… Ⅱ．①杨… ②张… Ⅲ．①Linux 操作系统－高等学校－教材 Ⅳ．①TP316.85

中国版本图书馆 CIP 数据核字（2019）第 214178 号

责任编辑：李　静　　　特约编辑：田学清
印　　刷：三河市良远印务有限公司
装　　订：三河市良远印务有限公司
出版发行：电子工业出版社
　　　　　北京市海淀区万寿路 173 信箱　　　　　邮编 100036
开　　本：787×1092　　1/16　　印张：17.25　　　字数：463.7 千字
版　　次：2017 年 12 月第 1 版
　　　　　2020 年 4 月第 2 版
印　　次：2024 年 12 月第 11 次印刷
定　　价：49.80 元

凡所购买电子工业出版社图书有缺损问题，请向购买书店调换。若书店售缺，请与本社发行部联系，联系及邮购电话：（010）88254888，88258888。

质量投诉请发邮件至 zlts@phei.com.cn，盗版侵权举报请发邮件至 dbqq@phei.com.cn。

本书咨询联系方式：（010）88254604，lijing@phei.com.cn。

前　言

　　近几年，逐渐兴起的云计算与大数据技术都是架构在 Linux 操作系统之上的，Linux 服务器的运维与管理是 IT 运维与管理人员需要掌握的基本技能。

　　笔者长期从事 IT 运维技术与 IT 运维教学行业，于 2003 年开始接触 CentOS Linux 操作系统并开始学习运维技术，于 2014 年 4 月考取了红帽工程师 RHCSA 和 RHCE 证书。笔者深知能力有限，然得益于良师益友的无私帮助，秉承 "Share your ideas and experiments with the world" 的座右铭，笔者坚定了写作本书的信念。笔者希望尽自己最大努力把所学知识分享给读者，希望读者能够少走一些弯路，更快地入门 Linux 操作系统。

　　本书基于 Linux 操作系统 CentOS 7 版本编写而成，书中的内容及实验完全适用于 RHEL、Fedora 等操作系统。本书的配套软件及资料完全免费，面向 Linux 操作系统的新手。本书将带领零基础读者入门 Linux 操作系统，然后渐进式地提高内容难度，使其匹配生产环境对运维人员的要求。

　　本书的载体虽然是 CentOS，但其主要内容是针对 RHCSA 和 RHCE 认证考试的，所以读者可以通过本书了解到 RHCSA 和 RHCE 认证考试的区别，从而有针对性地学习和准备考试。

　　RHCSA 和 RHCE 是两项不同的认证考试，各有侧重，二者之间也有很多重叠之处。红帽公司提供了多种认证，而 RHCSA 和 RHCE 是这些认证的基础，也就是说，必须先通过 RHCSA 和 RHCE 认证考试，才能参加其他认证考试。立志在 Linux 领域一展身手的读者，如果还没有参加过红帽认证考试，则可以考虑参加 RHCSA 或 RHCE 认证考试中的一项或两项，本书能够为备考助力。

　　本书除配套软件、教学课件、源代码外，还配有丰富的教学视频，供广大读者学习使用。

　　最后，笔者写作本书的初心在于感恩，感恩我的家人，感恩我的老师，感恩我的同事，感恩我的读者，我要为读者提供一本好的教材，为读者提供一系列价格远低于高价培训机构的，甚至免费的、开源的图书、视频、资源，为中国的开源事业贡献自己的一点力量。

杨海艳

2020 年 1 月

目　　录

第 1 章　认识 Linux 操作系统 ·· 1
1.1　自由与开源 ·· 1
1.2　Linux 操作系统的发展与优势 ·· 2
1.3　常见的 Linux 操作系统版本 ·· 4
1.4　Linux 操作系统内核版本 ·· 6
1.5　红帽的认证体系 ·· 7
复习题 ·· 10

第 2 章　Linux 操作系统的安装与初始化 ·· 11
2.1　部署虚拟环境 ·· 11
2.2　安装 CentOS 7 ·· 19
2.3　重置 ROOT 管理员密码 ··· 28
2.4　RPM 管理器 ·· 30
2.5　systemd 初始化进程 ··· 30
复习题 ·· 32

第 3 章　Linux 操作系统运维基本命令 ··· 33
3.1　初识 Shell ··· 33
3.2　执行查看帮助命令 ·· 34
3.3　文件管理命令 ·· 36
　　3.3.1　创建文件或修改文件时间 touch 命令 ·· 36
　　3.3.2　复制文件 cp 命令与移动文件 mv 命令 ··· 37
　　3.3.3　删除文件 rm 命令 ··· 37
　　3.3.4　查看文件 cat、less、tail、more 命令 ·· 38
　　3.3.5　查找文件或目录 find、locate 命令 ··· 39
　　3.3.6　过滤文本 grep 命令 ··· 40

3.3.7　比较文件差异 diff 命令 ………………………………………………… 41

3.3.8　在文件或目录之间创建链接 ln 命令 …………………………………… 41

3.3.9　显示文件类型 file 命令 ………………………………………………… 41

3.3.10　分割文件 split 命令 …………………………………………………… 42

3.3.11　处理文本 awk 和 sed 命令 …………………………………………… 42

3.4　目录管理命令 ……………………………………………………………………… 43

3.4.1　显示当前工作目录 pwd 命令 …………………………………………… 43

3.4.2　创建目录 mkdir 命令 …………………………………………………… 44

3.4.3　删除目录 rmdir 命令 …………………………………………………… 44

3.4.4　查看目录树 tree 命令 …………………………………………………… 45

3.4.5　打包或解包文件 tar 命令 ……………………………………………… 45

3.4.6　压缩或解压缩文件和目录 zip/unzip 命令 ……………………………… 45

3.4.7　压缩或解压缩文件和目录 gzip/gunzip 命令 …………………………… 46

3.4.8　压缩或解压缩文件和目录 bzip2/bunzip2 命令 ………………………… 46

3.5　系统管理命令 ……………………………………………………………………… 47

3.5.1　查看命令帮助 man 命令 ………………………………………………… 47

3.5.2　查看历史命令记录 history 命令 ………………………………………… 47

3.5.3　显示或设置系统时间与日期 date 命令 ………………………………… 48

3.5.4　清空终端屏幕 clear 命令 ……………………………………………… 48

3.5.5　查看系统负载 uptime 命令 ……………………………………………… 48

3.5.6　显示系统内存状态 free 命令 …………………………………………… 49

3.5.7　转换或复制文件 dd 命令 ……………………………………………… 49

3.5.8　查看网卡配置与网络状态 ifconfig 命令 ……………………………… 50

3.6　任务管理命令 ……………………………………………………………………… 51

3.6.1　管理单次任务 at 命令 …………………………………………………… 51

3.6.2　管理周期任务 crond 命令 ……………………………………………… 51

3.7　重定向、管道命令符与环境变量 ………………………………………………… 53

3.7.1　输入/输出重定向 ………………………………………………………… 53

3.7.2　管道命令符 ……………………………………………………………… 55

3.7.3　命令行的通配符 ………………………………………………………… 56

3.7.4　常用的转义字符 ………………………………………………………… 57

3.7.5　重要的环境变量 ………………………………………………………… 58

复习题 ……………………………………………………………………………………… 60

第 4 章　Vim 编辑器与 Shell 脚本 …………………………………………………… 63

4.1　Vim 编辑器 ………………………………………………………………………… 63

4.1.1　编写简单文档 …………………………………………………………… 65

    4.1.2 配置主机名称 ··· 65

    4.1.3 配置 IP 地址 ··· 66

    4.1.4 配置 yum 软件仓库 ·· 66

  4.2 编写 Shell 脚本 ··· 68

    4.2.1 编写简单的 Shell 脚本 ··· 68

    4.2.2 接收用户输入的参数 ·· 69

    4.2.3 判断用户的参数 ·· 70

  4.3 流程控制语句 ·· 72

    4.3.1 if 条件测试语句 ·· 73

    4.3.2 for 条件循环语句 ·· 75

    4.3.3 while 条件循环语句 ··· 78

    4.3.4 case 条件测试语句 ·· 79

  4.4 计划任务服务程序 ··· 80

  复习题 ··· 83

第 5 章　配置与应用远程服务 ·· 84

  5.1 配置网络服务 ·· 84

    5.1.1 配置网卡 IP 地址 ··· 84

    5.1.2 配置网卡负载均衡 ·· 87

  5.2 配置远程服务 ·· 90

    5.2.1 配置 Telnet 服务 ·· 90

    5.2.2 配置 sshd 服务 ··· 94

    5.2.3 安全密钥验证 ·· 95

    5.2.4 配置 VNC 图形界面服务 ····································· 97

  5.3 远程文件传输 ··· 100

  复习题 ·· 101

第 6 章　管理用户与用户组 ·· 103

  6.1 系统中的用户 ·· 104

  6.2 用户密码 ·· 105

  6.3 系统中的用户组 ··· 106

  6.4 用户组密码 ··· 107

  6.5 用户与用户组常用命令 ·· 107

  复习题 ·· 111

第 7 章　管理文件权限 ·· 112

  7.1 文件的一般权限 ··· 112

  7.2 文件权限常用命令 ·· 114

7.3　文件默认权限 umask ··· 116

7.4　文件的特殊权限 ··· 117

7.5　文件的隐藏权限 ··· 120

7.6　文件访问控制列表 ··· 122

7.7　用户切换与提权操作 ··· 123

复习题 ··· 127

第 8 章　管理磁盘存储与分区 ··· 128

8.1　Linux 操作系统的文件结构 ·· 128

8.2　物理设备管理 ·· 130

8.3　文件资料存储 ·· 132

8.4　挂载与卸载硬件 ·· 133

8.5　磁盘分区管理 ·· 135

8.6　磁盘容量配额管理 ·· 141

复习题 ··· 143

第 9 章　管理 RAID 与 LVM 磁盘阵列 ·· 144

9.1　RAID 技术 ··· 144

9.2　RAID 的部署、修复及备份盘 ·· 146

9.3　逻辑卷管理器 ·· 150

9.4　软、硬链接 ·· 157

复习题 ··· 159

第 10 章　配置网络存储 iSCSI 服务 ··· 160

10.1　iSCSI 技术概述 ·· 160

10.2　创建 RAID ·· 161

10.3　iSCSI 服务器搭建 ·· 162

10.4　Linux 客户端配置 ··· 166

10.5　Windows 客户端配置 ··· 168

复习题 ··· 174

第 11 章　配置与应用 DHCP 服务 ·· 175

11.1　DHCP 服务器的工作原理 ·· 175

11.2　解读 DHCP 配置文件 ··· 177

11.3　架设企业 DHCP 服务器 ·· 179

11.4　配置 DHCP 保留地址 ··· 182

复习题 ··· 183

第 12 章　配置与应用 Web 服务 ···185

12.1　发布默认网站 ··185
12.2　发布个人网站 ··187
12.3　配置网站安全机制 SELinux ··190
12.4　搭建开放式与认证式个人网站 ··192
12.5　虚拟主机配置案例 ··195
　　12.5.1　基于多 IP 地址的虚拟主机 ···196
　　12.5.2　基于多主机域名的虚拟主机 ···198
　　12.5.3　基于多端口的虚拟主机 ···201
12.6　配置访问控制规则 ··203
复习题 ···204

第 13 章　使用 BIND 提供 DNS 域名解析服务 ···206

13.1　DNS 域名解析服务 ···206
13.2　配置主 DNS 服务器 ···209
　　13.2.1　配置正向解析区域 ··211
　　13.2.2　配置反向解析区域 ··213
13.3　配置从服务器 ··214
复习题 ···216

第 14 章　使用 Postfix 与 Dovecot 部署电子邮件系统 ·····································218

14.1　电子邮件的工作原理 ···218
14.2　部署基础的电子邮件系统 ··221
　　14.2.1　配置 Postfix 电子邮件服务器 ··222
　　14.2.2　配置 Dovecot 服务 ··224
　　14.2.3　配置电子邮件客户端 ··226
14.3　设置电子邮件监控 ··230
复习题 ···232

第 15 章　配置网络数据库 MariaDB 服务 ··233

15.1　MariaDB 的基本配置 ··233
15.2　账户的授权与移除 ··236
15.3　操作 MariaDB 数据库 ···239
15.4　数据库的备份及恢复 ···243
复习题 ···244

第 16 章　安装与配置 LNMP 服务器 ·· 245

16.1　编译安装源码包软件 ··· 245

16.2　架设 LNMP 动态网站架构 ··· 247

　16.2.1　配置 MySQL 服务 ·· 248

　16.2.2　配置 Nginx 服务 ··· 251

　16.2.3　配置 PHP 服务 ··· 256

16.3　搭建 Discuz!论坛 ··· 260

复习题 ·· 263

参考文献 ·· 264

第1章 认识Linux操作系统

这些年来，Linux 操作系统日益受到人们的广泛关注。对于想从事 Linux 操作系统相关行业的读者，最关注的问题莫过于这个行业到底怎么样，能不能挣钱，以后能做什么。学完本章后，大家就会对这些问题有一定的了解，学习本章内容的主要目的是了解 Linux 操作系统的基本知识，包括 Linux 操作系统的特性、发行版本，Linux 操作系统的发展、优势、前景，Linux 操作系统的内核版本及红帽认证体系。

 ## 1.1 自由与开源

斯托曼发起的自由软件运动的纲领性文献《GNU 宣言》主张：软件应该像空气一样供人自由呼吸，软件版权对社会有害无益。为此，软件的源代码应该共享，软件应该免费，操作系统软件不应该成为私有软件。

简单来说，开源软件的特点就是把软件程序与源代码文件一起打包提供给用户，让用户在不受限制地使用某个软件的基础上还可以按需进行修改，或将其编制成衍生产品再发布出去。用户可以自由使用、自由修改、自由重新发布及自由创建衍生品，这正好符合黑客和极客对自由的追求，因此，国内外开源社区的根基都很庞大，人气也相当高。

开源软件最重要的特性有以下几方面。

① 低风险：使用闭源软件无疑是"把命运交付给他人"，一旦封闭的源代码没有人来维护，用户将进退维谷；而且相较于商业软件公司，开源社区很少存在倒闭的问题。

② 高品质：相较于闭源软件产品，开源项目通常是由开源社区来进行研发及维护的，参与编写、维护、测试的用户量众多，一般的 bug 还没来得及爆发就会被修补。

③ 低成本：开源工作者都是在幕后默默地、无偿地付出劳动成果，为美好的世界贡献自己的力量，因此，使用开源社区推动的软件项目可以节省大量的人力、物力和财力。

④ 更透明：没有人会把木马放到开放的源代码中，这样无疑相当于把自己的罪行暴露在阳光之下。

但是，如果开源软件为了单纯追求自由而牺牲程序员的利益，就会影响程序员的创造激情。因此，世界上现在有 60 多种被开源促进组织（Open Source Initiative）认可的开源许可协议来保证开源工作者的权益。那些一味抄袭、篡改、破解或盗取他人作品的不法之徒终将会在某一天收到法院的传票。笔者建议准备编写开源软件的开发人员先了解一下当前最热门的开源许可协议，选择一个合适的开源许可协议来最大限度地保护自己的软件权益。

（1）GNU 通用公共许可协议（GNU General Public License，GPL）：只要软件中包含了遵循 GPL 的产品或代码，该软件就必须遵循 GPL，且开源、免费，因此，这个许可协议并不适合商用软件。遵循该许可协议的开源软件数量极其庞大，包括 Linux 操作系统在内的大多数开源软件都遵循这个许可协议。GPL 的主要特点如下。

① 复制自由：允许把软件复制到任何人的电脑中，并且不限制复制的数量。

② 传播自由：允许软件以各种形式进行传播。

③ 收费传播：允许在各种媒介上出售软件，但必须提前让买家知道这个软件是可以免费获得的；因此，开源软件都是通过为用户提供有偿服务的形式来盈利的。

④ 修改自由：允许开发人员增加或删除软件的功能，但软件被修改后必须遵循 GPL。

（2）伯克利软件发布版（Berkeley Software Distribution，BSD）许可协议：用户可以使用、修改和重新发布遵循该许可协议的软件，并且可以将软件作为商用软件发布和销售，前提是需要满足以下 3 个条件。

① 如果再发布的软件中包含源代码，则源代码必须继续遵循 BSD 许可协议。

② 如果再发布的软件中只有二进制程序，则需要在相关文档或版权文件中声明源代码遵循 BSD 许可协议。

③ 不允许使用原始软件的名称、作者名称或机构名称进行市场推广。

（3）Apache 许可证版本（Apache License Version）许可协议：在为开发人员提供版权及专利许可的同时，允许用户拥有修改代码及再发布的自由。该许可协议适用于商用软件，现在热门的 Hadoop、Apache HTTP Server、MongoDB 等项目都是基于该许可协议研发的，程序开发人员在开发遵循该许可协议的软件时，要严格遵守以下要求。

① 该软件及其衍生品必须继续使用 Apache 许可证版本许可协议。

② 如果修改了程序源代码，需要在文档中进行声明。

③ 若软件是基于他人的源代码编写而成的，则需要保留源代码的许可协议、商标、专利声明及其他原作者声明的内容信息。

④ 如果再发布的软件中有声明文件，则需在此文件中标注 Apache 许可证版本许可协议及其他许可协议。

（4）Mozilla 公共许可协议（Mozilla Public License，MPL）：相较于 GPL，MPL 更加注重开发者的源代码需求和收益之间的平衡。

（5）Massachusetts Institute of Technology（MIT）许可协议：它是目前限制较少的开源许可协议之一，只要程序的开发者在修改后的源代码中保留原作者的许可声明即可，这种许可协议普遍被商用软件使用。

1.2　Linux 操作系统的发展与优势

早在 20 世纪 70 年代，UNIX 操作系统就是开源且免费的。但是在 1979 年，AT&T 公司宣布了对 UNIX 操作系统的商业化计划，自此，开源软件产业转变成了版权式软件产业，源代码被当作商业机密，成为专利产品，人们再也不能自由地享受科技成果。

于是，在 1984 年，Richard Stallman 面对如此封闭的软件创作环境，发起了 GNU 源代码开放计划，之后他还制定了著名的 GPL。1987 年，GNU 计划取得了一项重大突破——gcc 编译器发布，这使得程序员可以基于该编译器编写出属于自己的开源软件。

"Hello everybody out there using minix——I'm doing a (free) operating system"。1991 年 8 月，网络上出现了一篇以此为开篇话语的帖子，这是芬兰赫尔辛基大学的在校生 Linus Torvalds 编写的一款名为 Linux 的操作系统。该系统因其较高的代码质量和基于 GPL 的开放源代码的特性，迅速得到了 GNU 计划和一大批黑客的支持。随后 Linux 操作系统便进入如火如荼的发展阶段。

1992 年，已经有大约 1000 人在使用 Linux 操作系统。这些使用者都是真正意义上的黑客——那些热衷于技术的高手。

1993 年，100 余名程序员在互联网上参与了 Linux 操作系统内核的编写和修改工作，其中核心组由 5 人组成，这时 Linux 操作系统的用户大约有 10 万人。

1994 年，Linux 1.0 操作系统发布，当时是按照完全自由免费的许可协议发布的，随后正式采用 GPL。至此，Linux 操作系统的源代码开发进入良性循环。很多人开始尝试使用 Linux 操作系统，并将修改的内容提交给核心小组。由于拥有强大的操作系统平台，所以 Linux 操作系统的代码支持不同的硬件系统，大大提高了其跨平台移植性。

1994 年 1 月，Bob Young 在 Linux 操作系统内核的基础之上，集成了众多的源代码和程序软件，发布了红帽系统并开始出售技术服务，这进一步推动了 Linux 操作系统的普及。1998 年以后，随着 GNU 源代码开放计划和 Linux 操作系统的持续火热，以 IBM 和 Intel 为首的多家 IT 企业巨头开始大力推动开放源代码软件的发展。

2002 年是 Linux 操作系统企业化的一年。2 月，微软公司迫于各州政府的压力，宣布扩大公开代码行动，这正是 Linux 操作系统开源带来的结果。3 月，内核开发者宣布新的 Linux 操作系统支持 64 位的计算机。

2003 年 1 月，NEC 宣布将在其手机中使用 Linux 操作系统，这代表着 Linux 操作系统成功进军手机领域。5 月，SCO 就 Linux 操作系统使用的涉嫌未授权代码等问题对 IBM 进行起诉，此时人们才注意到，原本由 SCO 垄断的银行/金融等领域的份额已经被 Linux 抢占了不少。9 月，中科红旗发布 Red Flag Server 4 版本，性能有很大提升。11 月，IBM 注资 Novell，以 2.1 亿美元收购 SuSE，同期红帽计划停止免费的 Linux，引起业内热议。Linux 在商业化的路上渐行渐远。

2004 年的 3 月，SGI 宣布 Linux 操作系统成功实现了支持 256 个 Itanium 2 处理器。4 月，美国斯坦福大学 Linux 大型机系统被黑客攻陷，此事件再次证明了没有绝对安全的操作系统。6 月的统计报告显示，在世界 500 强超级计算机系统中，使用 Linux 操作系统的已经占到了 280 席，Linux 操作系统抢占了原本属于各种 UNIX 操作系统的份额。9 月 HP 公司开始网罗 Linux 内核代码人员，以便影响 Linux 操作系统新版本的内核发展方向，使其朝对 HP 公司有利的方向发展，而 IBM 则准备推出 OpenPower 服务器，仅运行 Linux 操作系统。

到 2017 年年底，Linux 操作系统已经发展到了 4.13 版本，并且 Linux 操作系统的版本已有数百个之多，但它们依然都在使用由 Linus Torvalds 开发、维护的 Linux 操作系统内核。红帽公司也成为开源行业及 Linux 操作系统的带头公司。

Linux 操作系统的应用越来越多，越来越广泛，不仅在于其开源与免费的特点，关键在于 Linux 操作系统是一款优秀的软件产品，具有类似于 UNIX 操作系统的程序界面，继承了 UNIX 操作系统的稳定性，能够较好地满足工作需求。

绝大多数读者应该是从微软的 Windows 操作系统开始了解计算机和网络的，因此，肯定会有这样的想法"Windows 操作系统很好用，而且足以满足日常工作需求"。客观来讲，Windows 操作系统确实很优秀，但是它在安全性、高可用性与高性能方面却难以让人满意。相信很多 Windows 用户都遇到过 Windows 操作系统的蓝屏问题，作为专业的运维人员，越来越多的人将会选择能够长期稳定运行的、能够处理大数据集群系统的、能够进行协同工作的 Linux 操作系统。

具体来说，Linux 操作系统具有以下优势：稳定且有效率、免费或费用少、漏洞少且修补速度快、多任务、多用户、更加安全的用户及文件权限策略、适合小内核程序的嵌入系统、相对耗费资源少等。

 # 1.3　常见的 Linux 操作系统版本

在介绍常见的 Linux 操作系统版本之前，首先需要区分 Linux 操作系统内核与 Linux 发行套件系统。本书以 Linux 操作系统来替代 Linux 发行套件系统这个词。

Linux 操作系统内核指的是由 Linus Torvalds 负责维护，提供硬件抽象层、硬盘、文件系统控制及多任务功能的系统核心程序。

Linux 发行套件系统就是通常所说的 Linux 操作系统，即 Linux 操作系统内核与各种常用软件的集合产品。

由于 Linux 操作系统的众多发行版本百花齐放，Linux 操作系统的阵营日益壮大，全球大约有数百个的 Linux 操作系统版本，每一个发行版本都拥有一大批用户，每一个发行版本的开发者自愿为相关项目投入精力。Linux 发行版本可谓形形色色，它们旨在满足不同用户的不同需求。

Linux 操作系统的发行版本可以大体分为两类，一类是商业公司维护的发行版本，另一类是社区组织维护的发行版本，前者以著名的红帽公司为代表，后者以 Debian 为代表。下面介绍一下各个发行版本的特点。

红帽企业版 Linux（RedHat Enterprise Linux，RHEL）操作系统：红帽公司是全球最大的开源技术厂商，RHEL 操作系统是全世界内使用最广泛的 Linux 操作系统。RHEL 操作系统具有极强的性能与稳定性，并且在全球范围内拥有完善的技术支持。RHEL 操作系统也是红帽认证及众多生产环境中使用的操作系统。

社区企业操作系统（Community Enterprise Operating System，CentOS）：通过把 RHEL 操作系统重新编译并发布给用户免费使用的 Linux 操作系统，具有广泛的使用人群。CentOS 已被红帽公司收编，它是本书所使用的操作系统。

CentOS 与 RHEL 操作系统的本质关系如下：

CentOS 通过把 RHEL 操作系统释放出的程序源代码经过二次编译之后生成一种 Linux 操作系统，其命令操作和服务配置方法与 RHEL 操作系统完全相同，但是 CentOS 去掉了很多收费的服务套件功能，不提供任何形式的技术支持，出现问题后只能由运维人员自己解决。2014 年年初，CentOS 被红帽公司收编，无论是 CentOS 还是 RHEL 操作系统，根据 GPL，都可以免费使用，甚至可以修改其代码创建衍生产品。其开源性和自由程度没有任何差异。

Fedora：由红帽公司发布的桌面版系统套件（目前已经不限于桌面版）。用户可以免费体验最新的技术或工具，这些技术或工具在成熟后会被加入 RHEL 操作系统，因此 Fedora 也称为 RHEL 操作系统的"试验田"。运维人员如果想时刻保持自己的技术领先，就应该多关注此类 Linux 操作系统的发展变化及新特性，不断学习相关知识和技术。

Debian，也称 Debian 系列，包括 Debian 和 Ubuntu 等。Debian 是 CentOS 的典范，是迄今为止最遵循 GNU 规范的 Linux 操作系统。Debian 最早由 Ian Murdock 于 1993 年创建，分为三个版本分支：stable、testing 和 unstable。其中，unstable 为最新的测试版本，其中包括最新的软件包，但是也有相对较多的 bug，适合桌面用户使用。testing 版本都经过 unstable 版本的测试，相对稳定，也支持不少新技术（如 SMP 等）。而 stable 版本一般只用于服务器，其中大部分的软件包都比较过时，但是稳定性和安全性都非常高。Debian 最具特色的是 APT（apt-get）与 dpkg 包管理方式，其实红帽公司的 yum 也是在模仿 Debian 的 APT 方式，但在二进制文件的发行方式中，APT 方式非常优越。Debian 的资料也很丰富，支持很多社区，还有请教问题的地方。

严格来说，Ubuntu 不能算作一个独立的发行版本，Ubuntu 是基于 Debian 的 unstable 版本加强而来的，可以说，Ubuntu 就是一个拥有 Debian 所有的优点和自己所加强的优点的近乎完美的 Linux 桌面系统。根据选择的桌面系统不同，Ubuntu 有三个版本可供选择：基于 Gnome 的 Ubuntu、基于 KDE 的 Kubuntu 及基于 Xfc 的 Xubuntu。它们都各具特点，其界面都非常友好，容易上手，对硬件的支持非常全面，是非常适合用作桌面系统的发行版本。

Gentoo 是 Linux 操作系统最年轻的发行版本，正因为年轻，所以能吸取在它之前发行的所有版本的优点，这也是 Gentoo 被称为最完美的 Linux 发行版本的原因之一。Gentoo 最初由 Daniel Robbins（FreeBSD 的开发者之一）创建，首个稳定版本发布于 2002 年。由于开发者对 FreeBSD 的熟识，所以 Gentoo 拥有足以媲美 FreeBSD 的广受美誉 Portage 包管理系统。不同于 APT 和 yum 等二进制文件分发的包管理系统，Portage 包管理系统是基于源代码分发的，编译后才能运行，对于大型软件而言比较慢，不过正因为所有软件都是在本地机器编译的，在经过各种定制的编译参数优化后，能将机器的硬件性能发挥到极致。Gentoo 是所有 Linux 发行版本里安装过程最复杂的，但是它也是安装完成后最便于管理的发行版本，也是在相同硬件环境下运行最快的发行版本。

FreeBSD 并不是 Linux 操作系统，但 FreeBSD 与 Linux 操作系统的用户群有相当一部分是重合的，二者支持的硬件环境比较相似，所采用的软件也比较类似，所以可以将 FreeBSD 与 Linux 发行版本进行比较。FreeBSD 拥有两个分支：stable 和 current。顾名思义，stable 是稳定版，而 current 则是添加了新技术的测试版。FreeBSD 采用 Ports 系统，与 Gentoo 类似，基于源代码分发，必须在本地机器编译后才能运行，但是 Ports 系统不如 Portage 包管理系统使用简便，它使用起来稍微复杂一些。FreeBSD 的最大特点是稳定和高效，是服务器操作系统的最佳选择，但 FreeBSD 对硬件的支持没有 Linux 操作系统完备，所以它并不适合作为桌面系统。下面给因选择 Linux 发行版本犯愁的读者一些建议：

如果你只是需要一个桌面系统，既不想使用盗版系统，又不想花大量的钱购买商业软件，那么你就需要一款适合桌面使用的 Linux 发行版本，如果你不想自己定制任何东西，不想在系统上浪费太多时间，那么你可以根据自己的爱好在 Ubuntu、Kubuntu 及 Xubuntu 中选一款，这三者的区别仅仅是桌面程序不一样。

如果你需要一个桌面系统，想要非常灵活地定制自己的 Linux 操作系统，想让自己的机器运行得更快，并且不介意在 Linux 操作系统安装方面花费一些时间，那么建议你选择 Gentoo。

如果你需要的是一个服务器系统，而且你已经非常厌烦各种 Linux 操作系统的配置，只是想要一个比较稳定的服务器系统而已，那么你最好的选择就是 CentOS，CentOS 安装完成后，经过简单配置就能提供非常稳定的服务了。本书后面所有的操作都采用的是 CentOS 7 版本。

如果你需要的是一个坚如磐石的、非常稳定的服务器系统，那么建议你选择 FreeBSD。

如果你需要一个稳定的服务器系统，而且想深入摸索 Linux 操作系统的各个方面的知识，想自己定制许多内容，那么推荐你使用 Gentoo。

几个比较经典的 Linux 发行版本的下载地址如下。

Debian ISO 映像文件地址：http://www.debian.org/distrib/。

Gentoo 映像文件地址：http://www.gentoo.org/main/en/where.xml。

Ubuntu ISO 映像文件地址：http://www.ubuntu.com/download。

Damn Vulnerable Linux，DVL_1.5_Infectious_Disease ISO 映像文件地址：http://osdn.jp/projects/sfnet_virtualhacking/downloads/os/dvl/DVL_1.5_Infectious_Disease.iso/。

红帽企业级 Linux 测试版 DVD ISO 映像文件地址：https://idp.RedHat.com/idp/。

CentOS 6.4 DVD ISO 映像文件地址：http://wiki.CentOS.org/Download。

Fedora 18（Sphyangboshial Cow）DVD ISO 映像文件：http://fedoraproject.org/en/get-fedora。

OpenSuse 12.3 DVD ISO 映像文件：http://software.opensuse.org/123/en。

Arch Linux ISO 映像文件：https://www.archlinux.org/download/。

 # 1.4　Linux 操作系统内核版本

Linux 操作系统内核由 C 语言编写，符合 POS1X 标准。但是 Linux 操作系统内核并不能称为操作系统，它只提供基本的设备驱动、文件管理、资源管理等功能，是 Linux 操作系统的核心组件。Linux 操作系统内核可以被广泛移植，并且对多种硬件都适用。

Linux 操作系统内核版本有稳定版和开发版两种。Linux 操作系统内核版本号一般由 3 组数字组成，如 2.6.18：第 1 组数字 2 表示目前发布的内核主版本；第 2 组数字 6 表示稳定版本，如为奇数则表示正在开发的版本；第 3 组数字 18 表示修改的次数。其中，前两组数字用于描述内核系列，用户可以通过 Linux 操作系统提供的系统命令查看当前使用的内核版本。

1.5 红帽的认证体系

红帽公司成立于 1993 年,总部位于美国,分支机构遍布全球。红帽公司作为全球领先的开源代码和 Linux 操作系统提供商,其产品已被业界广泛认可,尤其是 RHEL 操作系统在业内拥有超高的 Linux 操作系统市场占有率。红帽公司除了提供操作系统,还提供虚拟化、中间件、应用程序、管理和面向服务架构的解决方案。

红帽认证是由红帽公司推出的 Linux 认证,该认证在 Linux 行业乃至整个 IT 领域的价值极高。红帽认证考试全部采用上机形式,在考查学生基础理论能力的同时还考察了学生的实践动手操作及排错能力。红帽公司针对红帽认证制定了完善的专业评估与认证标准,其认证主要包括 RHCSA、RHCE/RHCVA、RHCA 和 RHCSS。红帽认证进阶等级图如图 1-1 所示。

图 1-1　红帽认证进阶等级图

2014 年 6 月 10 日,红帽公司在发布新版红帽企业版操作系统(RHEL 7)的当天就在红帽英文官网更新了其对 RHCSA 与 RHCE 培训政策的调整,考生只有先通过 RHCSA 认证后才能考取 RHCE 认证。

红帽认证系统管理员(Red Hat Certified System Administrator,RHCSA)属于 Linux 操作系统的初级认证,比较适合 Linux 操作系统爱好者。该认证要求考生对 Linux 操作系统有一定的了解,并且能够熟练使用 Linux 命令完成以下任务:① 管理文件、目录、文档及命令行环境;② 使用分区、LVM 逻辑卷管理本地存储;③ 安装、更新、维护、配置系统与核心服务;④ 熟练创建、修改、删除用户与用户组,并使用 LDAP 进行集中目录身份认证;⑤ 熟练配置防火墙及 SELinux 来保障系统安全。

红帽认证管理员(RHCSA)证书示例如图 1-2 所示。

红帽认证工程师(Red Hat Certified Engineer,RHCE)属于 Linux 操作系统的中级水平认证,相对 RHCSA 认证来讲,其难度更大,而且要求考生必须已获得 RHCSA 认证。该认证适合有一定基础的 Linux 运维管理员,主要考察对服务的管理与配置能力:熟练配置防火墙规则链与 SELinux 安全上下文；配置 iSCSI（互联网小型计算机系统接口）服务；编写 Shell 脚本来批量创建用户、自动完成系统的维护任务；配置 HTTP/HTTPS 网络服务；配置 FTP 服务；配置 NFS 服务；配置 SMB 服务；配置 SMTP 服务；配置 SSH 服务；配置 NTP 服务等。

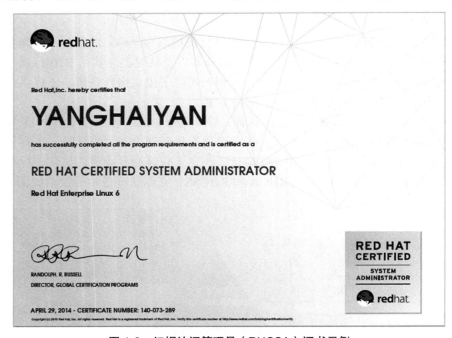

图 1-2　红帽认证管理员（RHCSA）证书示例

红帽认证工程师（RHCE）证书示例如图 1-3 所示。

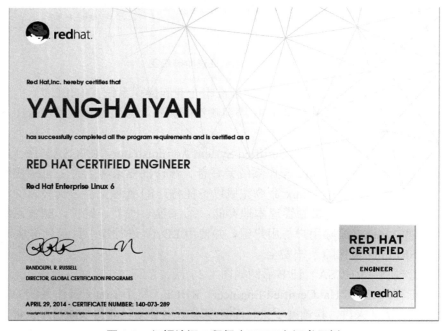

图 1-3　红帽认证工程师（RHCE）证书示例

红帽认证架构师（Red Hat Certified Architect，RHCA）属于 Linux 操作系统中最高级别的认证，是公认的 Linux 操作系统的顶级认证，目前中国仅有不到 1000 人（2018 年 7 月更新数据）通过了该认证。考生需要在获得 RHCSA 与 RHCE 认证后再完成 5 门课程的考试才能通过 RHCA 认证，因此，此认证难度很大，备考时间很长，费用也很高（考试费约 1.8 万元～2.1 万元人民币）。该认证考察的是考生对红帽卫星服务、红帽系统集群、红帽虚拟化、系统性能调优及红帽云系统的安装搭建与维护能力。

红帽认证架构师（RHCA）证书示例如图 1-4 所示。

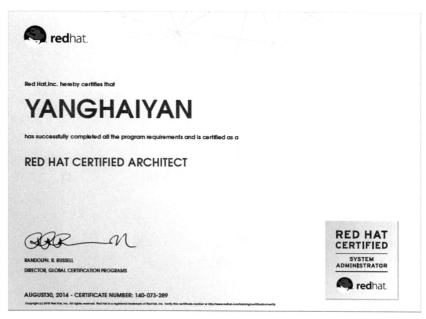

图 1-4　红帽认证架构师（RHCA）证书示例

红帽 RHEL 7 版本的 RHCA 认证至少需要完成 5 门考试（2017 年新版的考试课程），红帽 RHEL 7 版本的 RHCA 认证考试列表如表 1-1 所示。这 5 门考试的时间不同，但均为 210 分合格（70%）。而且红帽公司非常注重红帽认证架构师的实用性，所以其课程随行业趋势不断调整。

表 1-1　红帽 RHEL7 版本的 RHCA 认证考试列表

考 试 代 码	认 证 名 称
EX210	红帽 OpenStack 认证系统管理员考试
EX220	红帽混合云管理专业技能证书考试
EX236	红帽混合云存储专业技能证书考试
EX248	红帽认证 JBoss 管理员考试
EX280	红帽平台即服务专业技能证书考试
EX318	红帽认证虚拟化管理员考试
EX401	红帽部署和系统管理专业技能证书考试
EX413	红帽服务器固化专业技能证书考试
EX436	红帽集群和存储管理专业技能证书考试
EX442	红帽性能调优专业技能证书考试

复 习 题

一、选择题

1．Linux 操作系统和 UNIX 操作系统的关系是（　　）。

A．没有关系

B．UNIX 操作系统是一种类 Linux 操作系统的操作系统

C．Linux 操作系统是一种类 UNIX 操作系统的操作系统

D．Linux 操作系统和 UNIX 操作系统是同一种操作系统

2．Linux 操作系统是一个（　　）的操作系统。

A．单用户、单任务　　　　　　　　　　B．单用户、多任务

C．多用户、单任务　　　　　　　　　　D．多用户、多任务

3．红帽认证进阶等级中最高的是（　　）。

A．RHCE　　　　　B．RHCSA　　　　C．CHCA　　　　D．RHCA

4．Linux 操作系统内核版本为稳定版的是（　　）。

A．2.6.18　　　　B．2.5.16　　　　C．2.9.18　　　　D．2.7.18

二、简答题

1．列举 Linux 操作系统的主要特点。

2．简述 Linux 操作系统的主要发行版本。

3．简述 RHEL 操作系统与 CentOS 的区别与联系。

第 2 章　Linux 操作系统的安装与初始化

本章从零基础详细讲解了虚拟机软件与 CentOS Linux 操作系统，完整演示了虚拟机的安装与配置过程，以及 CentOS 7 的安装、配置过程和初始化方法。此外，本章还涵盖了在 Linux 操作系统中找回 ROOT 管理员密码、RPM 与 yum 软件仓库的知识，以及 RHEL 7 操作系统中 systemd 初始化进程的特色与使用方法。

2.1　部署虚拟环境

虚拟机是能够让用户在一台真机上模拟多个操作系统的软件。一般来讲，当前主流的硬件配置都足以胜任安装虚拟机的任务，并且依据笔者近 10 年的运维技术学习及多年的实践经验来看，建议读者无论经济条件是否允许，都不应该在学习期间把 Linux 操作系统安装到真机上，因为在学习过程中难免要"折腾"您的 Linux 操作系统。通过虚拟机软件安装的系统不仅可以模拟出硬件资源，还能把实验环境与真机文件分离，以保证数据安全，更酷的是当操作失误或配置有误导致系统异常时，虚拟机可以快速把操作系统还原至出错前的环境状态，进而减少重装系统的等待时间。

当前流行的虚拟机软件有 VMware、VirtualBox 和 Virtual PC，它们都能在 Windows 操作系统上模拟出多个操作系统。

（1）VMware 工作站（VMware Workstation）是 VMware 公司销售的商业软件产品之一。该工作站的软件包含一个用于英特尔 x86 相容电脑的虚拟机套装，允许用户同时创建和运行多个 x86 虚拟机。每个虚拟机实例可以运行其自身的客户机操作系统，如 Windows、Linux、BSD 等操作系统。用简单术语描述就是 VMware Workstation 允许一台真实的电脑在一个操作系统中同时开启并运行数个操作系统。VMware Workstation 是需要付费的闭源软件。

（2）VirtualBox 是由德国 InnoTek 软件公司出品的虚拟机软件，现在由甲骨文公司（Oracle）进行开发和维护，是甲骨文公司 xVM 虚拟化平台技术的一部分。它可以使用户在 32 位或 64 位的 Windows、Solaris 及 Linux 操作系统上虚拟其他 x86 的操作系统。用户可以在 VirtualBox 上安装并运行 Solaris、Windows、DOS、Linux、OS/2 Warp、OpenBSD 及 FreeBSD 等操作系统作为客户端操作系统。

相对来说，VMware Workstation 的产品功能丰富、稳定性较佳，适合对稳定性要求高的用户使用；而 VirtualBox 在用户体验方面稍有不足，对于 VMware Workstation 使用向导界面即可完成的克隆、压缩等操作，VirtualBox 需要调用命令行才能完成。毕竟 VMware Workstation 是需要付费的闭源软件，而 VirtualBox 是免费的开源软件。

虚拟机（Virtual Machine，VM）是指通过软件模拟的具有完整硬件系统功能的、运行在一个完全隔离的环境中的完整的计算机系统。

虚拟系统可以生成现有操作系统的全新虚拟镜像，它具有与真实 Windows 操作系统完全一样的功能，进入虚拟系统后，所有操作都是在这个全新的独立的虚拟系统中进行的，虚拟系统可以独立安装运行软件保存数据，它拥有自己的独立桌面，不会对真正的操作系统产生任何影响 ，而且能够在现有操作系统与虚拟镜像之间灵活切换。

本书中采用 Vmware Workstation 12 软件来搭建学习环境，运行下载完成的 Vmware Workstation 虚拟机软件包，将会看到如图 2-1 所示的虚拟机软件的安装向导初始界面。

图 2-1 虚拟机软件的安装向导初始界面

在虚拟机软件的安装向导初始界面单击"下一步"按钮，在最终用户许可协议界面选中"我接受许可协议中的条款"复选框，然后单击"下一步"按钮，选择虚拟机软件的安装位置（可选择默认位置），选中"增强型键盘驱动程序"复选框后，单击"下一步"按钮，然后根据自身情况选择"启动时检查产品更新"与"帮助完善 VMware Workstation Pro"复选框，然后单击"下一步"按钮，选中"桌面"和"开始菜单程序文件夹"复选框，然后单击"下一步"按钮，一切准备就绪后，单击"安装"按钮，进入安装过程，此时要做的就是耐心等待虚拟机软件的安装过程结束，大约 5～10 分钟后，虚拟机软件便会安装完成，然后单击"完成"按钮，即可完成安装。

双击桌面上生成的虚拟机快捷方式，在弹出的界面中输入许可证密钥，或者选择试用之后，单击"继续"按钮（这里选择的是"我希望试用 VMware Workstation 12 30 天"复选框）。在出现"欢迎使用 VMware Workstation 12"界面后，单击"完成"按钮，在桌面上再次双击快捷方式，此时便能看到虚拟机软件的管理界面，如图 2-2 所示。

  注意：

在安装完虚拟机之后，不能立即安装 Linux 操作系统，因为还要在虚拟机内设置操作系统的硬件标准。只有把虚拟机内操作系统的硬件资源模拟出来后，才可以正式步入 Linux 操作系统的安装之旅。虚拟机的强大之处在于它不仅可以调取真实的物理设备资源，还可以模拟出网卡或硬盘等资源，因此它完全可以满足大家对学习环境的需求。

图 2-2　虚拟机软件的管理界面

在如图 2-2 所示的虚拟机软件的管理界面中，单击"创建新的虚拟机"选项，并在弹出的"新建虚拟机向导"界面中选择"典型"单选按钮，然后单击"下一步"按钮，如图 2-3 所示。

图 2-3　新建虚拟机向导

选择"稍后安装操作系统"单选按钮，然后单击"下一步"按钮，如图 2-4 所示。

　注意：

建议选择"稍后安装操作系统"单选按钮，如果选择"安装程序光盘映像文件"单选按钮，并选中下载好的 CentOS 的映像文件，虚拟机会通过默认的安装策略部署最精简的 Linux 操作系统，而不会再询问安装设置。

图 2-4　选择虚拟机的安装来源

在图 2-5 中，客户机操作系统选择"Linux"，版本选择"CentOS 64 位"，然后单击"下一步"按钮。

图 2-5　选择操作系统的版本

填写"虚拟机名称"字段，选择好安装位置之后单击"下一步"按钮，如图 2-6 所示。将虚拟机的"最大磁盘大小"设置为 20.0GB，然后单击"下一步"按钮，如图 2-7 所示。单击"自定义硬件"按钮，如图 2-8 所示。

图 2-6　命名虚拟机及设置安装路径　　　　　图 2-7　虚拟机最大磁盘大小

图 2-8　虚拟机的配置界面

在图 2-9 中，建议将虚拟机的内存设置为 2GB，最低为 1GB。即使您的真机设备具有很强的性能，也建议您将内存设置为 2GB，因为没有必要将虚拟机的内存设置得太大。

图 2-9　设置虚拟机的内存

　　根据真机的性能设置处理器数量及每个处理器的核心数量，并开启虚拟化功能，如图 2-10 所示。

图 2-10　设置虚拟机的处理器参数

光驱设备此时应在"使用 ISO 映像文件"中选中下载好的 CentOS 映像文件，如图 2-11 所示。

图 2-11　设置虚拟机的光驱设备

虚拟机软件为用户提供了 3 种可选的网络模式，分别为桥接模式、NAT 模式与仅主机模式。这里选择"仅主机模式"单选按钮，如图 2-12 所示。

图 2-12　设置虚拟机的网络适配器

（1）桥接模式：相当于在物理主机与虚拟机网卡之间架设了一座桥梁，从而可以通过物理主机的网卡访问外网，在桥接模式下对应的物理网卡是 VMnet0。

（2）NAT 模式：让虚拟机发挥路由器的作用，使得通过虚拟机软件模拟的主机可以通过物理主机访问外网，在 NAT 模式下对应的物理网卡是 VMnet8。

（3）仅主机模式：仅让虚拟机内的主机与物理主机通信，但不能访问外网，在仅主机模式下对应的物理网卡是 VMnet1。

把 USB 控制器、声卡、打印机设备等不需要的设备统统移除掉。移除声卡可以避免在输入错误后发出提示声音，确保自己的思绪在之后的实验中不被打扰。然后单击"确定"按钮，如图 2-13 所示。

图 2-13　最终的虚拟机配置情况

返回到虚拟机向导界面后，单击"完成"按钮，如图 2-14 所示。虚拟机的安装和配置顺利完成。当看到如图 2-15 所示的虚拟机配置成功的界面时，就说明虚拟机配置成功。

图 2-14　结束虚拟机配置

图 2-15　虚拟机配置成功的界面

2.2　安装 CentOS 7

安装 CentOS 7 或 RHEL 7 操作系统时，电脑的 CPU 需要支持虚拟化技术（Virtualization Technology，VT）。VT 是能够让单台计算机分割出多个独立资源区，并让每个资源区按照需要模拟出操作系统的一项技术，其本质是通过中间层实现计算机资源的管理和再分配，将系统资源的利用率最大化。如果开启虚拟机后依然提示"CPU 不支持 VT"等报错信息，请重启电脑并进入 BIOS 把虚拟化功能开启即可。

在虚拟机管理界面中单击"开启此虚拟机"按钮，数秒后就能看到 CentOS 7 的安装界面，如图 2-16 所示。在此界面中，"Test this media & install CentOS 7"和"Troubleshooting"的作用分别是校验光盘完整性后再安装及启动救援模式。此时通过键盘上的方向键选择"Install CentOS 7"选项，直接安装 CentOS 7。

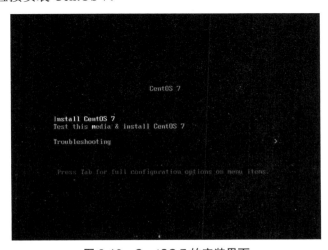

图 2-16　CentOS 7 的安装界面

接下来按 Enter 键后开始加载安装映像文件，所需时间大约为 30～60 秒，选择系统的安装语言后单击"继续"按钮，如图 2-17 所示。

图 2-17　选择系统的安装语言

在安装系统界面中单击"软件选择"选项，如图 2-18 所示。

图 2-18　安装系统界面

　　CentOS 7 的软件定制界面可以根据用户的需求来调整操作系统的基本环境。例如，把 Linux 操作系统用作基础服务器、文件服务器、Web 服务器或工作站等。此时只需在界面中选择"带 GUI 的服务器"单选按钮，然后单击左上角的"完成"按钮即可，如图 2-19 所示。

图 2-19　选择系统软件类型

　　返回 CentOS 7 的安装主界面，单击"网络和主机名"选项后，将"主机名"字段设置为 linux-yhy.com，然后单击左上角的"完成"按钮，如图 2-20 所示。

图 2-20　配置网络和主机名

返回安装主界面，单击"安装目标位置"选项来选择安装媒介并设置分区。此时不需要进行任何修改，单击左上角的"完成"按钮即可，如图 2-21 所示。

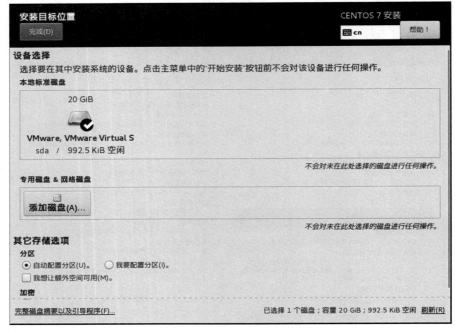

图 2-21　系统安装媒介的选择

返回 CentOS 7 安装主界面，单击"开始安装"按钮后即可看到安装进度，在此处选择"ROOT 密码"选项，如图 2-22 所示。

图 2-22　CentOS 7 的安装主界面

　　然后设置 ROOT 密码。若坚持用弱口令的密码则需要双击左上角的"完成"按钮才可以确认，如图 2-23 所示。这里需要多说一句，在虚拟机中做实验时，密码强弱无所谓，但在生产环境中一定要让 ROOT 密码足够复杂，否则系统将面临严重的安全问题。

图 2-23　设置 ROOT 密码

　　CentOS 7 的安装过程一般为 30～60 分钟，在安装期间耐心等待即可。安装完成后单击"重启"按钮，如图 2-24 所示。

图 2-24　系统安装完成

重启系统后将看到系统初始化界面，单击"LICENSE INFORMATION"选项，如图 2-25 所示。

图 2-25　系统初始化界面

选中"我同意许可协议"复选框，然后单击左上角的"完成"按钮，如图 2-26 所示。

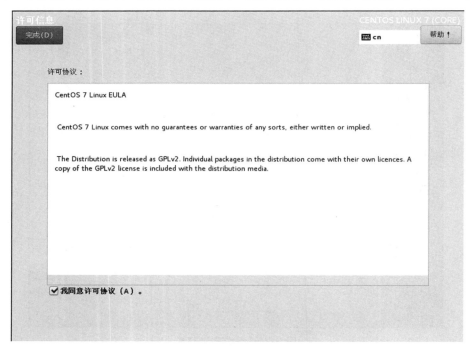

图 2-26　同意许可说明书

返回到系统初始化界面后单击"完成配置"选项，就可以看到系统的欢迎界面了，在欢迎界面中选择默认的语言"汉语"，然后单击"前进"按钮，如图 2-27 所示。

图 2-27　系统的语言设置

将输入方式选择为"汉语"，然后单击"前进"按钮，如图 2-28 所示。

图 2-28　设置系统的输入方式

将系统的隐私处的位置服务关闭，然后单击"前进"按钮，如图 2-29 所示。

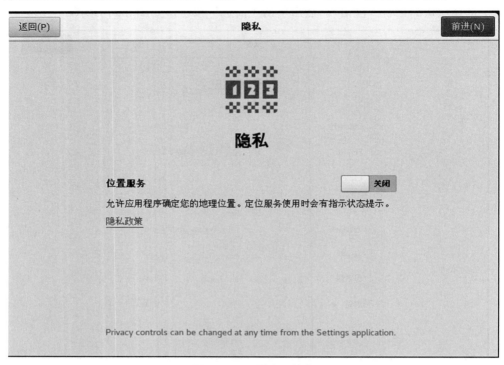

图 2-29　设置隐私信息

按照图 2-30 设置系统的时区，然后单击"前进"按钮。

图 2-30　设置系统的时区

　　为 CentOS 7 创建一个本地的普通用户，该账户的用户名为 linux-yhy，密码为 CentOS，然后单击"前进"按钮，如图 2-31 和图 2-32 所示。

　　在如图 2-33 所示的系统初始化结束界面中单击"开始使用"按钮，至此，完成了 CentOS 7 全部的安装和部署工作。

图 2-31　创建本地的普通用户

图 2-32　设置账户密码

图 2-33　系统初始化结束界面

 ## 2.3　重置 ROOT 管理员密码

如果忘记了 Linux 操作系统的密码也不用慌张，只需简单几步就可以完成密码的重置工作。但是，如果您是第一次阅读本书，或者您之前没有 Linux 操作系统的相关使用经验，请先跳过本节，等学习完 Linux 操作系统的命令后再来学习本节内容。如果您刚刚接触 Linux 操作系统，要先确定它是否为 CentOS 7。如果是，请继续进行以下操作。

【cat /etc/redhat-release】

CentOS Linux release 7.5.1804 (Core)

重启 Linux 操作系统，当出现 Linux 操作系统的引导界面时，按下键盘上的 E 键进入内核信息的编辑界面，如图 2-34 和图 2-35 所示。

图 2-34　Linux 操作系统的引导界面

在"linux16"参数一行的最后面追加"rd.break"参数，然后按下"Ctrl + X"组合键来运行修改过的内核程序，如图 2-35 所示。

图 2-35　内核信息的编辑界面

大约 30 秒过后，进入 Linux 操作系统的紧急救援模式，如图 2-36 所示。

图 2-36　Linux 操作系统的紧急救援模式

依次输入以下命令，等待操作系统的重启操作完毕后，即可使用新密码来登录 Linux 操作系统，如图 2-37 所示。

图 2-37　重置 Linux 操作系统的 ROOT 密码

本案例涉及的命令如下：

【mount -o remount,rw /sysroot】重新挂载系统，使之拥有读写权限。

【chroot /sysroot】改变根目录。

【passwd】设置 ROOT 密码。

【touch /.autorelabel】使 SELinux 生效，否则将无法正常启动操作系统。

【exit】退出当前模式。

【reboot】重启操作系统。

2.4　RPM 管理器

在 RPM 管理器（红帽软件包管理器）公布之前，要想在 Linux 操作系统中安装软件只能采取源码包的方式安装。早期在 Linux 操作系统中安装程序是一件非常困难、耗费时间的事情，而且大多数的服务程序仅仅提供源代码，需要运维人员自行编译代码并解决许多软件依赖关系，因此，要安装好一个服务程序，运维人员需要具备丰富的知识、高超的技能，以及良好的耐心。在安装、升级、卸载服务程序的过程中还要考虑其他程序和库的依赖关系，因此，在进行校验、安装、卸载、查询、升级等软件管理操作时难度非常大。

RPM 管理器就是为解决这些问题而设计的。RPM 管理器有点像 Windows 操作系统中的控制面板，会建立统一的数据库文件，能够详细记录软件信息并自动分析其依赖关系。目前 RPM 管理器的优势已经被公众认可，其使用范围也不再局限于红帽系统。表 2-1 所示为常用的 RPM 软件包命令及其对应含义。

表 2-1　常用的 RPM 软件包命令及其对应含义

RPM 软件包命令	对 应 含 义
rpm -ivh filename.rpm	安装软件的命令格式
rpm -Uvh filename.rpm	升级软件的命令格式
rpm -e filename.rpm	卸载软件的命令格式
rpm -qpi filename.rpm	查询软件描述信息的命令格式
rpm -qpl filename.rpm	列出软件文件信息的命令格式
rpm -qf filename	查询文件属于哪个 RPM 管理器的命令格式

2.5　systemd 初始化进程

Linux 操作系统的开机过程如下：从 BIOS 开始，然后进入 Boot Loader，再加载系统内核，然后系统内核进行初始化，最后启动初始化进程。初始化进程作为 Linux 操作系统的第一个进程，需要完成 Linux 操作系统中相关的初始化工作，为用户提供合适的工作环境。CentOS 7 替换掉了 CentOS 5 和 CentOS 6 的初始化进程服务 System V init，正式采用全新的 systemd 初始化进程服务。systemd 初始化进程服务采用并发启动机制，使开机速度得到了很大的提升。

CentOS 7 选择 systemd 初始化进程服务，因此就没有了运行级别这一概念，Linux 操作系统在启动时要进行大量的初始化工作，如挂载文件系统和交换分区、启动各类进程服务等，这些都可以看作一个个的单元（Unit），systemd 用目标（target）代替了 System V init 中运行级别的概念，systemd 与 System V init 的区别及作用如表 2-2 所示。

表 2-2　systemd 与 System V init 的区别及作用

System V init 运行级别	systemd 目标名称	作　用
0	runlevel0.target, poweroff.target	关机
1	runlevel1.target, rescue.target	单用户模式
2	runlevel2.target, multi-user.target	等同于级别 3
3	runlevel3.target, multi-user.target	多用户的文本界面
4	runlevel4.target, multi-user.target	等同于级别 3
5	runlevel5.target, graphical.target	多用户的图形界面
6	runlevel6.target, reboot.target	重启
emergency	emergency.target	紧急 Shell

如果想要将系统默认的运行目标修改为多用户、无图形模式，可直接用 ln 命令把多用户、无图形模式的目标文件链接到/etc/systemd/system/目录，命令如下。

【ln -sf /lib/systemd/system/multi-user.target /etc/systemd/ system/default.target】

CentOS 6 和 RHEL 6 操作系统使用 service、chkconfig 等命令来管理系统服务，但是 CentOS 7 使用 systemctl 命令来管理系统服务。将 RHEL 6 操作系统中的 System V init 命令与 CentOS 7 中的 systemctl 命令进行对比，如表 2-3 和表 2-4 所示。

表 2-3　systemctl 管理服务的启动、重启、停止、重载、查看状态等常用命令

System V init 命令 （CentOS 6）	systemctl 命令 （CentOS 7）	作　用
service yhy start	systemctl start yhy.service	启动服务
service yhy restart	systemctl restart yhy.service	重启服务
service yhy stop	systemctl stop yhy.service	停止服务
service yhy reload	systemctl reload yhy.service	重新加载配置文件（不终止服务）
service yhy status	systemctl status yhy.service	查看服务状态

表 2-4　systemctl 设置服务开机启动、不启动、查看各级别下服务启动状态等常用命令

System V init 命令 （CentOS 6）	systemctl 命令 （CentOS 7）	作　用
chkconfig yhy on	systemctl enable yhy.service	开机自动启动
chkconfig yhy off	systemctl disable yhy.service	开机不自动启动
chkconfig yhy	systemctl is-enabled yhy.service	查看特定服务是否为开机自动启动
chkconfig --list	systemctl list-unit-files --type=service	查看各个级别下服务的启动与禁用情况

复 习 题

一、选择题

1．虚拟机软件为用户提供了 3 种可选的网络模式，其中不包含下面的（　　　）。

A．桥接模式　　　　　B．NAT 模式　　　　　C．仅主机模式　　　　　D．真机模式

2．桥接模式相当于在物理主机与虚拟机网卡之间架设了一座桥梁，从而可以通过物理主机的网卡访问外网。在桥接模式下对应的物理网卡是（　　　）。

A．VMnet0　　　　　B．VMnet1　　　　　C．VMnet2　　　　　D．VMnet8

3．NAT 模式让虚拟机发挥路由器的作用，使得通过虚拟机软件模拟的主机可以通过物理主机访问外网，在 NAT 模式下对应的物理网卡是（　　　）。

A．VMnet0　　　　　B．VMnet1　　　　　C．VMnet2　　　　　D．VMnet8

4．仅主机模式仅让虚拟机内的主机与物理主机通信，但不能访问外网，在仅主机模式下对应的物理网卡是（　　　）。

A．VMnet0　　　　　B．VMnet1　　　　　C．VMnet2　　　　　D．VMnet8

5．为确保虚拟机能正常运行，不可以把下面哪个虚拟机设备移除掉（　　　）。

A．USB 控制器　　　B．声卡　　　　　C．打印机设备　　　　D．网卡

6．CentOS 7 重启 yhy 服务的命令是（　　　）。

A．service yhy restart　　　　　　　　B．systemctl restart yhy.service

C．systemctl yhy.service restart　　　　D．systemctl start yhy.service

二、简答题：

1．CentOS 7 采用 systemd 初始化进程，那么如何查看某个服务的运行状态？

2．RPM 管理器只有红帽系统在使用，对吗？

3．简述 RPM 管理器的作用。

第 3 章　Linux 操作系统运维基本命令

本章首先介绍系统内核和 Shell 的关系与作用，然后介绍 Bash 解释器的四大优势和 Linux 命令的执行方法，最后介绍了 Linux 命令，它们与文件管理、目录管理、系统管理、任务管理、环境变量等主题相关。本章通过把上述命令归纳到本章的各个小节中，让读者可以分门别类地逐个学习这些最基础的 Linux 命令，为今后学习更复杂的命令和服务打好基础。

 ## 3.1　初识 Shell

通常来讲，计算机硬件是由运算器、控制器、存储器、输入/输出设备等共同组成的，而让各种硬件设备既能各司其职又能协同运行的就是系统内核。Linux 操作系统内核负责完成对硬件资源的分配、调度等管理任务。由此可见，系统内核对计算机的正常运行非常重要，因此，一般不建议用户直接编辑系统内核中的参数，而是让用户通过基于系统调用接口开发出的程序或服务来管理计算机，以满足日常工作的需要，如图 3-1 所示。

图 3-1　用户与 Linux 操作系统的交互

Linux 操作系统中有些图形化工具，如逻辑卷管理器（Logical Volume Manager，LVM），确实非常好用，极大地降低了运维人员出错的概率。但是，很多图形化工具实际上是通过调用脚本来完成相应的工作的，往往只是为了完成某种工作而设计的，缺乏 Linux 命令原有的灵活性及可控性。再者，图形化工具相比于 Linux 命令行界面，会消耗更多的系统资源，因此经验丰富的运维人员一般不会给 Linux 操作系统安装图形界面。

Shell（也称终端或壳）就是这样的一个命令行工具。Shell 充当的是用户与系统内核之间的翻译官，用户把一些命令"告诉"Shell，它就会调用相应的程序去完成某些工作。现今主流 Linux 操作系统默认使用的终端都是 Bash 解释器。主流 Linux 操作系统选择 Bash 解释器作为命令行终端主要有以下 4 个优势。

（1）可以通过上、下方向键来调取执行过的 Linux 命令；

（2）仅需输入命令或参数的前几位就可以用 Tab 键将其补全；

（3）具有强大的批处理脚本；

（4）具有实用的环境变量功能。

3.2　执行查看帮助命令

常见的执行 Linux 命令的格式如下：

【命令名称 [命令参数] [命令对象]】

　注意：

命令名称、命令参数、命令对象之间请用空格键分隔。

命令对象一般是指要处理的文件、目录、用户等资源，而命令参数可以用长格式（完整的选项名称），也可以用短格式（单个字母的缩写），两者分别用"--""-"作为前缀，示例如下。

【man --help】长格式。

【man -h】短格式。

在 Linux 操作系统中有很多命令，每个命令有很多参数，那么运维工程师必须提前学会全部的命令及参数吗？不一定，接下来，man 命令就是我们学习 Linux 操作系统的第一个命令。对于零基础的读者，可以通过如图 3-2～图 3-4 所示的内容来学习如何在 CentOS 7 中执行 Linux 命令。

默认主机登录界面只有刚刚新建的普通用户，因此在正式登录系统之前，还需要先单击"未列出？"选项，切换至 ROOT 管理员身份，如图 3-2 所示。这是 CentOS 7 为了避免用户乱使用权限而采取的一项小措施。如果使用默认的 linux-yhy 用户登录，那么接下来有一部分命令会因权限不足而无法执行，需要足够的权限才能完成接下来的实验。因此，建议在登录界面切换至 ROOT 管理员身份。

图 3-2　单击"未列出？"选项，切换至 ROOT 管理员身份

在 CentOS 7 的桌面上右击，在弹出的快捷菜单中选择"打开终端"命令，会打开一个 Linux 操作系统命令行终端，在命令行终端中输入【man man】来查看 man 命令的帮助信息，如图 3-3 所示。

图 3-3　查看 man 命令的帮助信息

按 Enter 键后即可看到如图 3-4 所示的 man 命令的帮助信息。

图 3-4　man 命令的帮助信息

在 man 命令的帮助信息界面中，man 命令中的常用按键及其用途如表 3-1 所示。

表 3-1　man 命令中的常用按键及其用途

按　键	用　途
空格键	向下翻一页
PgDn	向下翻一页
PgUp	向上翻一页
Home	直接前往首页
End	直接前往尾页
/	从上至下搜索某个关键词，如"/linux"
?	从下至上搜索某个关键词，如"?linux"
N	定位到下一个搜索到的关键词
N	定位到上一个搜索到的关键词
Q	退出帮助文档

一般来讲，使用 man 命令查看到的帮助信息会很多，man 命令的帮助信息的结构名称及代表意义如表 3-2 所示。

表 3-2　man 命令的帮助信息的结构名称及代表意义

结　构　名　称	代　表　意　义
NAME	命令的名称
SYNOPSIS	参数的大致使用方法
DESCRIPTION	介绍说明
EXAMPLES	演示（附带简单说明）
OVERVIEW	概述
DEFAULTS	默认的功能
OPTIONS	具体的可用选项（带介绍）
ENVIRONMENT	环境变量
FILES	用到的文件
SEE ALSO	相关的资料
HISTORY	维护历史与联系方式

3.3　文件管理命令

文件是 Linux 操作系统的基本组成部分，文件管理包括文件的复制、删除、修改、查看等操作。本节主要介绍 Linux 操作系统中与文件管理相关的命令。

3.3.1　创建文件或修改文件时间 touch 命令

touch 命令有两个功能：一是用于把已存在文件的时间标签更新为系统当前的时间（默认方式），它们的数据将原封不动地保留下来；二是用来创建新的空文件。

【touch yhy】在当前目录下建立一个名为 yhy 的空文件，然后利用【ls -1】命令可以发现文件 yhy 的大小为 0，表示它是空文件。

【touch -t 201901142234.50 yhy】使用指定的日期时间，而非当前的时间，日期时间格式为 [[CC]YY]MMDDhhmm[.SS]。

在上述命令中，CC 为年数中的前两位；YY 为年数中的后两位。如果不给出 CC 的值，touch 命令将把年数 CCYY 限定在 1969～2068。MM 为月数，DD 为天数，hh 为小时数，mm 为分钟数，SS 为秒数。此处秒的设定范围是 0～61，这样可以处理闰秒。这些数字组成的日期时间是环境变量 TZ 指定的时区中的时间。由于系统的限制，早于 1970 年 1 月 1 日的时间是错误的。

3.3.2　复制文件 cp 命令与移动文件 mv 命令

在使用 Linux 操作系统的过程中，常常需要复制、移动文件或目录，类似于 Windows 操作系统下的复制、剪切操作，下面以 CentOS 7 为例演示在 Linux 操作系统中如何对文件或目录进行复制、移动。

 注意：

cp 命令与 mv 命令在很多功能上都非常相似，但是这两个命令又有很大的区别。cp 命令用于复制文件，会保留源文件与目录；mv 命令用于移动文件，不会保留源文件与目录。

【cp yhy yhy.txt】把文件 yhy 复制为 yhy.txt，源文件 yhy 依然存在。

【mv yhy.txt yhy.txt.bak】把文件 yhy.txt 改名为 yhy.txt.bak，源文件 yhy.txt 不存在。

【cp yhy.txt.bak /home】复制当前目录下的文件 yhy.txt.bak 到/home 目录下，文件名不变，源文件依然存在。

【cp yhy.txt.bak /home/yhy.txt】复制文件 yhy.txt.bak 到/home 目录下，并把文件名改为 yhy.txt。源文件依然存在。

【mv install.log /home】移动文件 install.log 到/home 目录下，文件名不变，源文件不存在。

如果希望同时将多个文件复制到指定目录，可以使用【cp 源文件 1 源文件 2 指定目录】命令。如果想完成多个文件的移动操作，可以使用【mv 源文件 1 源文件 2 指定目录】命令。

如果希望将一个目录下的所有文件都复制到指定目录，可以使用 cp 命令配合通配符来完成：【cp 源目录/* 指定目录】。同样【mv 源目录/* 指定目录】命令也可以完成文件的整体移动。

如果希望复制目录，可以使用【cp -r 源目录 目的目录】命令来完成，r 参数表示递归复制。当目的目录不存在时，系统会自动创建目的目录；当目的目录存在时，系统会将源目录下的内容复制到目的目录中。如果将上述命令中的"cp -r"换成"mv"，那么其操作等同于 cp 命令，但源目录会被删除。

为防止用户在不经意的情况下使用 cp 命令破坏另一个文件，如用户指定的目标文件名已存在，用 cp 命令复制该文件后，该文件就会被覆盖，选择"i"选项可以在覆盖文件之前询问用户。

3.3.3　删除文件 rm 命令

用户可以用 rm 命令删除不需要的文件。rm 命令可以删除文件或目录，并且支持通配符，如果目录中存在其他文件则会递归删除。删除软链接只是删除链接，对应的文件或目录不会被删除，软链接类似 Windows 操作系统中的快捷方式。如果删除一个硬链接后文件仍然存在，其他的硬链接仍可以访问该文件的内容。

Linux 操作系统中的删除不完全等同于 Windows 操作系统中的删除，其中需要操作者注意的是在 Linux 操作系统中，一旦删除了文件或目录，被删除的文件或目录将会彻底消失，而在 Windows 操作系统中，删除的文件或目录还可以通过回收站进行还原。

Linux 操作系统中的删除操作本身就具有很高的执行权限，如果在 ROOT 管理员用户下执行删除操作，甚至可以完全删除整个操作系统。

【rm 文件名】可以删除当前目录下的文件，如果不加任何参数，系统会自动提示是否删除，如果确定删除，输入 y 即可完成操作。需要注意的是删除操作需要操作用户对该文件具有写权限。

【rm -r 目录名】可以删除当前目录下的一个目录，r 参数代表的含义是递归，系统会将该目录下的所有文件（包括目录）全部删除，当然系统也会逐个提示用户是否删除，输入 y 即可完成操作。

在删除目录的时候逐个输入 y 很麻烦，因此，系统设定了另外一个参数 f，它实际上就是 force 的意思，它代表强制执行。一旦输入【rm -rf 目录】命令，系统会在没有任何提示的情况下完全删除目录。

在多数情况下，rm 命令会结合通配符使用。例如，如果要删除所有后缀是.doc 的文件可以使用命令【rm -rf *.doc】，一旦操作完成，所有后缀为.doc 的文件和目录都会被删除。这里还要再提醒一句，通配符在结合 rm 命令使用时一定要小心，如果在根目录下输入上述命令时不小心在*和.doc 之间多加了一个空格变成【rm -rf * .doc】，那么整个 Linux 操作系统都会被删除。

当然 rm 命令后面所跟着的文件与目录，都可以使用绝对路径与相对路径。例如，【rm -rf /root/Linux.doc】命令与在 root 目录下使用的【rm -rf ./Linux.doc】命令和【rm -rf Linux.doc】命令的效果是一样的。

3.3.4　查看文件 cat、less、tail、more 命令

cat、more、less 这三种命令可以用来查看全部的文件，使用它们查看文件的方法也比较简单，命令格式是【命令 文件名】，但是它们三者又有区别。

cat 命令可以一次显示整个文件，如果文件比较大，使用此命令就不是很方便。

more 命令可以使系统在显示满屏幕时暂停，此时可按空格键继续显示后面的内容，使用 Q 键可以退出。

less 命令也可以分页显示文件，它和 more 命令的区别在于它支持使用上、下方向键滚动屏幕，当要结束浏览时，只要在 less 命令的提示符 ":" 下按 Q 键即可。

另外，在多数情况下，more 命令和 less 命令会结合管道命令符来分页输出需要在屏幕上显示的内容。

分别使用 cat、more、less 命令显示 root 目录下的 install.log 文件，然后使用 more 命令和 less 命令结合 grep 与管道命令符查找 install.log 文件中包含 i686 的文本行，注意这三种命令的区别。

【cat /root/install.log】使用 cat 命令显示 install.log 文件，从结果中可以看出，系统会将 install.log 文件完整地显示出来，但是用户只能看到文件的末尾部分，该命令适合显示内容比较少的文件。

【more /root/install.log】使用 more 命令显示 install.log 文件，从结果中可以看出，系统在显示满屏幕时暂停，使用空格键可以翻页，使用 Q 键可以退出。

【less /root/install.log】使用 less 命令显示 install.log 文件，从结果中可以看出，系统同样在显示满屏幕时暂停，但是可以使用上、下键方向滚屏，当结束时只需在 ":" 后按 Q 键即可。

【cat　/root/install.log | grep "i686" | more】或【cat /root/install.log | grep "i686"| less】分页显示 install.log 文件中包含 i686 的文本行，结合 grep 命令和管道命令符使用。这条命令实际上是将 install.log 文件内的所有内容管道给 grep，然后查找包含 i686 的文本行，最后将查找到的内容管道执行 more 或 less 命令后分页输出。

【cat -n /root/install.log】显示行号，对空白行也要进行编号。

【cat -b /root/install.log】对空白行不进行编号。

【cat filel file2 >file_1_2】合并文件 filel 和文件 file2 的内容到文件 file_1_2 中。

【cat >file3】创建文件 file3，等待键盘输入内容，按 Ctrl+D 组合键结束输入。

【cat >>file3】在文件 file3 中追加内容，等待键盘输入追加的内容，按 "Ctrl+D" 组合键结束输入。

【more　+6　file3】从第 6 行开始显示文件内容。

【more　-c　-10 file3】先清屏，然后以每 10 行为一组的方式显示文件 example .c 的内容。

tail 命令和 less 命令类似。tail 命令可以指定显示文件的最后多少行，还可以滚动显示日志。

3.3.5　查找文件或目录 find、locate 命令

find 命令可以根据给定的路径和表达式查找文件或目录。find 命令有很多参数，并且支持正则表达式，功能强大。将 find 命令和管道命令符结合使用可以实现复杂的功能，这是系统管理者和普通用户必须掌握的命令。find 命令如不加任何参数，则表示查找当前路径下的所有文件和目录。

1.　通过文件名查找

【find / -name httpd.conf】查找名为 httpd.conf 的文件在 Linux 操作系统中的位置。

2.　无错误查找技巧

在 Linux 操作系统中，find 命令是大多数系统用户都可以使用的命令，并不是 ROOT 管理员的专利。但是普通用户使用 find 命令时可能会遇到这样的问题：在 Linux 操作系统中，ROOT 管理员可以把某些文件或目录设置成禁止访问模式，这样普通用户就没有权限用 find 命令来查询这些文件或目录了。当普通用户使用 find 命令来查询这些文件或目录时，往往会出现 "Permission denied"（禁止访问）的字样。系统将无法查询到你想要的文件。为了避免这样的情况，可以使用转移错误提示的方法尝试查找文件或目录，例如，输入【find / -name access_log 2>/dev/null】命令。

3.　根据部分文件名查找

【find /etc -name '*srm*'】查找/etc 目录下所有包含 srm 这 3 个字母的文件。

上述命令表明 Linux 操作系统将在/etc 整个目录中查找所有包含 srm 这 3 个字母的文件，如 absrmyz、tibc.srm 等符合条件的文件都能显示出来。如果知道这个文件是由 srm 这 3 个字母开头的，那么可以省略最前面的星号，命令如下：

【find /etc -name 'srm*'】这样，只有像 srmyz 这样的文件才能被查找出来，像 absrmyz 或 absrm 这样的文件都不符合要求，不会被显示，查找文件的效率和可靠性会大大提高。

4. 根据文件特征查找

【find /-size 1500c】查找一个大小为 1500B 的文件，字符 c 表明要查找的文件的大小是以 B 为单位的。

【find / -size+10000000c】查找出大于 10000000B 的文件并将其显示出来，命令中的"+"表示要求系统只列出大于指定大小的文件，而使用"-"则表示要求系统只列出小于指定大小的文件。

【find / -amin -10】查找最后 10 分钟在系统中访问的文件。

【find / -atime -2】查找最后（2*24）48 小时在系统中访问的文件。

【find / --cmin 2】查找最后 2 分钟在系统中被改变状态的文件。

【find / -empty】查找在系统中为空的文件或文件夹。

【find / -group cat】查找在系统中属于用户组 cat 的文件。

【find / -mmin -5】查找在系统中最后 5 分钟内修改过的文件。

【find / -mtime -1】查找在系统中最后 24 小时内修改过的文件。

【find / -nouser】查找在系统中属于作废用户的文件。

【find / -user yhy】查找在系统中属于 yhy 这个用户的文件。

【find / -false】查找在系统中总是错误的文件。

【find / -fstype type】查找在系统中存在于指定文件系统的文件，如 ext4。

locate 命令其实是 find-name 命令的另一种写法，但是 locate 命令要比 find-name 命令快得多，原因在于它不搜索具体目录，而是搜索一个数据库/var/lib/locatedb，这个数据库中包含本地所有的文件信息。Linux 操作系统自动创建这个数据库，并且每天自动更新一次，所以使用 locate 命令查不到最新变动过的文件。为了避免这种情况，可以在使用 locate 命令之前，先使用【updatedb】命令，手动更新数据库。

【locate /etc/sh】搜索/etc 目录下所有以 sh 开头的文件。

【locate ~/m】搜索用户主目录下，所有以 m 开头的文件。

【locate -i ~/m】搜索用户主目录下，所有以 m 开头的文件，并且忽略大小写。

3.3.6 过滤文本 grep 命令

grep 命令是一种强大的文本搜索工具命令，用于查找文件中符合指定格式的字符串，支持正则表达式。如不指定任何文件名，或者所给予的文件名为"-"，则 grep 命令从标准输入设备读取数据。grep 命令家族包括 grep、egrep 和 fgrep 命令。egrep 和 fgrep 命令与 grep 命令有较小差别。egrep 命令是 grep 命令的扩展。fgrep 命令就是 fixed grep 或 fast grep 命令，该命令可以使用任何正则表达式中的元字符表示其自身的字面意义。egrep 等同于"grep -E"，fgrep 等同于"grep -F"。Linux 操作系统中的 grep 命令功能强大，支持很多参数，可以方便地进行一些文本处理工作。

grep 命令单独使用时至少应有两个参数，如少于两个参数，grep 命令会一直等待，直到该程序被中断。如果遇到这样的情况，可以按"Ctrl+C"组合键终止命令。在默认情况下，grep 命令只搜索当前目录，如果递归查找子目录，可使用"r"选项。

【grep root /etc/passwd】在指定文件/etc/passwd 中查找包含 root 字符串的行。

【cat /etc/passwd | grep root】结合管道命令符一起使用，效果同上。

【grep -n root /etc/passwd】显示符合条件的内容及其所在的行号。

【grep Listen httpd.conf】在 httpd.conf 文件中查找包含 Listen 的行，并将其打印出来，区分大小写。

【grep -i uuid yhy.txt】不区分大小写，在 yhy.txt 中查找指定字符串 uuid。

grep 命令支持丰富的正则表达式，此处不再一一赘述。

3.3.7 比较文件差异 diff 命令

diff 命令的功能为逐行比较两个文本文件，列出其不同之处。它可以对给出的文件进行系统的检查，并显示出两个文件中所有不同的行，以便告知用户为了使文件 file1 和文件 file2 一致，需要修改它们的哪些行，diff 命令进行比较之前不要求事先对文件进行排序。如果 diff 命令后跟的是目录，则 diff 命令会对该目录中的同名文件进行比较，但不会比较其中的子目录。

【diff　httpd.conf httpd.conf.bak | cat -n】比较文件差异。

在比较结果中，以 "<" 开头的行属于第 1 个文件，以 ">" 开头的行属于第 2 个文件。字母 a、d 和 c 分别表示附加、删除和修改操作。

3.3.8 在文件或目录之间创建链接 ln 命令

ln 命令用于链接文件或目录，如同时指定两个以上的文件或目录，且最后的目的地是一个已经存在的目录，则会把前面指定的所有文件或目录复制到该目录中。若同时指定多个文件或目录，且最后的目的地并非一个已存在的目录，则会出现错误信息。ln 命令会保持每一处链接文件的同步性，也就是说，改动其中的任意文件，其他地方的文件都会发生相同的变化。

链接分为软链接和硬链接。软链接只会在目的位置生成一个文件的链接文件，实际不会占用磁盘空间，相当于 Windows 操作系统中的快捷方式。硬链接会在目的位置生成一个和源文件大小相同的文件。无论是软链接还是硬链接，文件都将保持同步变化。软链接是可以跨分区的，但是硬链接必须在同一个文件系统中，并且不能对目录进行硬链接，而符号链接可以指向任意位置。

【ln -s /data/ln/src /data/ln/dst】创建软链接，当源文件的内容改变时，软链接指向的文件内容也会改变，删除源文件，软链接指向的文件内容也将不复存在。

【ln /data/ln/src　/data/ln/dst_hard】创建硬链接，删除源文件，硬链接文件的内容依然存在。

【ln -s /data/ln/* /data/ln2】对某一目录中的所有文件和目录建立链接。

对硬链接指向的文件进行读写和删除操作时，其效果和符号链接相同。删除硬链接文件的源文件，硬链接文件仍然存在，可以将硬链接文件和源文件看作不同的文件，它们只是具有相同的内容。

3.3.9 显示文件类型 file 命令

file 命令用来显示文件类型，该命令可以将文件分为文本文件、可执行文件、压缩文件或其他类型的文件。

【file magic】显示文件类型，输出如下信息：

magic: magic text file for file(1) cmd

【file -b magic】不显示文件名称，只显示文件类型，输出如下信息：

magic text file for file(1) cmd

【file -i magic】显示文件 magic 信息，输出如下信息：

magic: text/plain; charset=utf-8

【file /bin/cp】显示 cp 可执行文件信息，输出如下信息：

/bin/cp: ELF 64~bit LSB executable, AMD x86-64 r version 1 {SYSV} , for GNU/Linux 2.6.4, dynamically linked (uses shared libs), for GNU/Linux 2.6.4, stripped

【ln -s /bin/cp】创建软链接。

【file cp】显示链接文件 cp 信息，输出如下信息：

cp: symbolic link to '/bin/cp '

【file -L cp】显示链接指向的实际文件的相关信息，输出如下信息：

cp: ELF 64-bit LSB executable, AMD x86-64, version 1 (SYSV), for GNU/Linux 2.6.4, dynamically linked (uses shared libs), for GNU/Linux 2.6.4f stripped

3.3.10 分割文件 split 命令

当处理文件时，有时需要对文件进行分割处理，split 命令用于分割文件，可以分割文本文件，按指定的行数分割，每个分割后的文件都包含相同的行数。split 命令也可以分割非文本文件，分割时可以指定每个文件的大小，使分割后的文件大小相同。有时需要将文件分割成更小的片段，以提高可读性、生成日志等。可以使用 cat 命令将分割后的文件组装在一起。

【split yhy.txt】split 命令默认按 1000 行分割文件。

split 命令后可以跟以下选项。
-b：值为每个输出文件的大小，单位为 B。
-C：每个输出文件中，单行的最大字节数。
-d：使用数字作为后缀。
-l：值为每个输出文件的列数。

【dd if=/dev/zero bs=100k count=1 of=yhy.file】生成一个大小为 100KB 的测试文件 yhy.file。

【split -b 10k yhy.file】使用 split 命令将前面创建的 yhy.file 文件分割成大小为 10KB 的小文件。

【split -b 10k yhy.file -d -a 3】将文件分割成多个带有字母后缀的文件，如果想用数字后缀，可使用-d 参数，同时可以使用-a length 来指定后缀的长度。

【split -b 10k yhy.file -d -a 3 split_file】为分割后的文件指定文件名的前缀。

【split -l 10 yhy.file】使用-l 选项根据文件的行数来分割文件，如使每个分割后的小文件包含 10 行。

当把一个大文件分割为多个小文件后，如何校验文件的完整性呢？一般通过 MD5 工具来进行校验对比。对应的 Linux 命令为【md5sum】（有关 MD5 工具的校验机制和原理请参考相关文档，本节不再赘述）。

3.3.11 处理文本 awk 和 sed 命令

awk 和 sed 命令为 Linux 操作系统中强大的文本处理工具，其使用方法比较简单，而且处理效率非常高，下面具体介绍 awk 和 sed 命令的使用方法。

awk 命令用于处理 Linux 操作系统中的文本。其数据可以来自文件或标准输入，awk 命令支持正则表达式等功能，是 Linux 操作系统中强大的文本处理工具。

【awk '{print $0}' /etc/passwd|head】执行命令输出如下内容：
root:x:0:0:root:/root:/bin/bash
bin:x:1:1:bin:/bin:/sbin/nologin
daemon:x:2:2:daemon:/sbin "sbin/nologin
adm:x:3;4:adm:/var/adm:/sbin/nologin
lp:x:4:7:lp:/var/spool/lpd:/sbin/nologin
sync:x:5:0:sync:/sbin:/bin/sync

当指定 awk 命令时，首先从给定的文件中读取内容，然后针对文件中的每一行信息执行 print 命令，并把输出内容发送至标准输出设备，如屏幕。在 awk 命令中，"{}"用于将代码分块。由于 awk 命令默认的分隔符为空格等空白字符，上述代码示例的功能为将文件中的每行信息打印出来。

在修改文件时，如果要不断地重复某些编辑动作，可以用 sed 命令完成。sed 命令为 Linux 操作系统中将编辑工作自动化的编辑器，使用者无须直接编辑数据，它是一种非交互式上下文编辑器，一般的 Linux 操作系统本身都安装了 sed 命令。使用 sed 命令可以完成数据行的删除、更改、添加、插入、合并或交换等操作。同 awk 命令类似，sed 命令也可以通过命令行、管道或文件输入。

sed 命令可以打印指定的行至标准输出设备或重定向至文件，打印指定的行可以使用 "p" 参数，可以打印指定的某一行或某个范围内的行。

【head -3 /etc/passwd | sed -n 2p】
bin:x:1:1:bin:/bin:/bin/bash
【head -3 /etc/passwd | sed -n 2, 3p】执行该命令输出如下内容：
bin:x:1:1:bin:/bin:/bin/bash
daemon:x:2:2:Daemon:/sbin:/bin/bash

　　注意：
"2p" 表示只打印第 2 行，而 "2,3p" 表示打印某个范围内的行。

3.4　目录管理命令

目录是 Linux 操作系统的基本组成部分，目录管理包括目录的复制、删除、修改等操作，本节主要介绍 Linux 操作系统中的目录管理命令。

3.4.1　显示当前工作目录 pwd 命令

pwd 命令用于显示当前工作目录的完整路径。pwd 命令的使用比较简单，在默认情况下不带任何参数，执行该命令即可显示当前路径。如果当前路径有软链接，则会显示链接路径而非实际路径，使用 "P" 参数可以显示当前路径的实际路径。

【pwd】默认显示链接路径。

【pwd -P】显示实际路径。

3.4.2 创建目录 mkdir 命令

mkdir 命令用于创建目录。创建目录时，当前用户对需要操作的目录有读写权限。如目录已经存在，会提示报错并退出。mkdir 命令可以创建多级目录。

 注意：

创建目录时，目的路径不能存在重名的目录或文件。使用 p 参数可以一次创建多个目录，并且可以创建多级目录。

【mkdir soft】创建 soft 目录，如目录已经存在，提示：

mkdir: cannot create directory 'soft'; File exists

错误信息并退出。

【mkdir -p soft】使用 "p" 参数可以创建已存在或不存在的目录。

【mkdir -m775 apache】指定新创建目录的权限。

【mkdir -p /data/(yhy1,yhy2)】或【mkdir -p /data/yhy3 /data/yhy4】一次创建多个目录。

 注意：

无写权限则不能创建目录，虽然没有写权限，但由于目录存在，所以并不会提示任何信息。

3.4.3 删除目录 rmdir 命令

rmdir 命令用来删除目录。当目录不再被使用或磁盘空间已到达使用限定值时，就需要删除失去使用价值的目录。利用 rmdir 命令可以从一个目录中删除一个或多个空的子目录。删除目录时，必须具有对其父目录的写权限。

【rmdir -p bin/os_1】删除子目录 os_1 和其父目录 bin。

 注意：

子目录被删除之前应该是空目录。如果是非空目录，则必须使用【rm -r 目录】命令将其全部删除。此外，当前工作目录必须为被删除的目录的上级，不能是被删除目录本身，也不能是被删除目录的子目录。

虽然还可以用带有-r 选项的【rm -r 目录】命令递归删除一个目录中的所有文件和该目录本身，但是这样做存在很大的风险。

 注意：

当使用 "p" 参数时，如果目录中存在空目录和文件，则空目录会被删除，而其上一级目录不能被删除。

3.4.4 查看目录树 tree 命令

使用 tree 命令以树状图递归的形式显示各级目录，方便用户查看目录结构。

【tree】以树状图递归的形式显示各级目录。
【tree -f】在每个文件或目录之前，显示完整的相对路径名称。

3.4.5 打包或解包文件 tar 命令

tar 命令用于将文件打包或解包，其扩展名一般为.tar，指定特定参数可以调用 gzip 或 bzip2 命令打包或解包，文件扩展名为.tar.gz 或.tar.bz2。tar 命令相关的文件一般使用.tar 作为文件名标识。如果加上参数 z，则以.tax.gz 或.tgz 来代表使用 gzip 命令压缩过的 tar 文件。

【tar -cvf /tmp/etc. tar /etc】仅打包，不压缩。
【tar -zcvf /tmp/etc. tar .gz /etc】打包并使用 gzip 命令压缩。
【tar -jcvf /tmp/etc. tar .bz2 /etc】打包并使用 bzip2 命令压缩。
【tar -ztvf /tmp/etc. tar.gz】查看压缩包文件列表。
【cd /data】切换目录。
【tar -zxvf /tmp/etc.tar.gz】解压缩至当前路径。
【tar -zxvf /tmp/etc.tar.gz etc/passwd】只解压缩指定文件。
【tar -zxvpf /tmp/etc.tar.gz /etc】建立压缩包时保留文件属性。
【tar --exclude /home/*log -zxvpf /tmp/etc.tar.gz /data/soft】排除某些文件。

3.4.6 压缩或解压缩文件和目录 zip/unzip 命令

zip 命令是 Linux 操作系统中广泛使用的压缩命令，使用 zip 命令压缩后的文件的扩展名为.zip。

zip 命令的基本用法如下。

【zip [参数][打包后的文件名][打包的目录路径]】目录路径可以是相对路径，也可以是绝对路径。
【zip -r myfile.zip ./* 】将当前目录下的所有文件和文件夹全部压缩成 myfile.zip 文件，-r 表示递归压缩子目录下所有文件。
【unzip -o -d /home/yhy myfile.zip】把 myfile.zip 文件解压缩到 /home/yhy 目录下，-o 表示在无提示的情况下覆盖文件；-d 表示将文件解压缩到/home/yhy 目录下。
【zip -d myfile.zip yhy.txt】删除压缩文件中的 yhy.txt 文件。
【zip -m myfile.zip ./yhy.txt】在压缩文件 myfile.zip 中添加 yhy.txt 文件。
【zip -q -r html.zip /home/Blinux/html】将/home/Blinux/html 这个目录下的所有文件和文件夹打包成当前目录下的 html.zip 文件。

上述命令用于将绝对地址下的文件及文件夹进行压缩，以下给出压缩相对路径目录的命令，如在 Blinux 这个目录下，执行以下操作可以达到与上面相同的效果。unzip 命令用于解压缩由 zip 命令压缩的 zip 压缩包。

【unzip test.zip】将压缩文件 text.zip 在当前目录下解压缩。

【unzip -n test.zip -d /tmp】将压缩文件 text.zip 在指定目录/tmp 下解压缩，如果已有相同的文件存在，要求 unzip 命令不覆盖已有文件。

【unzip -v test.zip】或【zcat test.zip】查看压缩文件目录，但不解压缩。

【unzip -o test.zip -d tmp/】将压缩文件 test.zip 在指定目录/tmp 下解压缩，如果已有相同的文件存在，要求 unzip 命令覆盖已有文件。

3.4.7　压缩或解压缩文件和目录 gzip/gunzip 命令

和 zip 命令类似，gzip 命令用于压缩文件，用 gzip 命令压缩后的文件的扩展名为.gz，gzip 命令默认压缩后会删除源文件。gunzip 命令用于将经过 gzip 命令压缩过的文件解压缩，事实上 gunzip 就是 gzip 的硬链接，因此无论是压缩还是解压缩，都可以通过 gzip 命令单独完成。

【gzip *】把当前目录下的每个文件压缩成 gz 文件。

【gzip -dv *】将上一命令中每个压缩的文件解压缩，并列出详细的信息。

【gzip -l *】详细显示第 1 行命令中每个压缩文件的信息，不解压缩。

【gzip -r log.tar】压缩一个 tar 备份文件，此时压缩文件的扩展名为.tar.gz。

【gzip -rv test】递归压缩目录 test，这样，所有 test 下面的文件都会变成*.gz 文件，目录依然存在，只是目录里面的文件相应变成*.gz 文件。这就是压缩和打包的不同。因为是对目录操作的，所以需要加上-r 选项，这样就可以对子目录进行递归操作了。

【gzip -dr test】递归解压缩目录。

【gzip -r /opt/etc.zip /etc】将/etc 目录下的所有文件及子目录进行压缩，备份压缩包 etc.zip 到/opt 目录。

【gzip -9v /opt/etc.zip】对 etc.zip 文件进行 gzip 压缩，设置 gzip 的压缩级别为 9。此命令将会生成 etc.zip.gz 压缩文件。

【gzip -l /opt/etc.zip.gz】查看上述 etc.zip.gz 文件的压缩信息。

【gzip -d /opt/etc.zip.gz】或【gunzip /opt/etc.zip.gz】解压缩 etc.zip.gz 文件到当前目录。【gzip -d】命令等价于 gunzip 命令。

3.4.8　压缩或解压缩文件和目录 bzip2/bunzip2 命令

bzip2 是一个基于 Burrows-Wheeler 开发的无损压缩软件，其压缩效果比传统的 LZ77/ LZ78 压缩算法好。它是一款免费软件，可以自由分发、免费使用。它广泛存在于 UNIX & Linux 的许多发行版本中。bzip2 能够进行高质量的数据压缩。它能够利用先进的压缩技术把普通的数据文件压缩 10%～15%，压缩的速度和效率都非常高，支持目前大多数压缩格式，包括 tar、gzip 文件。不加任何参数，用 bzip2 压缩完文件后会产生 bz2 压缩文件，并删除源文件。

bunzip2 是 bzip2 的一个符号连接，但 bunzip2 和 bzip2 的功能正好相反。bzip2 是用来压缩文件的，而 bunzip2 是用来解压缩文件的，相当于【bzip2 -d】命令，类似的有 zip 和 unzip、gzip 和 gunzip、compress 和 uncompress。

gzip、bzip2 一次只能压缩一个文件，若要同时压缩多个文件，则需将其压缩成 tar 包，然后压缩成 tar.gz、tar.bz2，在 Linux 操作系统中，bzip2 也可以与 tar 一起使用。bzip2 可以压缩文件，也可以解压缩文件，解压缩时也可以使用另外一个命令 bunzip2。bzip2 的命令行标志大部分与 gzip 相同，从 tar 文件解压缩由 bzip2 压缩的文件方法如下。

【bzip2 file_test】压缩指定文件，压缩后源文件会被删除。

【tar -jcvf test.tar.bz2 filel file2 l.txt】将多个文件压缩并打包。

【bzcat test.tar.bz2】查看 bzip 压缩过的文件内容。

【bzip2 -d -k shell.txt.bz2】使用-d 参数压缩文件，使用-k 参数保留源文件。

bzip2 命令包含的参数选项如下。

-f 或--force：解压缩时，若输出文件与现有文件同名，默认它不会覆盖现有文件。

-k 或--keep：在解压缩后，默认会删除原有的压缩文件。若要保留原有的压缩文件，请使用此参数。

-s 或--small：降低程序执行时内存的使用量。

-v 或--verbose：解压缩文件时，显示详细的信息。

-l 或--license，-V 或--version：显示版本信息。

3.5　系统管理命令

如何查看系统帮助？如何查看历史命令？在日常使用中有一些命令可以提高 Linux 操作系统的使用效率，本节主要介绍系统管理命令。

3.5.1　查看命令帮助 man 命令

man 命令是 Linux 操作系统下的帮助命令，通过 man 命令可以查看 Linux 操作系统中的命令帮助、配置文件帮助和编程帮助等信息。

【man man】显示 man 命令的帮助信息。

当输入【man ls】时，左上角会显示"LS（1）"，在这里，"LS"表示手册名称，而"（1）"表示该手册位于第一节，同样，当输入【man ifconfig】时，左上角会显示"IFCONFIG（8）"。也可以这样输入命令：【man [章节号] 手册名称】。

3.5.2　查看历史命令记录 history 命令

当使用终端命令行输入并执行命令时，Linux 操作系统会自动把命令记录到历史列表中，一般保存在用户 HOME 目录下的 bash_history 文件中。默认保存 1000 条历史命令记录，此值可以更改。如果不需要查看所有历史命令记录，history 命令可以只查看最近 n 条历史命令记录。history 命令不仅可以查询历史命令记录，而且有相关的执行命令的功能。

系统安装完毕，执行 history 命令并不会记录历史命令的执行时间，通过特定的设置可以记录历史命令的执行时间。使用上、下方向键可以方便地看到执行的历史命令，使用"Ctrl+R"组合键对历史命令进行搜索，对于想要重复执行某个命令时非常有用。当找到命令后，通常再按 Enter 键就可以执行该命令。如果想对找到的命令进行调整后再执行，则可以按左、右方向键。使用感叹号"!"可以方便地执行历史命令。

【!2】显示执行 history 命令后的第 2 条命令。

【!up】执行最近一条以 up 开头的命令。

【history　-c】清除已有的历史命令，使用-c 选项。

3.5.3　显示或设置系统时间与日期 date 命令

date 命令的功能是显示或设置系统时间与日期。

　注意：

只有超级用户才能用 date 命令设置时间与日期，一般用户只能用 date 命令显示时间与日期。此外，一些环境变量会影响 date 命令的执行效果。

【date】显示系统的当前时间，如"Wed May 1 12:31:35 CST 2018"，CST 表示中国标准时间，UTC 表示世界标准时间，中国标准时间与世界标准时间的时差为+8，也就是 UTC+8。GMT 表示格林尼治标准时间。

【date　+%Y-%m-%d " " %H: %M: %S】按指定格式显示系统时间与日期，如"2018-05-01 12:31:36"。

【date -s 20180530】设置系统日期，只有 ROOT 用户才能查看。

【date -s 12:31:34】设置系统时间。

【date +%Y-%m-%d　" " %H:%M:%S　-d　"10 days ago"】显示 10 天之前的日期。

当以 ROOT 身份更改了系统时间之后，还需要通过【clock -w】命令将系统时间写入 CMOS，这样下次重新开机时系统时间才会更新。date 命令的参数有很多，其他参数的用法可通过上机实践学习。

3.5.4　清空终端屏幕 clear 命令

clear 命令用于清空终端屏幕，类似 DOS 下的 cls 命令，其使用方法比较简单，如要清除当前屏幕内容，直接输入 clear 即可，快捷键为"Ctrl+L"组合键。

如果终端屏幕有乱码，可以使用 reset 命令使屏幕恢复正常。

3.5.5　查看系统负载 uptime 命令

Linux 操作系统中的 uptime 命令主要用于获取主机运行时间和查询 Linux 操作系统负载等信息。uptime 命令可以显示系统已经运行了多长时间，信息显示依次为现在时间、系统已经运行了多长时间、目前有多少登录用户，以及系统在过去的 1 分钟、5 分钟和 15 分钟内的平均负载。uptime 命令的用法十分简单，直接输入 uptime 即可。

【uptime】输入命令后显示如下内容：

07:30:09　up　9:15,　3 users, load average: 0.00, 0.00, 0.00

07:30:09 表示系统当前时间，up 9:15 表示主机已运行时间，时间越长，说明机器越稳定。3 users 表示用户的总连接数，而不是用户数。load average 表示系统平均负载，执行 uptime 命令会统计最近 1 分钟、5 分钟、15 分钟的系统平均负载。系统平均负载是指在特定时间间隔内运行队列中的平均进程数。对于单核 CPU，负载小于 3 表示当前系统性能良好；负载为 3～10 表示需要注意，系统负载可能过大，需要进行相应的优化操作；负载大于 10 表示系统性能有严重问题。此外，需重点参考 15 分钟的系统平均负载，并将其作为评判当前系统运行情况的重要依据。

3.5.6 显示系统内存状态 free 命令

free 命令会显示系统内存状态，包括实体内存、虚拟的交换文件内存、共享内存区段，以及系统核心使用的缓冲区等。

【free -m】以 MB 为单位查看系统内存资源的占用情况，如图 3-5 所示。

```
                                    root@mail:~                          _   □   ×
文件(F)  编辑(E)  查看(V)  搜索(S)  终端(T)  帮助(H)
[root@mail ~]# free -m
              total        used        free      shared  buff/cache   available
Mem:           3773         856        2302          14         613        2610
Swap:          3967           0        3967
[root@mail ~]# █
```

图 3-5 以 MB 为单位查看系统内存资源的占用情况

- Mem 表示物理内存总量，此示例中的物理内存总量为 3773MB。
- buff/cache 表示物理内存的缓存统计。
- Swap 表示硬盘上交换分区的使用情况，如果剩余空间较小，需要注意当前系统的内存使用情况及负载。

在图 3-5 中，3773 表示物理内存总量；856 表示分配给缓存（包含 buff 与 cache）使用的内存数量，但其中可能有部分内存，缓存并未实际使用；2302 表示未被分配的内存。shared 为 14，表示共享内存，613 表示系统分配但未被使用的 buff 数量，2610 表示系统分配但未被使用的 cache 数量。

以上示例显示系统内存总量为 3774MB，如需计算应用程序占用的内存比率可以使用以下公式计算：(total−free−buff)/cache=(3774−2302−613)/3774≈23%，它表示系统内存资源能满足应用程序需求。如应用程序占用的内存量超过 80%，则应该及时进行应用程序算法优化。

3.5.7 转换或复制文件 dd 命令

dd 命令可以用指定大小的块复制文件，并在复制文件的同时进行指定的转换。此参数可以和 b、c、k 组合使用。

注意：

指定数字的地方若以下列字符结尾则乘以相应的数字：b=512；c=l; k=1024；w=2。

可以向/dev/null 写入任何数据，而写入的数据都会丢失，/dev/zero 是一个输入设备，可用来初始化文件。

【dd if=/dev/zero of=/file bs=lM count=100】创建一大小为 100MB 的文件。

【ls -lh /file】查看文件大小。

【dd if=/dev/hdb of=/dev/hdd】将本地的/dev/hdb 全盘备份到/dev/hdd 目录中。

【dd if=/dev/hdb of=/root/Image】将 dev/hdb 全盘备份到指定路径的 image 文件中。

【dd if=/root/image of =/dev/hdb】将备份文件恢复到指定盘中。

【dd if=/dev/hdb | gzip > /root/image.gz】备份/dev/hdb 全盘数据，并利用 gzip 命令进行压缩，再将其保存到指定路径。

【gzip -dc /root/image.gz | dd of=/dev/hdb】将压缩的备份文件恢复到指定盘中。

【dd if=/dev/urandom of=/dev/hdal】销毁磁盘数据。

下面来看一个增加 swap 分区文件大小的案例，具体步骤如下。

第 1 步：【dd if=/dev/zero of=/swapfile bs=1024 count=262144】创建一个大小为 256MB 的文件。

第 2 步：【mkswap /swapfile】把这个文件变成 swap 文件。

第 3 步：【swapon /swapfile】启用这个 swap 文件。

第 4 步：【echo "swapfile swap swap default 0 0">>/etc/fstab】编辑/etc/fstab 文件，使在每次开机时自动加载 swap 文件，在该文件最下面输入"swapfile swap swap default 0 0"。

3.5.8 查看网卡配置与网络状态 ifconfig 命令

ifconfig 命令用于查看网卡配置与网络状态等信息，格式为【ifconfig [网络设备] [参数]】。

使用 ifconfig 命令来查看本机当前的网卡配置与网络状态等信息时，主要查看的是网卡名称、inet 参数后面的 IP 地址、ether 参数后面的网卡物理地址（又称为 MAC 地址），以及 RX、TX 接收数据包与发送数据包的个数及累计流量，如图 3-6 所示。

图 3-6 查看网卡配置与网络状态等信息

3.6　任务管理命令

Windows 操作系统提供了计划任务，其功能就是安排自动运行的任务。Linux 操作系统提供了对应的命令完成任务管理。

3.6.1　管理单次任务 at 命令

at 命令可以设置在指定的时间执行一个指定任务，只能执行一次，使用前要确认系统开启了 atd 进程。如果指定的时间已经过去，则会在第 2 天执行此命令。

第二天 17 点，输出时间到指定文件内的命令为【at 17:00 yhyorrow】，进入交互式情景，输入如下内容：

```
at> date    >/root/2018.log
at>
<E0T>
```

不过，并不是所有用户都可以执行 at 命令。可以利用/etc/at.allow 与/etc/at.deny 这两个文件来限制 at 命令的使用。系统首先查找/etc/at.allow 这个文件，在这个文件中存在的使用者才能使用 at 命令，不在这个文件中的使用者则不能使用 at 命令。如果/etc/at.allow 文件不存在，就寻找/etc/at.deny 这个文件。在/etc/at.deny 文件中存在的使用者不能使用 at 命令，在/etc/at.deny 文件中不存在的使用者可以使用 at 命令。

3.6.2　管理周期任务 crond 命令

crond 在 Linux 操作系统中被用来周期性地执行某种任务或等待处理某些事件，如进程监控、日志处理等，和 Windows 操作系统下的计划任务类似。当安装 Linux 操作系统时，默认会安装此服务工具，并且会自动启动 crond 进程。crond 进程每分钟会定期检查是否有要执行的任务，如果有要执行的任务，则自动执行该任务。crond 进程的最小调度单位为分钟。

Linux 操作系统下的任务调度分为两类：系统任务调度和用户任务调度。

（1）系统任务调度：系统周期性执行的工作，如将缓存数据写入硬盘、清理日志等。在/etc 目录下有一个 crontab 文件，它就是系统任务调度的配置文件。

/etc/crontab 文件内容如图 3-7 所示。在图 3-7 中，前 4 行是用来配置 crond 进程运行的环境变量，第 2 行 SHELL 变量指定了系统要使用哪个 SHELL，这里使用的是 Bash；第 3 行 PATH 变量指定了系统执行命令的路径；第 4 行 MAILT0 变量指定了 crond 进程执行信息将通过电子邮件发送给 ROOT 用户，如果 MAILT0 变量的值为空，则表示不发送任务执行信息给用户；第 4 行的 HOME 变量指定了在执行命令或脚本时使用的主目录，但默认为空。

```
[root@linux-yhy ~]# cat /etc/crontab
SHELL=/bin/bash
PATH=/sbin:/bin:/usr/sbin:/usr/bin
MAILTO=root

# For details see man 4 crontabs

# Example of job definition:
# .---------------- minute (0 - 59)
# |  .------------- hour (0 - 23)
# |  |  .---------- day of month (1 - 31)
# |  |  |  .------- month (1 - 12) OR jan,feb,mar,apr ...
# |  |  |  |  .---- day of week (0 - 6) (Sunday=0 or 7) OR sun,mon,tue,wed,thu,fri,sat
# |  |  |  |  |
# *  *  *  *  * user-name  command to be executed

[root@linux-yhy ~]# 
```

图 3-7   /etc/crontab 文件内容

（2）用户任务调度：用户定期要执行的工作，如用户数据备份、定时提醒等。用户可以使用 crontab 工具来定制自己的计划。所有用户定义的 crontab 文件都会被保存在 /var/spool/cron 目录中。其文件名与用户名一致。

用户所建立的 crontab 文件中，每 1 行都代表 1 项任务，每行的每个字段代表 1 项设置，它的格式共 6 个字段，前 5 个字段是时间设定段，第 6 个字段是要执行的命令段，格式如下：minute hour day month week command，crontab 任务设置对应的参数说明如表 3-3 所示。

表 3-3   crontab 任务设置对应的参数说明

参　　数	说　　明
minute	表示分钟，可以是 0～59 的任何整数
hour	表示小时，可以是 0～23 的任何整数
day	表示日期，可以是 1～31 的任何整数
month	表示月份，可以是 1～12 的任何整数
week	表示星期几，可以是 0～7 的任何整数，这里的 0 或 7 代表星期日
command	要执行的命令，可以是系统命令，也可以是用户自己编写的脚本文件

crontab 命令是 Linux 操作系统用来定期执行程序的命令。当安装完操作系统之后，默认便会启动此任务调度命令。crontab 命令每分钟会定期检查是否有要执行的工作，crontab 命令的常用参数说明如表 3-4 所示。

表 3-4   crontab 命令的常用参数说明

参　　数	说　　明
-e	执行文字编辑器来编辑任务列表，内定的文字编辑器是 VI
-r	删除目前的任务列表
-l	列出目前的任务列表

crontab 命令的一些使用方法如下。

【0 7 * * * /bin/ls】每月每天每小时的第 0 分钟执行一次/bin/ls。

【0 6-12/3 * 12 * /usr/bin/backup】在 12 月内，每天 6 点到 12 点，每隔 20 分钟执行一次/usr/bin/backup。

【0 */2 * * * /sbin/service httpd restart】每两小时重启一次 Apache 服务。

3.7 重定向、管道命令符与环境变量

本节首先讲解与文件读写操作有关的重定向技术的 5 种模式——标准覆盖输出重定向、标准追加输出重定向、错误覆盖输出重定向、错误追加输出重定向及输入重定向，让读者通过实验切实理解每个重定向模式的作用，解决输出信息的保存问题。然后深入讲解管道命令符，帮助读者掌握命令之间的搭配使用方法，进一步提高命令输出值的处理效率。随后通过讲解 Linux 操作系统命令行中的通配符和常见转义符，让用户输入的 Linux 命令具有更准确的意义，为下一章编写 Shell 脚本做准备。最后讲解 Bash 解释器执行 Linux 命令的内部原理，为掌握 PATH 变量及 Linux 操作系统中的重要环境变量打基础。

3.7.1 输入/输出重定向

前面介绍了基础且常用的 Linux 命令，接下来将把多个 Linux 命令适当地组合到一起，使其协同工作，以便更加高效地处理数据。要做到这一点，就必须理解命令的输入重定向和输出重定向的原理。

简而言之，输入重定向是指把文件导入命令，而输出重定向则是指把原本要输出到屏幕的数据信息写入指定文件。在日常的学习和工作中，相较于输入重定向，输出重定向的使用频率更高，所以又将输出重定向分为标准输出重定向和错误输出重定向两种不同的技术，以及清空写入与追加写入两种模式。

- 标准输入重定向（STDIN，文件描述符为 0）：默认从键盘输入，也可从其他文件或命令输入。
- 标准输出重定向（STDOUT，文件描述符为 1）：默认输出到屏幕上。
- 错误输出重定向（STDERR，文件描述符为 2）：默认输出到屏幕上。

例如，分别查看两个文件的属性信息，其中第二个文件是不存在的，虽然针对这两个文件的操作都会在屏幕上输出一些数据信息，但这两个操作的差异很大：

```
【touch linux-yhy】
【ls -l linux-yhy】
-rw-r--r--. 1 root root 0 6 月     4 04:14 linux-yhy
【ls -l yhy】
ls: 无法访问 yhy: 没有文件或目录
```

在上述命令中，名为 linux-yhy 的文件是存在的，输出信息是该文件的一些相关权限、所有者、所属组、文件大小及修改时间等，这也是该命令的标准输出信息。而名为 yhy 的第二个文件是不存在的，因此在执行完 ls 命令之后显示的报错提示信息也是该命令的错误输出信息。那么，要想把原本输出到屏幕上的数据转而写入文件，就要区别对待这两种输出信息。

输入重定向中用到的符号及其作用如表 3-5 所示。

表 3-5　输入重定向中用到的符号及其作用

符　　号	作　　用
命令 < 文件	将文件作为命令的标准输入
命令 << 分界符	从标准输入中读取，直到遇见分界符才停止
命令 < 文件 1 > 文件 2	将文件 1 作为命令的标准输入并将其输出到文件 2 中

输出重定向中用到的符号及其作用如表 3-6 所示。

表 3-6　输出重定向中用到的符号及其作用

符　　号	作　　用
命令 > 文件	将标准输出重定向到一个文件中（清空原有文件的数据）
命令 2> 文件	将错误输出重定向到一个文件中（清空原有文件的数据）
命令 >> 文件	将标准输出重定向到一个文件中（追加到原有内容的后面）
命令 2>> 文件	将错误输出重定向到一个文件中（追加到原有内容的后面）
命令 >> 文件 2>&1 或 命令 &>> 文件	将标准输出与错误输出共同写入文件（追加到原有内容的后面）

对于重定向中的标准输出模式，可以省略文件描述符号 1，而错误输出模式的文件描述符号 2 是必须要写的。下面通过标准输出重定向将【man bash】命令原本要输出到屏幕上的信息写入文件 readme.txt，然后显示 readme.txt 文件中的内容。具体命令如下：

【man bash > readme.txt】
【cat readme.txt】

接下来体验输出重定向技术中的覆盖写入与追加写入这两种不同模式带来的变化。首先通过覆盖写入模式向 readme.txt 文件写入一行数据（该文件中包含 man 命令信息），然后通过追加写入模式向文件再写入一次数据，其命令如下：

【echo "Welcome to Linux-yhy.Com" > readme.txt】
【echo "Quality linux learning materials" >> readme.txt】

在执行 cat 命令之后，可以看到如下文件内容：

【cat readme.txt】
Welcome to Linux-yhy.Com
Quality linux learning materials

虽然都是输出重定向技术，但是不同命令的标准输出和错误输出还是有区别的。例如，查看当前目录中某个文件的信息，这里以 linux-yhy 文件为例。因为此文件是真实存在的，所以使用标准输出即可将原本要输出到屏幕上的信息写入文件，而错误输出重定向则依然把信息输出到了屏幕上。

【ls -l linux-yhy】
-rw-r--r--. 1 root root 0 6 月　　4 04:14 linux-yhy
【ls -l linux-yhy > /root/stderr.txt】
【ls -l linux-yhy 2> /root/stderr.txt】
-rw-r--r--. 1 root root 0 6 月　　4 04:14 linux-yhy

如果想把命令的报错信息写入文件，该怎么操作呢？当用户在执行一个自动化的 Shell 脚本时，此操作非常实用，因为它可以把整个脚本执行过程中的报错信息都记录到文件中，便于安装后的排错工作。接下来以一个不存在的文件进行实验演示：

【ls -l yhy】
ls: 无法访问。yhy: 没有那个文件或目录。
【ls -l yhy > /root/stderr.txt】
ls: 无法访问。yhy: 没有那个文件或目录。
【ls -l yhy 2> /root/stderr.txt】
【cat /root/stderr.txt】
ls: 无法访问。yhy: 没有那个文件或目录。

在工作中遇到输入重定向的概率会小一些。输入重定向的作用是把文件直接导入命令。接下来使用输入重定向把 readme.txt 文件导入【wc -l】命令，统计一下文件中的内容行数。

【wc -l < readme.txt】
3493

注意：
上述命令实际上等同于接下来要学习的【cat readme.txt | wc -l】管道命令符组合。

3.7.2 管道命令符

在前面的章节中曾提到过管道命令符。按 "Shift+ | " 组合键即可输入管道命令符，其执行格式为 "命令 A | 命令 B"。管道命令符的作用也可以用一句话来概括 "把前一个命令原本要输出到屏幕上的标准正常数据当作后一个命令的标准输入"。在 3.3.6 中讲解 grep 命令时，通过匹配关键词/sbin/nologin 找出了所有被限制登录系统的用户。在学完本部分内容后，完全可以把下面两条命令合并为一条命令：

- 找出被限制登录系统的用户的命令是【grep "/sbin/nologin" /etc/passwd】。
- 统计文本行数的命令则是【wc -l】。

现在要做的就是把搜索命令的输出值传递给统计命令，即把原本要输出到屏幕上的用户信息列表再用 wc 命令进行进一步加工，因此只需要把管道命令符放到两条命令之间即可，具体如下。

【grep "/sbin/nologin" /etc/passwd | wc -l】
37

这个管道命令符就像一个法宝，可以将它套用到其他不同的命令上，如用翻页的形式查看/etc 目录中的文件列表及属性信息：

【ls -l /etc/ | more】

在修改用户密码时，通常都需要输入两次密码以进行确认，这在编写自动化脚本时将成为一个非常大的缺陷。通过把管道命令符和 passwd 命令的--stdin 参数相结合，可以用一条命令来完成密码重置操作：

【echo "linux-yhy" | passwd --stdin root】

管道命令符的用法还有很多。例如，在发送电子邮件时，默认采用交互式的方式来进行，完全可以利用一条结合管道命令符的命令，把编辑好的内容与标题一起打包，最终用这一条命令实现电子邮件的发送，如图 3-8 所示。

【echo "Content" | mail -s "Subject" linux-yhy】

【su - linux-yhy】

【mail】

```
                          linux-yhy@linux-yhy:~              _   □   ×

文件(F)  编辑(E)  查看(V)  搜索(S)  终端(T)  帮助(H)

[root@linux- yhy ~]# echo "Content" | mail -s "Subject" linux-yhy
[root@linux- yhy ~]# su - linux- yhy
上一次登录：日 11 月 18 11:31:15 CST 2018pts/0 上
[linux- yhy@linux- yhy ~]$ mail
Heirloom Mail version 12.5 7/5/10.   Type ? for help.
"/var/spool/mail/linux-yhy": 1 message 1 new
>N  1 root                        Sun Nov 18 11:32  18/624   "Subject"
&
Message  1:
```

图 3-8   使用命令发送电子邮件

通过重定向技术还能一次性地把多行信息打包输入或输出，让日常工作更加高效。

下面这条命令结合使用了 mail 命令与输入重定向的分界符，其目的是让用户一直输入内容，直到用户输入了其自定义的分界符时，才结束输入。

【mail -s "Readme" root@linux-yhy.com << over】

> I think linux is very practical

> I hope to learn more

> can you teach me ?

> over

当然，管道命令符并非只能在一个命令组合中使用一次，完全可以这样使用：【命令 A | 命令 B | 命令 C】，通过使用组合命令来完成复杂工作。

3.7.3   命令行的通配符

顾名思义，通配符就是通用的匹配信息的符号，如"*"代表匹配零个或多个字符，"?"代表匹配单个字符，中括号内加上数字"[0-9]"代表匹配 0～9 的单个数字的字符，而中括号内加上字母"[abc]"则代表匹配 a、b、c 三个字符中的任意一个字符。下面来匹配/dev 目录中所有以 sda 开头的文件：

【ls -l /dev/sda*】

brw-rw----. 1 root disk 8, 0 6 月   4 04:00 /dev/sda

brw-rw----. 1 root disk 8, 1 6 月   4 04:00 /dev/sda1

brw-rw----. 1 root disk 8, 2 6 月   4 04:00 /dev/sda2

如果只想查看文件名以 sda 开头，但是后面还紧跟其他某一个字符的文件的相关信息，该怎么操作呢？这时就需要用到问号通配符了。

```
【ls -l /dev/sda?】
brw-rw----. 1 root disk 8, 1 6 月      4 04:00 /dev/sda1
brw-rw----. 1 root disk 8, 2 6 月      4 04:00 /dev/sda2
```

除了使用[0-9]来匹配 0~9 的单个数字,还可以用[135]这样的方式仅匹配这三个指定数字中的一个,若没有匹配到,则不会显示出来:

```
【ls -l /dev/sda[0-9]】
brw-rw----. 1 root disk 8, 1 6 月      4 04:00 /dev/sda1
brw-rw----. 1 root disk 8, 2 6 月      4 04:00 /dev/sda2
【ls -l /dev/sda[135]】
brw-rw----. 1 root disk 8, 1 6 月      4 04:00 /dev/sda1
```

3.7.4 常用的转义字符

为了更好地理解用户的表达含义,Shell 解释器还提供了特别丰富的转义字符来处理输入的特殊数据。最常用的转义字符如下。

- 反斜杠 "\":使反斜杠后面的一个转义量变为单纯的字符串。
- 单引号 "''":将其中所有的变量转义为单纯的字符串。
- 双引号 """":保留其中的变量属性,不进行转义处理。
- 反引号 "``":执行其中的命令后返回结果。

先定义一个名为 PRICE 的变量并将其赋值为 5,然后输出以双引号括起来的字符串与变量信息:

```
【PRICE=5】
【echo "Price is $PRICE"】
Price is 5
```

接下来,希望能够输出 "Price is $5",即价格是 5 美元的字符串内容,但美元符号与变量提取符号合并后的$$显示的是当前程序的进程 ID 号码,于是执行命令后输出的实际内容并不是所预期的,实际内容如下:

```
【echo "Price is $$PRICE"】
Price is 3767PRICE
```

要想让第一个$作为美元符号,就需要使用 "\" 来进行转义,将这个命令提取符转义成单纯的文本,去除其特殊功能。

```
【echo "Price is \$$PRICE"】
Price is $5
```

当只需要某个命令的输出值时,可以像`命令`这样,将命令用反引号括起来,从而达到预期的效果。例如,将反引号与 uname -a 命令结合,然后使用 echo 命令来查看本机的 Linux 版本和内核信息,如图 3-9 所示。

```
【echo `uname -a`】
```

```
[ root@linux- yhy ~] # echo `uname - a`
Linux linux- yhy 3.10.0- 862.el7.x86_64 #1 SMP Fri Apr 20 16:44:24 UTC 2018 x86_64
x86_64 x86_64 GNU/Linux
[ root@linux- yhy ~] #
```

图 3-9　查看本机的 Linux 版本和内核信息

3.7.5　重要的环境变量

变量是计算机系统用于保存可变值的数据类型。在 Linux 操作系统中，变量名称一般都是大写的，这是一种约定俗成的规范。可以直接通过变量名称来提取对应的变量值。Linux 操作系统中的环境变量用来定义系统运行环境的一些参数，如每个用户不同的家目录、电子邮件存放位置等。

前面曾经讲到，Linux 操作系统中的一切都是文件，Linux 命令也不例外。那么，当用户执行了一条命令之后，Linux 操作系统中到底发生了什么变化？简单来说，命令在 Linux 操作系统中的执行过程分为 4 个步骤。

第 1 步：判断用户是否以绝对路径或相对路径的方式输入命令（如/bin/ls），如果是，则直接执行。

第 2 步：检查用户输入的命令是否为"别名命令"，即用一个自定义的命令名称来替换原本的命令名称。可以用 alias 命令来创建一个属于自己的命令别名，格式为【alias 别名=命令】。若要取消一个命令别名，则用 unalias 命令，格式为【unalias 别名】。之前在使用 rm 命令删除文件时，Linux 操作系统会要求再次确认是否执行删除操作，其实这就是 Linux 操作系统为了防止用户误删除文件而特意设置的 rm 别名命令，接下来把它取消。

【ls】

anaconda-ks.cfg　　　　　　公共　视频　文档　音乐

initial-setup-ks.cfg　　　　　模板　图片　下载　桌面

【rm anaconda-ks.cfg】

【rm anaconda-ks.cfg】

rm：是否删除普通文件 "anaconda-ks.cfg"？y

【alias rm】

alias rm='rm -i'

【unalias rm】

【rm initial-setup-ks.cfg】

第 3 步：利用 Bash 解释器判断用户输入的是内部命令还是外部命令。内部命令是解释器内部的命令，会被直接执行；而用户在绝大部分时间输入的是外部命令，这些命令将被交由步骤 4 继续处理。可以使用【type 命令名称】命令来判断用户输入的命令是内部命令还是外部命令。

第 4 步：在多个路径中查找用户输入的命令文件，而定义这些路径的变量叫作 PATH，可以简单地把它理解成"解释器的小助手"，作用是告诉 Bash 解释器待执行的命令可能存放的位置，然后 Bash 解释器就会在这些位置中逐个查找。PATH 是由多个路径值组成的变量，每个路径值之间用冒号间隔，对这些路径的增加和删除操作会影响 Bash 解释器对 Linux 命令的查找。

```
【echo $PATH】
/usr/local/bin:/usr/local/sbin:/usr/bin:/usr/sbin:/bin:/sbin
【PATH=$PATH:/root/bin】
【echo $PATH】
/usr/local/bin:/usr/local/sbin:/usr/bin:/usr/sbin:/bin:/sbin:/root/bin
```

下面分析一个比较典型的问题：为什么不能将当前目录"."添加到 PATH 变量中呢？原因是，尽管可以将当前目录"."添加到 PATH 变量中，从而在某些情况下可以让用户免去输入命令所在路径的麻烦。但是，如果黑客在比较常用的公共目录/tmp 中存放了一个与 ls 或 cd 命令同名的木马文件，而用户又恰巧在公共目录中执行了这些命令，就极有可能中招。

作为一名态度谨慎、有经验的运维人员，在开始运维一台 Linux 操作系统后，一定会在执行命令前先检查 PATH 变量中是否有可疑的目录。另外读者从前面的 PATH 变量示例中是否能感觉到环境变量特别有用呢？可以使用 env 命令来查看 Linux 操作系统中所有的环境变量，下面介绍 10 个非常重要的环境变量，如表 3-7 所示。

表 3-7　Linux 操作系统中 10 个重要的环境变量

变 量 名 称	作　用
HOME	用户的主目录（家目录）
SHELL	用户在使用的 Shell 解释器名称
HISTSIZE	输出的历史命令记录条数
HISTFILESIZE	保存的历史命令记录条数
MAIL	电子邮件保存路径
LANG	系统语言、语系名称
RANDOM	生成一个随机数字
PS1	Bash 解释器的提示符
PATH	定义解释器搜索用户执行命令的路径
EDITOR	用户默认的文本编辑器

Linux 作为一个多用户、多任务的操作系统，能够为每个用户提供独立的、合适的工作运行环境，因此，一个相同的变量会因为用户身份的不同而具有不同的值。可以使用下列命令来查看 HOME 变量在不同用户身份下的不同的值（su 是用于切换用户身份的命令，会在后面的章节给大家介绍）：

```
【echo $HOME】
/root
【su - linux-yhy】
【echo $HOME】
/home/linux-yhy
```

其实变量是由固定的变量名与用户或系统设置的变量值两部分组成的，用户完全可以自行创建变量来满足工作需求。例如，设置一个名称为 WORKDIR 的变量，以方便用户更轻松地进入一个层次较深的目录：

```
【mkdir /home/workdir】
【WORKDIR=/home/workdir】
【cd $WORKDIR】
【pwd】
/home/workdir
```

但是，这样的变量不具有全局性，作用范围也有限，在默认情况下不能被其他用户使用。如果工作需要，可以使用 export 命令将其提升为全局变量，这样其他用户就可以使用此变量了。

```
【su linux-yhy】
【cd $WORKDIR】
【echo $WORKDIR】
【exit】
【export WORKDIR】
【su linux-yhy】
【cd $WORKDIR】
【pwd】
/home/workdir
```

复 习 题

一、选择题

1．使用（　　　）命令可以把两个文件合并成一个文件。

A．cat　　　　　　　B．grep　　　　　　　C．awk　　　　　　　D．cut

2．用【ls-al】命令列出下面的文件列表，（　　　）文件是符号连接文件。

A．-rw-rw-rw-　　2 hel-s users 56 sep 09 11:05 hello

B．-rwxrwxrwx　　2 hel-s users 56 sep 09 11:05 goodbey

C．Drwxr--r--　　2 hel users 1024 sep 10 08:10 zhang

D．Lrwxr--r--　　1 hel users 2024 sep 12 08:12 cheng

3．关于命令：【$cat name testl test2>name】，说法正确的是（　　　）。

A．将 test1 和 test2 文件合并到 name 文件中

B．命令错误，不能将输出重定向到输入文件中

C．当 name 文件为空时命令正确

D．命令错误，应该为【$cat name test1 test2>>name】

4．在以下命令中，不能用来查看文本文件内容的命令是（　　　）。

A．less　　　　　　　B．ca　　　　　　　C．tail　　　　　　　D．ls

5．在 Linux 操作系统中，系统管理员（ROOT）状态下的提示符是（　　　）。

A．$　　　　　　　　B．#　　　　　　　　C．%　　　　　　　　D．>

6．删除文件的命令是（　　　）。

A．mkdir　　　　　　 B．rmdir　　　　　　 C．mv　　　　　　 D．rm

7．建立一个新文件可以使用的命令为（　　　）。

A．chmod　　　　　　 B．more　　　　　　 C．cp　　　　　　 D．touch

8．tar 命令可以进行文件的（　　　）。

A．压缩、归档和解压缩　　　　　　　　　 B．压缩和解压缩

C．压缩和归档　　　　　　　　　　　　　 D．归档和解压缩

9．若要将当前目录中的 myfile.txt 文件压缩成 myfile.txt.tar.gz，则实现的命令为（　　　）。

A．tar-cvf myfile.txt myfile.txt.tar.gz

B．tar-zcvf myfile.txt myfile.txt.tar.gz

C．tar-zcvf myfile.txt.tar.gz myfile.txt

D．Tar cvf myfile.txt.tar.gz.myfile.txt

10．在 Linux 操作系统中，主机名保存在（　　　）配置文件中。

A．/etc/hosts　　　　　　　　　　　　　 B．/etc/modules.conf

C．/etc/sysconfig/network　　　　　　　　 D．/etc/network

11．Linux 操作系统中的第二块以太网卡的配置文件全路径名称是（　　　）。

A．/etc/sysconfig/network/ifcfg-eth0

B．/etc/sysconfig/network/ifcfg-eth1

C．/etc/sysconfig/network-scripts/ifcfg-eth0

D．/etc/sysconfig/network-scripts/ifcfg-eth1

12．在 Linux 操作系统中，用于设置 DNS 客户的配置文件是（　　　）。

A．/etc/hosts　　　　　　　　　　　　　 B．/etc/resolv.conf

C．/etc/dns.conf　　　　　　　　　　　　 D．/etc.nis.conf

13．在使用 mkdir 命令创建新的目录时，当其父目录不存在时先创建父目录的选项是
（　　　）。

A．-m　　　　　　 B．-d　　　　　　 C．-f　　　　　　 D．-p

14．Linux 操作系统有三个查看文件的命令，若希望在查看文件内容的过程中可以通过上
下移动光标来查看文件内容，应使用（　　　）命令。

A．cat　　　　　　 B．more　　　　　　 C．less　　　　　　 D．menu

15．终止一个前台进程可能用到的命令和操作是（　　　）。

A．kill　　　　　　 B．"Ctrl+C"组合键　 C．shut down　　　 D．halt

二、填空题

1．把 ls 命令的正常输出信息追加写入 error.txt 文件的命令是（　　　）。

2．Bash 解释器的通配符中，"*"代表（　　　）个字符？

3．使用 Linux 命令（　　　）关闭 PID 为 5529 的服务进程。

4．在 Linux 操作系统中，以（　　　）方式访问设备。

5．某文件的权限为：drw-r--r--，用数值形式表示该权限，该八进制数为（　　　），该文
件属性是（　　　）。

6．在 CentOS 7 及众多的 Linux 操作系统中，最常使用的 Shell 终端是（　　　）解释器。

7．若有一个名为 backup.tar.gz 的压缩包文件，那么解压缩的命令应该是（　　　）。

三、简答题

1．使用 uptime 命令查看系统负载时，对应的负载数值如果是 0.91、0.56、0.32，那么最近 15 分钟内平均负载压力最大的是哪个时间段？

2．使用 history 命令查看历史命令记录时，命令前面的数字除排序外还有什么用处？

3．若想查看的文件具有较长的内容，那么使用 cat、more、head、tail 中哪个命令最合适？

4．当使用 grep 命令对某个文件进行关键词搜索时，若想要反选文件内容，应使用什么参数？

第 4 章　Vim 编辑器与 Shell 脚本

本章首先讲解如何使用 Vim 编辑器来编写、修改文档，然后通过逐个配置主机名称、系统网卡及 yum 软件仓库参数文件等实验，帮助读者加深对 Vim 编辑器中诸多命令、快捷键、模式切换方法的理解。然后把前面章节中讲解的 Linux 命令、命令语法与 Shell 脚本中的各种流程控制语句通过 Vim 编辑器写到 Shell 脚本中，最终实现能够自动化工作的脚本文件。本章最后演示了怎样通过 at 命令与 crond 计划任务服务来分别实现一次性的系统任务设置和长期性的系统任务设置，从而让日常工作更加高效、自动化。

4.1　Vim 编辑器

Vim 编辑器是 Linux 操作系统上的最著名的文本/代码编辑器，也是 Vi 编辑器的加强版，而 gVim 编辑器则是其 Windows 操作系统版。它的最大特色是完全使用键盘命令进行编辑，脱离了鼠标操作，虽然使得入门变得困难，但上手之后键盘的各种巧妙组合操作却能大幅提升效率。

Vim 编辑器和现代的编辑器（如 Sublime Text）有很大的差异，而且入门学习曲线陡峭，需要记住很多按键组合和命令，如今被看作高手、极客专用的编辑器。尽管 Vim 编辑器已经是"古董级"的软件，但还是有很多人在学习使用它。另外，由于 Vim 编辑器的可配置性非常强，各种插件、语法高亮配色方案等很多，无论作为代码编辑器还是文本编辑器，它都非常好用。

Vim 编辑器之所以能得到广大用户的认可，是因为 Vim 编辑器中设置了三种模式：命令模式、末行模式和编辑模式，每种模式又分别支持多种不同的命令快捷键，大大提高了工作效率，而且用户在习惯之后也会觉得很方便。要想高效率地操作文本，就必须先搞清这三种模式的操作区别及各个模式之间的切换方法，如图 4-1 所示。

（1）命令模式：控制光标移动，可对文本进行复制、粘贴、删除和查找等工作。

（2）末行模式：可以保存或退出文档，以及设置编辑环境。

（3）编辑模式：可进行正常的文本录入。

在每次运行 Vim 编辑器时，默认进入命令模式，此时需要先切换到编辑模式后再进行文档编辑工作，而每次在编辑完文档后需要先返回命令模式，再进入末行模式，执行文档的保存或退出操作。在 Vim 编辑器中，无法直接从编辑模式切换到末行模式。Vim 编辑器中内置的命令有成百上千种用法，为了能够帮助读者更快地掌握 Vim 编辑器，此处总结了在命令模式中常用的一些命令，如表 4-1 所示。

图 4-1　Vim 编辑器

表 4-1　Vim 编辑器中常用的命令

命　　令	作　　用
dd	删除（剪切）光标所在的 1 整行
5dd	删除（剪切）从光标处开始的 5 行
yy	复制光标所在的 1 整行
5yy	复制从光标处开始的 5 行
n	显示搜索命令定位到的下一个字符串
N	显示搜索命令定位到的上一个字符串
u	撤销上一步操作
p	将之前删除（dd）或复制（yy）过的数据粘贴到光标后面

末行模式主要用于保存或退出文件，以及设置 Vim 编辑器的工作环境，还可以让用户执行外部的 Linux 命令或跳转到所编写文档的特定行数。要想切换到末行模式，在命令模式中输入一个冒号就可以了。末行模式中可用的命令如表 4-2 所示。

表 4-2　末行模式中可用的命令

命　　令	作　　用
:w	保存
:q	退出
:q!	强制退出（放弃对文档的修改）
:wq!	强制保存退出
:set nu	显示行号
:set nonu	不显示行号
:命令	执行该命令
:整数	跳转到该行
:s/one/two	将当前光标所在行的第一个 one 替换成 two
:s/one/two/g	将当前光标所在行的所有 one 替换成 two
:s/one/two/g	将当前光标所在行的所有 one 替换成 two

命　　令	作　　用
:%s/one/two/g	将全文中的所有 one 替换成 two
?字符串	在文本中从下至上搜索该字符串
/字符串	在文本中从上至下搜索该字符串

4.1.1　编写简单文档

编写简单文档的第 1 步就是给文档命名，这里将其命名为 yhy.txt。如果已经存在该文档，就打开它。如果不存在，就创建一个临时的输入文件，命令如下：

【vi yhy.txt】

打开 yhy.txt 文档后，默认进入的是 Vim 编辑器的命令模式。此时只能执行命令模式下的命令，而不能随意输入文本内容，需要切换到编辑模式，才可以编写文档。

在图 4-1 中，可以使用 A、I、O 三个键从命令模式切换到编辑模式。其中，A 键与 I 键分别表示在光标后面一位和光标当前位置切换到编辑模式，而 O 键则表示在光标的下面再创建一个空行，此时可按 A 键进入 Vim 编辑器的编辑模式。

进入编辑模式后，会在文档最下方显示 "insert" 字样，此时可以随意输入文本内容，Vim 编辑器不会把输入的文本内容当作命令执行。

在编辑完之后，想要保存并退出，必须先按 Esc 键从编辑模式返回命令模式，然后输入【:wq!】切换到末行模式后才能完成保存退出操作。

当在末行模式中输入【:wq!】命令时，意味着强制保存并退出文档。然后便可以用【cat yhy.txt】命令查看保存后的文档内容了。

继续编辑这个文档。因为要在原有的文本内容下追加内容，所以在命令模式中按 O 键进入编辑模式会更高效。

4.1.2　配置主机名称

为了便于在局域网中查找某台特定的主机，或者对主机进行区分，除了要有 IP 地址，还要为主机配置一个主机名称，主机之间可以通过这个类似于域名的名称相互访问。在 Linux 操作系统中，主机名称大多保存在/etc/hostname 文件中，接下来将/etc/hostname 文件的内容修改为 "linux-yhy.com"，步骤如下。

第 1 步：使用【vim /etc/hostname】命令修改主机名称文件。

第 2 步：把原始主机名称删除后追加 "linux-yhy.com"。注意，使用 Vim 编辑器修改主机名称文件后，要在末行模式下执行【:wq!】命令后才能保存并退出文档。

第 3 步：保存并退出文档，然后使用【hostname】命令检查是否修改成功。

　注意：

hostname 命令用于查看当前的主机名称，但有时改变主机名称后，新的主机名称不会立即同步到系统中，所以如果发现修改完主机名称后仍显示原来的主机名称，可以重启虚拟机后再次查看，或者先使用【hostname linux-yhy.com】命令后再使用【exit】命令退出系统，重新登录使主机名称的修改及时生效。

4.1.3　配置 IP 地址

配置 IP 地址是否正确是两台服务器能否相互通信的前提。在 Linux 操作系统中，一切都是文件，因此配置网络服务的工作其实就是在编辑网卡配置文件，此任务不仅可以帮助读者练习使用 Vim 编辑器，而且能为读者之后学习 Linux 操作系统中的各种服务配置打下坚实的基础。

如果读者具备一定的运维经验或熟悉早期的 Linux 操作系统，则在学习本书时会遇到一些很难接受的差异变化。在 CentOS 5、CentOS 6 中，网卡配置文件的前缀为 eth，第 1 块网卡为 eth0，第 2 块网卡为 eth1，以此类推。而在 CentOS 7 中，网卡配置文件则以 ifcfg 为前缀，加上网卡名称共同组成网卡配置文件的名称，如 ifcfg-ens33。在 CentOS 7 中，第一块网卡配置文件名称为 ifcfg-ens33，第二块网卡配置文件名称为 ifcfg-ens34，好在除文件名称有所变化外，其他并没有很大的区别。

现在有一个名称为 ifcfg-ens33 的网卡设备，将其配置为开机启动，并且 IP 地址、子网、网关等信息由人工指定，具体步骤如下。

第 1 步：首先使用【cd /etc/sysconfig/network-scripts/】命令切换到存放网卡的配置文件目录中。

第 2 步：使用【vim ifcfg-ens33】命令修改网卡文件，逐项写入下面的配置参数并保存退出。每台设备的硬件及架构是不一样的，因此请读者使用 ifconfig 命令自行确认各自网卡的默认名称。ifcfg-ens33 文件内容如下。

TYPE=Ethernet	#设备类型
BOOTPROTO=static	#地址分配模式
NAME=ens33	#网卡名称
ONBOOT=yes	#是否启动
IPADDR=192.168.88.188	#IP 地址
NETMASK=255.255.255.0	#子网掩码
GATEWAY=192.168.88.1	#默认网关地址
DNS1=192.168.88.1	#DNS1 地址

第 3 步：使用【systemctl restart network】命令重启网络服务，通过【ping 192.168.88.188】命令测试网络能否连通。由于在 Linux 操作系统中，ping 命令不会自动终止，所以需要手动按下"Ctrl+C"组合键来强行结束进程。

4.1.4　配置 yum 软件仓库

尽管 RPM 软件包管理器能够帮助用户查询软件的依赖关系，但问题还是要运维人员自己解决的，有些大型软件可能与数十个程序都有依赖关系，在这种情况下安装软件会非常复杂。yum 软件仓库便是为了进一步降低软件的安装难度和复杂度而设计的技术。

yum 软件仓库是一个在 Fedora、RedHat 及 CentOS 中的 Shell 前端软件包管理器。基于 RPM 软件包管理，能够从指定的服务器自动下载 RPM 软件包并安装，可以自动处理依赖关系，并一次性安装所有有依赖关系的软件包，无须烦琐地一次次下载、安装。

yum 软件仓库的关键之处是要有可靠的 repository，即软件仓库，它可以是 http 或 ftp 站点，也可以是本地软件池，但必须包含 RPM 的 header，header 包括了 RPM 软件包的各种信息，包括描述、功能、提供的文件、依赖关系等。只有收集了这些 header 并加以分析，才能自动化地完成余下的任务。

yum 软件仓库中的 RPM 软件包可以是由红帽官方发布的，也可以是第三方发布的，当然也可以是自己编写的。CentOS 系统安装光盘中包含大量可用的 RPM 红帽软件包，后面的章节会详细讲解这些软件包，当前只需对它们有简单印象。常见的 yum 命令如表 4-3 所示。

表 4-3　常见的 yum 命令

命　　令	作　　用
yum repolist all	列出所有仓库
yum list all	列出仓库中所有软件包
yum info 软件包名称	查看软件包信息
yum install 软件包名称	安装软件包
yum reinstall 软件包名称	重新安装软件包
yum update 软件包名称	升级软件包
yum remove 软件包名称	移除软件包
yum clean all	清除所有仓库缓存
yum check-update	检查可更新的软件包
yum grouplist	查看系统中已经安装的软件包组
yum groupinstall 软件包组	安装指定的软件包组
yum groupremove 软件包组	移除指定的软件包组

yum 软件仓库的作用是进一步降低 RPM 管理软件的难度并自动分析所需软件包及其依赖关系的技术。可以把 yum 软件仓库想象成一个硕大的软件仓库，里面保存着几乎所有常用的工具，而且只需要说出所需的软件包名称，系统就会自动为您搞定一切。

既然要使用 yum 软件仓库，就要先把它搭建起来，然后将其配置规则确定好才行。搭建并配置 yum 软件仓库的步骤如下。

第 1 步：使用【/etc/yum.repos.d/】命令进入 yum 软件仓库的配置文件目录。

第 2 步：备份默认 Yum 配置文件，在修改配置文件之前，先备份要修改的文件，养成好的习惯。

【ls】会看到 CentOS 中默认的 7 个以 repo 为后缀的配置文件。

【mkdir bak】建立备份文件夹。

【mv Cent*　/etc/yum.repos.d/bak/】将原有的配置文件移动到备份文件夹中。

第 3 步：使用【vim　CentOS7.repo】命令创建一个名为 CentOS7.repo 的新配置文件（新建的文件必须以.repo 为后缀，名称可以随意取），逐项写入以下配置参数并保存退出（不要写入后面的中文注释）。

[rhel-media]	#yum 软件仓库唯一标识符，避免与其他仓库冲突。
name=linux-yhy	#yum 软件仓库的名称描述，易于识别仓库用处。
baseurl=file:///mnt/	#提供的方式包括 FTP（ftp://..）、HTTP（http://..）、本地（file:///..）。
enabled=1	#设置此源是否可用，1 为可用，0 为禁用。
gpgcheck=1	#设置此源是否校验文件，1 为校验，0 为不校验。
#若上面参数开启校验，那么请指定公钥文件地址。	
gpgkey=file:///media/cdrom/RPM-GPG-KEY-redhat-release	

第 4 步：按配置参数的路径挂载光盘，使用【mount /dev/cdrom /mnt】命令。挂载成功后可以通过【ls /mnt/】命令在/mnt 目录下看到光盘中的文件。

第 5 步：使用【yum list】命令查看当前的 yum 源。

第 6 步：使用【yum install httpd -y】命令检查 yum 软件仓库是否已经可用。使用 yum 软件仓库来安装 Web 服务，出现 Complete！则代表配置正确。使用【yum remove -y httpd】命令可以卸载刚刚安装的 httpd 软件包。

4.2　编写 Shell 脚本

可以将 Shell 终端解释器当作人与计算机硬件之间的"翻译官"，它作为用户与 Linux 操作系统内部的通信媒介，除了能够支持各种变量与参数，还能提供诸如循环、分支等高级编程语言才有的控制结构特性。要想正确使用 Shell 脚本中的这些结构特性，准确下达命令尤为重要。Shell 脚本命令的工作方式有两种：交互式和批处理。

- 交互式（Interactive）：用户每输入一条命令就立即执行。
- 批处理（Batch）：由用户事先编写好一个完整的 Shell 脚本，Shell 会一次性执行脚本中诸多的命令。

在 Shell 脚本中不仅会用到前面学习过的很多 Linux 命令、正则表达式、管道命令符、重定向等语法规则，还需要把内部功能模块化后通过逻辑语句进行处理，最终形成日常所见的 Shell 脚本。

查看 Shell 变量可以发现当前系统已经默认使用 Bash 作为命令行终端解释器了。

【echo $SHELL】

4.2.1　编写简单的 Shell 脚本

有关 Shell 脚本的描述比较复杂。但是，上面介绍的是一个高级 Shell 脚本的编写原则，其实使用 Vim 编辑器把 Linux 命令按照顺序依次写入一个文件就是一个简单的 Shell 脚本。

例如，如果想查看当前所在的工作路径并列出当前目录下所有的文件及属性信息，实现这个功能的脚本如下。

【vim example.sh】新建 example.sh 脚本文件，输入如下内容：

```
#!/bin/bash
# BY YHY
pwd
ls -al
```

可以任意设置 Shell 脚本文件的名称，但为了避免 Shell 脚本文件被误认作普通文件，建议在文件后加上.sh 后缀，以表示它是一个脚本文件。在上述的 example.sh 脚本文件中实际上出现了三种不同的元素：第一行的脚本声明（#!）用来告诉系统使用哪种 Shell 解释器来执行该脚本；第二行的注释信息（#）是对脚本功能和某些命令的介绍信息，使得用户或他人在日后看到这个脚本的内容时，可以快速知道该脚本的作用及一些警告信息；第三、四行的可执行语句就是平时执行的 Linux 命令了。执行上述命令的结果如下。

【bash example.sh】

除了前面用 Bash 解释器直接运行 Shell 脚本文件，还可以通过输入完整路径的方式来运行脚本文件。但默认会因为权限不足而提示报错信息，此时只需要为脚本文件增加执行权限即可。初次学习 Linux 操作系统的读者不用心急，在学习完下一章的用户身份和权限后再来做这个实验也不迟。

【./example.sh】弹出"bash: ./Example.sh: Permission denied"的未执行提示。
【chmod u+x example.sh】修改文件权限，为脚本文件增加执行权限。
【./example.sh】正常执行。

4.2.2　接收用户输入的参数

上述脚本程序只能执行一些预先定义好的功能，未免太过死板。为了让 Shell 脚本程序更好地满足用户的一些实时需求，以便灵活地完成工作，必须要让脚本程序能够像之前执行命令时那样，接收用户输入的参数。

其实，Linux 操作系统中的 Shell 脚本语言已经内设了用于接收参数的变量，变量之间可以使用空格间隔。例如，$0 对应的是当前 Shell 脚本程序的名称，$#对应的是共有几个参数，$*对应的是所有位置的参数值，$?对应的是显示上一次命令的执行返回值，而$1、$2、$3……则分别对应第 N 个位置的参数值。

下面将通过引用上述变量参数来查看真实效果。

【vim example.sh】打开 example.sh 文件，输入如下内容：

```
#!/bin/bash
echo "当前脚本名称为$0"
echo "总共有$#个参数，分别是$*。"
echo "第 1 个参数为$1，第 5 个为$5。"
```

【sh example.sh one two three four five six】给出参数，运行脚本，查看结果，如图 4-2 所示。

图 4-2 变量参数示例效果图

4.2.3 判断用户的参数

在本书前面的章节中曾讲到，系统在执行 mkdir 命令时会判断用户输入的信息，即判断用户指定的文件夹名称是否已经存在，如果存在则提示报错；反之则自动创建。Shell 脚本中的条件测试语法可以判断表达式是否成立，若条件成立则返回数字 0，否则返回其他随机数值。条件测试语法的执行格式为【[条件表达式]】。需要注意的是条件表达式两边均有一个空格。

按照测试对象来划分，条件测试语句可以分为 4 种：

- 文件测试语句。
- 逻辑测试语句。
- 整数值比较语句。
- 字符串比较语句。

文件测试语句是指使用指定条件来判断文件是否存在或权限是否满足等情况的运算符，具体参数如表 4-4 所示。

表 4-4 文件测试语句所用的参数

运 算 符	作 用
-d	测试文件是否为目录类型
-e	测试文件是否存在
-f	判断文件是否为一般文件
-r	测试当前用户是否有权限读取
-w	测试当前用户是否有权限写入
-x	测试当前用户是否有权限执行

下面使用文件测试语句来判断/etc/fstab 是否为一个目录类型的文件，然后通过 Shell 解释器的内设变量$?显示上一条命令执行后的返回值。如果返回值为 0，则目录存在；如果返回值非零，则目录不存在。

【[-d /etc/fstab]】
【echo $?】返回值为非零的值。

再使用文件测试语句来判断/etc/fstab 是否为一般文件，如果返回值为 0，则代表文件存在，且为一般文件。

【[-f /etc/fstab]】

逻辑测试语句用于对测试结果进行逻辑分析，根据测试结果可实现不同的效果。例如，在 Shell 终端中逻辑"与"的运算符号是&&，它表示当前面的命令执行成功后才会执行后面的命令，因此可以用来判断/dev/cdrom 文件是否存在，若存在，则输出 Exist 字样。

【[-e /dev/cdrom] && echo "Exist"】输出 Exist 字样。

除了逻辑"与"，还有逻辑"或"。逻辑"或"在 Linux 操作系统中的运算符号为||，表示当它前面的命令执行失败后才会执行它后面的命令，因此可以用来结合系统环境变量 USER 来判断当前登录的用户是否为非管理员身份：

【echo $USER】返回"root"值。

【[$USER = root] || echo "user"】

【su - linux-yhy】

【[$USER = root] || echo "user"】返回"user"值。

第三种逻辑测试语句是"非"，其在 Linux 操作系统中的运算符号是一个"!"，它表示把条件测试中的判断结果取相反值。也就是说，如果原本测试的结果是正确的，则将其变成错误的；如果原本测试的结果错误，则将其变成正确的。

现在切换到一个普通用户的身份，再判断当前用户是否为一个非管理员的用户。判断结果因为两次否定而变成正确，所以会正常地输出默认信息：

【exit】退出普通用户模式到 ROOT 用户。

【[! $USER = root] || echo "administrator"】返回"administrator"。

接下来看一个综合示例。当前正在登录的就是管理员用户 ROOT。下面这个示例的执行顺序为先判断当前登录用户的 USER 变量名称是否等于 ROOT，然后用逻辑"非"运算符进行取反操作，其效果就变成了判断当前登录的用户是否为非管理员用户。若最后条件成立则会根据逻辑"与"运算符输出 user 字样；若条件不满足则会通过逻辑"或"运算符输出 root 字样，只有前面的&&不成立时才会执行后面的||。

【[! $USER = root] && echo "user" || echo "root"】输出值"root"。

整数比较运算符仅对数字进行操作，不能同时对数字、字符串与文件等内容操作，而且不能想当然地使用日常生活中的等号、大于号、小于号等来进行判断。等号与赋值命令符冲突，大于号和小于号分别与输出重定向命令符和输入重定向命令符冲突。因此，一定要使用规范的整数比较运算符来进行操作。可用的整数比较运算符如表 4-5 所示。

表 4-5　可用的整数比较运算符

运　算　符	作　　用
-eq	是否等于
-ne	是否不等于
-gt	是否大于
-lt	是否小于
-le	是否等于或小于
-ge	是否大于或等于

接下来先测试一下 10 是否大于 10，以及 10 是否等于 10（通过输出的返回值内容来判断）：

【[10 -gt 10]】

【echo $?】返回值"1"。

【[10 -eq 10]】

【echo $?】返回值"0"。

前面章节曾讲过 free 命令，它可以用来获取当前系统正在使用及可用的内存量信息。接下来先使用【free -m】命令查看内存使用量情况（单位为 MB），然后通过【grep Mem:】命令过滤出剩余内存量的行，再用【awk '{print $4}'】命令只保留第四列，最后用【FreeMem=`语句`】的方式把语句内执行的结果赋值给变量。

【free -m】

【free -m | grep Mem:】

【free -m | grep Mem: | awk '{print $4}'】

【FreeMem=`free -m | grep Mem: | awk '{print $4}'`】

【cho $FreeMeme】

上述用于获取内存可用量的命令及步骤可能有些"超纲"，如果读者不能理解或领会也不用担心，接下来才是重点。使用整数运算符来判断内存可用量的值是否小于 1024，若小于则会提示"Insufficient Memory"（内存不足）的字样：

【[$FreeMem -lt 1024] && echo "Insufficient Memory"】

字符串比较语句用于判断测试字符串是否为空值，或两个字符串是否相同。它经常用来判断某个变量是否被定义（内容为空值），理解起来也比较简单。常见的字符串比较运算符如表 4-6 所示。

表 4-6　常见的字符串比较运算符

运 算 符	作 用
=	比较字符串内容是否相同
!=	比较字符串内容是否不同
-z	判断字符串内容是否为空

接下来通过判断 String 变量是否为空值，进而判断是否定义了这个变量：

【[-z $String]】

【echo $?】返回值"0"。

尝试引入逻辑运算符。当用于环境变量值的"LANG"不是英语（en.US）时，则会满足逻辑测试条件并输出"Not en.US"（非英语）的字样：

【echo $LANG】返回"en_US.UTF-8"。

【[$LANG != "en.US"] && echo "Not en.US"】返回"Not en.US"。

4.3　流程控制语句

尽管此时可以通过使用 Linux 命令、管道命令符、重定向及条件测试语句来编写最基本的 Shell 脚本，但是这种脚本并不适用于生产环境，因为它不能根据真实的工作需求来调整具体的执行命令，也不能根据某些条件实现自动循环执行。例如，需要批量创建 1000 位用户，首先要判断这些用户是否已经存在，若不存在，则需要通过循环语句让脚本自动依次创建它们。

接下来通过 if、for、while、case 这 4 种流程控制语句来学习编写难度更大、功能更强的 Shell 脚本。为了保证内容的实用性和趣味性，笔者会尽可能多地讲解各种不同功能的 Shell 脚本示例，而不是抓住一个脚本不放，在它原有内容的基础上修修补补。

4.3.1 if 条件测试语句

if 条件测试语句可以让脚本根据实际情况自动执行相应的命令。从技术角度来讲，if 语句分为单分支结构、双分支结构、多分支结构，其复杂度随着灵活度的提高而提高。

if 条件测试语句的单分支结构由 if、then、fi 关键词组成，而且只在条件成立后才执行默认的命令，相当于口语的"如果……那么……"。单分支结构的 if 条件测试语句属于最简单的条件判断结构，语法格式如下：

```
if 条件测试
    then 命令
fi
```

下面使用单分支的 if 条件测试语句来判断/home/yhy 目录是否存在，若存在就结束条件判断和整个 Shell 脚本，反之则去创建此目录。

```
【vim mkyhy.sh】新建 mkyhy.sh 文件，输入以下内容：
#!/bin/bash
DIR="/home/yhy"
if [ ! -e $DIR ]
    then    mkdir -p $DIR
fi
```

由于在后面的章节中才会讲解用户身份与权限，所以这里继续用【bash 脚本名称】的方式来执行脚本。在正常情况下，顺利执行完脚本文件后没有任何输出信息，但是可以使用 ls 命令验证/home/yhy 目录是否已经创建成功：

```
【bash  mkyhy.sh】
【ls -d /home/yhy】返回"/home/yhy"值。
```

if 条件测试语句的双分支结构由 if、then、else、fi 关键词组成，它进行一次条件匹配判断，如果与条件匹配，则去执行相应的默认命令；反之则去执行不匹配时的默认命令，相当于口语的"如果……那么……或者……那么……"。if 条件语句的双分支结构也是一种很简单的判断结构，语法格式如下：

```
if 条件测试
    then  命令序列 1
    else 命令序列 2
fi
```

下面使用双分支结构的 if 条件测试语句来验证某台主机是否在线，然后根据返回值的结果，显示主机在线或不在线的信息。这里的脚本主要使用 ping 命令来测试与对方主机的网络联通性，Linux 操作系统中的 ping 命令不像 Windows 操作系统中的 ping 命令一样，尝试 4 次就结束了，因此为了避免用户等待时间过长，需要通过-c 参数来规定尝试的次数，通过-i 参数定义每个数据包的发送间隔，并使用-W 参数定义等待超时时间。

```
【vim chkhost.sh】新建"chkhost.sh"文件，输入以下内容：
#!/bin/bash
ping -c 3 -i 0.2 -W 3 $1 &> /dev/null
if [ $? -eq 0 ]
then
echo "Host $1 is On-line."
else
echo "Host $1 is Off-line."
fi
```

在 4.2.3 节讲解判断用户的参数时用过$?变量，其作用是显示上一次命令的执行返回值。若前面的语句成功执行，则$?变量会显示数字 0，反之则显示一个非零值（可能为 1，也可能为 2，取决于系统版本）。因此可以使用整数比较运算符来判断$?变量是否为 0，从而获知前面的语句的最终判断情况。这里的服务器 IP 地址为 192.168.88.188，下面来验证一下脚本的效果：

【bash chkhost.sh 192.168.88.188】返回"Host 192.168.88.188 is On-line."值。

【bash chkhost.sh 192.168.88.20】返回"Host 192.168.88.20 is Off-line."。

if 条件测试语句的多分支结构由 if、then、else、elif、fi 关键词组成，它会进行多次条件匹配判断，其中的任何一项在匹配成功后都会执行相应的默认命令，相当于口语的"如果……那么……如果……那么……"。if 条件测试语句的多分支结构是工作中经常使用的一种判断结构，这种结构虽然相对复杂，但是很灵活，其语法格式如下：

```
if 条件测试1
    then 命令序列1
elif 条件测试2
    then 命令序列2
else
    命令序列3
fi
```

下面使用多分支结构的 if 条件测试语句来判断用户输入的分数在哪个成绩区间内，然后输出 Excellent、Pass、Fail 等提示信息。在 Linux 操作系统中，read 是用来读取用户输入信息的命令，能够把接收到的用户输入信息赋值给后面的指定变量，-p 参数用于向用户显示一定的提示信息。在下面的脚本示例中，只有当用户输入的分数大于等于 85 且小于等于 100 时，才会输出 Excellent 字样；若分数不满足该条件（匹配不成功），则继续判断分数是否大于等于 70 且小于等于 84，如果是，则输出 Pass 字样；若两次都落空（两次匹配操作都失败），则输出 Fail 字样。

```
【vim chkscore.sh】
#!/bin/bash
read -p "Enter your score（0-100）: " GRADE
if [ $GRADE -ge 85 ] && [ $GRADE -le 100 ] ; then
echo "$GRADE is Excellent"
elif [ $GRADE -ge 70 ] && [ $GRADE -le 84 ] ; then
echo "$GRADE is Pass"
else
echo "$GRADE is Fail"
fi
【bash chkscore.sh】
Enter your score（0-100）: 88
88 is Excellent
【 bash chkscore.sh 】
Enter your score（0-100）: 80
80 is Pass
```

下面执行该脚本。当用户输入的分数分别为 30 和 200 时，其结果如下：

```
【bash chkscore.sh】
Enter your score（0-100）: 30
30 is Fail
【 bash chkscore.sh】
Enter your score（0-100）: 200
200 is Fail
```

为什么输入的分数为 200 时，依然显示 Fail 呢？原因很简单：没有成功匹配脚本中的两个条件判断语句，所以自动执行了最终的兜底策略。可见，此脚本还不是很完美，建议读者自行完善此脚本，使得用户在输入大于 100 或小于 0 的分数时，给予 Error 报错字样的提示。

4.3.2　for 条件循环语句

for 条件循环语句允许脚本一次性读取多个信息，然后逐一对信息进行处理，当要处理的数据有范围限制时，非常适合使用 for 条件循环语句。for 条件循环语句的语法格式如下。

```
for 变量名 in 取值列表
do
    命令序列
done
```

下面使用 for 条件循环语句从列表文件中读取多个用户名称，然后为其逐一创建账户并设置密码。

首先创建用户名称的列表文件 users.txt，每个用户名称单独占一行，读者可以自行决定具体的用户名称和个数。

【vim users.txt】

zhangsan

lisi

wangwu

yhy

yangboshi

接下来编写 Shell 脚本 Example.sh。在脚本中使用 read 命令读取用户输入的密码值，然后将其赋值给 PASSWD 变量，并通过-p 参数向用户显示一段提示信息，告诉用户正在输入的内容即将作为账户密码。在执行该脚本后，会自动使用从列表文件 users.txt 中获取的所有用户名称，然后逐一使用【id 用户名】命令查看用户信息，并使用$?判断这条命令是否执行成功，即判断该用户名称是否已经存在。

需要注意，/dev/null 是一个被称作 Linux 黑洞的文件（类似于没有回收功能的垃圾箱），把输出信息重定向到这个文件等同于删除数据，可以让用户的屏幕窗口保持简洁。

【vim Example.sh】

```bash
#!/bin/bash
read -p "Enter The Users Password : " PASSWD
for UNAME in `cat users.txt`
do
id $UNAME &> /dev/null
if [ $? -eq 0 ]
then
echo "Already exists"
else
useradd $UNAME &> /dev/null
echo "$PASSWD" | passwd --stdin $UNAME &> /dev/null
if [ $? -eq 0 ]
then
echo "$UNAME , Create success"
else
echo "$UNAME , Create failure"
fi
fi
```

执行批量创建用户账户的 Shell 脚本 Example.sh，在输入为账户设定的密码后，该脚本会自动检查并创建这些账户。由于已经将多余的信息通过输出重定向符转移到/dev/null 黑洞文件中，所以在正常情况下，屏幕窗口除"用户账户创建成功"（Create success）的提示以外，没有其他内容。

在 Linux 操作系统中，/etc/passwd 是用来保存用户账户信息的文件。如果想确认是否成功创建了用户账户，可以打开此文件，看其中是否有这些新创建的用户账户信息。

【bash Example.sh】

Enter The Users Password : linux-yhy

zhangsan , Create success

```
lisi , Create success
wangwu , Create success
yhy , Create success
yangboshi , Create success
george , Create success
【tail -6 /etc/passwd】
zhangsan:x:1001:1001::/home/zhangsan:/bin/bash
lisi:x:1002:1002::/home/lisi:/bin/bash
wangwu:x:1003:1003::/home/wangwu:/bin/bash
yhy:x:1004:1004::/home/yhy:/bin/bash
yangboshi:x:1005:1005::/home/yangboshi:/bin/bash
george:x:1006:1006::/home/george:/bin/bash
```

前面在学习双分支结构的 if 条件测试语句时，用到过测试主机是否在线的脚本，如果已经掌握了 for 条件循环语句，即可尝试让脚本从文本中自动读取主机列表，然后自动逐个测试这些主机是否在线。

创建一个主机列表文件 ipadds.txt：

```
【vim ipadds.txt】
192.168.88.188
192.168.88.11
192.168.88.12
```

将前面的双分支结构的 if 条件测试语句与 for 条件循环语句结合，让脚本从主机列表文件 ipadds.txt 中自动读取 IP 地址（用来表示主机），并将其赋值给 HLIST 变量，从而通过判断执行 ping 命令后的返回值来逐个测试主机是否在线。脚本中出现的$是一种类似于转义字符中的反引号的 Shell 操作符，其效果同样是执行括号或双引号中的字符串中的命令。

```
【vim CheckHosts.sh】
#!/bin/bash
HLIST=$(cat ~/ipadds.txt)
for IP in $HLIST
do
ping -c 3 -i 0.2 -W 3 $IP &> /dev/null
if [ $? -eq 0 ] ; then
echo "Host $IP is On-line."
else
echo "Host $IP is Off-line."
fi
done
【./CheckHosts.sh】
Host 192.168.88.188 is On-line.
Host 192.168.88.11 is Off-line.
Host 192.168.88.12 is Off-line.
```

4.3.3　while 条件循环语句

while 条件循环语句是一种让脚本根据某些条件来重复执行命令的语句，它的循环结构往往在执行前并不确定最终执行的次数，完全不同于 for 条件循环语句中有目标、有范围的使用场景。while 条件循环语句通过判断条件测试的真假来决定是否继续执行命令，若条件为真就继续执行，若条件为假就结束循环。while 条件循环语句的语法格式如下：

```
while 条件测试
do
    命令序列
done
```

接下来结合使用多分支结构的 if 条件测试语句与 while 条件循环语句，编写一个用来猜测数值大小的脚本 Guess.sh。该脚本使用 $RANDOM 变量来调取一个随机数值（范围为 0~32767），将这个随机数值对 1000 进行取余操作，并使用 expr 命令取得其结果，再将结果与用户通过 read 命令输入的数值进行比较判断。这个判断语句分为三种情况，判断用户输入的数值是等于、大于还是小于使用 expr 命令取得的数值。当前要注意的是，while 条件循环语句中的条件测试始终为 true，因此判断语句会无限执行下去，直到用户输入的数值等于 expr 命令取得的数值时才会运行 exit 0 命令，终止脚本的执行。

```
【vim Guess.sh】
#!/bin/bash
PRICE=$(expr $RANDOM % 1000)
TIMES=0
echo "商品实际价格为 0~999，猜猜看是多少？"
while true
do
read -p "请输入您猜测的价格数目："INT
let TIMES++
if [ $INT -eq $PRICE ] ; then
echo "恭喜您答对了，实际价格是 $PRICE"
echo "您总共猜测了 $TIMES 次"
exit 0
elif [ $INT -gt $PRICE ] ; then
echo "太高了！"
else
echo "太低了！"
fi
done
```

在这个 Guess.sh 脚本中，添加了一些交互式的信息，从而增强了用户与系统的互动性。而且每当循环到【let TIMES++】命令时都会让 TIMES 变量内的数值加 1，用来统计条件循环语句总计执行了多少次。这可以让用户得知总共猜测了多少次之后，才猜对价格。

```
【bash Guess.sh】
商品实际价格为 0~999，猜猜看是多少？
请输入您猜测的价格数目：500
太低了！
请输入您猜测的价格数目：800
太高了！
请输入您猜测的价格数目：650
太低了！
请输入您猜测的价格数目：720
太高了！
请输入您猜测的价格数目：690
太低了！
请输入您猜测的价格数目：700
太高了！
请输入您猜测的价格数目：695
太高了！
请输入您猜测的价格数目：692
太高了！
请输入您猜测的价格数目：691
恭喜您答对了，实际价格是 691
您总共猜测了 9 次
```

4.3.4　case 条件测试语句

case 条件测试语句和 C 语言中的 switch 语句的功能很相似。case 条件测试语句在多个范围内匹配数据，若匹配成功则执行相关命令并结束整个条件测试；若数据不在所列出的范围内，则去执行 "*" 中所定义的默认命令。case 条件测试语句的语法结构如下。

```
case   变量值   in
   模式 1）
      命令序列 1
      ;;
模式 2）
      命令序列 2
;;
……
*）
   默认命令序列
esac
```

前面介绍的 Guess.sh 脚本有一个致命的弱点：只能接收数字。读者可以尝试向 Guess.sh 脚本输入一个字母，脚本会立即崩溃。这是因为字母无法与数字进行大小比较，例如，"a 是否大于等于 3" 这样的命题是完全错误的。必须有一定的措施来判断用户的输入内容，当用户输入的内容不是数字时，脚本能予以提示，从而免于崩溃。

通过在脚本中组合使用 case 条件测试语句和通配符，完全可以满足上述需求。接下来编写脚本 Checkkeys.sh，提示用户输入一个字符并将其赋值给变量 KEY，然后根据变量 KEY 的值向用户显示其值是字母、数字还是其他字符。

```
【vim Checkkeys.sh】
#!/bin/bash
read -p "请输入一个字符，并按 Enter 键确认：" KEY
case "$KEY" in
[a-z]|[A-Z])
echo "您输入的是 字母。"
;;
[0-9])
echo "您输入的是 数字。"
;;
*)
echo "您输入的是 空格、功能键或其他控制字符。"
esac
【bash Checkkeys.sh】
请输入一个字符，并按 Enter 键确认：6
您输入的是 数字。
【bash Checkkeys.sh】
请输入一个字符，并按 Enter 键确认：p
您输入的是 字母。
【bash Checkkeys.sh】
请输入一个字符，并按 Enter 键确认：^[[15~
您输入的是 空格、功能键或其他控制字符。
```

4.4 计划任务服务程序

经验丰富的服务器运维管理工程师可以使 Linux 操作系统在无人值守的情况下，在指定的时间段自动启用或停止某些服务或命令，从而实现运维的自动化。接下来讲解如何设置服务器的计划任务服务程序，把周期性、规律性的工作交给系统自动完成。

计划任务分为一次性计划任务与长期性计划任务。

- 一次性计划任务：如今晚 11 点 30 分开启网站服务。
- 长期性计划任务：如每周一凌晨 3:25 把/home/wwwroot 目录打包备份为 backup.tar.gz。

顾名思义，一次性计划任务只执行一次，一般用于满足临时的工作需求。可以用 at 命令实现这种功能，只要写成【at 时间】的形式就可以。如果想要查看已设置好但还未执行的一次性计划任务，可以使用【at -l】命令；要想将其删除，可以用【atrm】任务序号。在使用 at 命令设置一次性计划任务时，默认采用的是交互式方法。例如，使用下述命令将系统设置为在今晚 23:30 自动重启网站服务。

【at 23:30】
at > systemctl restart httpd
at >   此处请同时按下"Ctrl + D"组合键来结束编写计划任务
job 3 at Mon Apr 27 23:30:00 2017
【at -l】
3 Mon Apr 27 23:30:00 2017 a root

如果读者想挑战一下难度更大但更加简捷的方式，可以把前面学习的管道命令符（任意门）放在两条命令之间，让 at 命令接收前面 echo 命令的输出信息，以达到通过非交互式的方式创建一次性计划任务的目的。

【echo "systemctl restart httpd" | at 23:30】
【at -l】

如果不小心设置了两个一次性计划任务，可以使用下面的命令删除其中一个。

【atrm 3】
【at -l】

如果希望 Linux 操作系统能够周期性地、有规律地执行某些具体的任务，那么 Linux 操作系统中默认启用的 crond 服务简直再适合不过了。创建、编辑计划任务的命令为【crontab -e】，查看当前计划任务的命令为【crontab -l】，删除某条计划任务的命令为【crontab -r】。另外，如果您以管理员的身份登录系统，还可以在 crontab 命令中加上-u 参数来编辑他人的计划任务。

在正式部署计划任务前，请先念一下口诀"分、时、日、月、星期 命令"。使用 crond 服务设置任务的参数字段说明如表 4-7 所示。需要注意的是，如果有些字段没有设置，则需要使用"*"占位，使用 crond 服务设置任务的参数格式如图 4-3 所示。

表 4-7　使用 crond 服务设置任务的参数字段说明

字　　段	说　　明
分	取值为 0～59 的任意整数
时	取值为 0～23 的任意整数
日	取值为 1～31 的任意整数
月	取值为 1～12 的任意整数
星期	取值为 0～7 的任意整数，其中 0 与 7 均为星期日
命令	要执行的命令或程序脚本

```
root@localhost:~
[root@localhost ~]# cat /etc/crontab
SHELL=/bin/bash
PATH=/sbin:/bin:/usr/sbin:/usr/bin
MAILTO=root

# For details see man 4 crontabs

# Example of job definition:
# .---------------- minute (0 - 59) 分
# |  .------------- hour (0 - 23)   时
# |  |  .---------- day of month (1 - 31) 日
# |  |  |  .------- month (1 - 12) OR jan,feb,mar,apr ... 月
# |  |  |  |  .---- day of week (0 - 6) (Sunday=0 or 7) OR sun,mon,tue,wed,thu,fri,sat
# |  |  |  |  |                                        星期
# *  *  *  *  * user-name  command to be executed 运行脚本或命令

[root@localhost ~]#
```

图 4-3　使用 crond 服务设置任务的参数格式

假设在每周一、三、五的凌晨 3:25，都需要使用 tar 命令对某个网站的数据目录进行打包，将其作为备份文件。可以使用【crontab -e】命令来创建计划任务。为自己创建计划任务无须使用-u 参数，具体命令如下。

【crontab -e】

【crontab -l】

需要说明的是，除了用","来分别表示多个时间段，例如"8,9,12"表示 8 月、9 月和 12 月，还可以用"-"来表示一段连续的时间周期（如字段"日"的取值为"12-15"，则表示每月的 12 日至 15 日）。此外，还可以用"/"表示执行任务的间隔时间（如"*/2"表示每隔 2 分钟执行一次任务）。

如果在 crond 服务中需要同时包含多条计划任务的命令语句，应每行仅写一条命令语句。例如，再添加一条计划任务，它的功能是每周一至周五的凌晨 1 点钟自动清空/tmp 目录内的所有文件。需要注意的是，在 crond 服务的计划任务参数中，所有命令一定要用绝对路径的方式来写，如果不知道绝对路径，请用 whereis 命令进行查询，rm 命令的绝对路径为下面输出信息中的加粗部分。

【whereis rm】

rm: **/usr/bin/rm** /usr/share/man/man1/rm.1.gz /usr/share/man/man1p/rm.1p.gz

【crontab -e】

crontab: installing new crontab

【crontab -l】

25 3 * * 1,3,5 /usr/bin/tar -czvf backup.tar.gz /home/wwwroot

0 1 * * 1-5 /usr/bin/rm -rf /tmp/*

　注意：

在 crond 服务的配置参数中，可以像 Shell 脚本那样以"#"开头写上注释信息，这样在日后回顾这段命令代码时可以快速了解其功能、需求及编写人员等重要信息。

计划任务中的"分"字段必须有数值，绝对不能为空或"*"；而"日"和"星期"字段不能同时使用，否则会发生冲突。

复 习 题

一、选择题

1．使用 Vim 编辑器编辑只读文件时，强制存盘并退出的命令是（　　　）。

A．:w!　　　　　　　B．:q!　　　　　　　C．:wq!　　　　　　　D．:e!

2．假设当前处于 vi 的命令模式，现要进入编辑模式，以下快捷键中无法实现的是（　　　）。

A．I　　　　　　　　B．A　　　　　　　　C．O　　　　　　　　D．l

3．目前处于 vi 的编辑模式，若要切换到末行模式，以下操作方法中正确的是（　　　）。

A．按 Esc 键　　　　　　　　　　　　B．按 Esc 键，然后按:键

C．直接按:键　　　　　　　　　　　　C．直接按"shift+:"组合键

4．下列提法中，不属于 ifconfig 命令作用范围的是（　　　）。

A．配置本地回环地址　　　　　　　　B．配置网卡的 IP 地址

C．激活网络适配器　　　　　　　　　D．加载网卡到内核中

5．下列文件中，包含了主机 DNS 配置信息的文件是（　　　）。

A．/etc/host.conf　　　　　　　　　B．/etc/hosts

C．/etc/resolv.conf　　　　　　　　D．/etc/networks

6．在 Linux 操作系统中，主机名称保存在（　　　）配置文件中。

A．/etc/hosts　　　　　　　　　　　B．/etc/modules、conf

C．/etc/sysconfig/network　　　　　D．/etc/network

7．若要暂时禁用 eth0 网卡，下列命令中，可以实现的是（　　　）。

A．ifconfig eth0　　　　　　　　　　B．ifup eth0

C．ifconfig eth0 up　　　　　　　　D．ifconfig eth0 down

8．以下命令中可以重新启动计算机的是（　　　）。

A．reboot　　　　　　　B．halt　　　　　　　C．shutdown -h　　　　　　D．init 0

二、填空题

1．Vim 编辑器的三种模式分别是（　　　　　）、（　　　　　）、（　　　　　）。

2．从编辑模式切换到末行模式的操作过程是（　　　　　　　　　）。

3．一个完整的 Shell 脚本应该包含（　　　　　　　　　　　）。

4．在 Shell 脚本中，$0 与 $3 变量的作用分别是（　　　　　）、（　　　　　）。

5．如果需要依据用户的输入参数执行不同的操作，最方便的条件测试语句是
（　　　　）。

三、简答题

1．if 条件测试语句有几种结构，最灵活且最复杂的是哪种结构？

2．for 条件循环语句的循环结构是什么样的？

3．若在 while 条件循环语句中使用 true 作为循环条件，会发生什么事情？

4．Linux 操作系统的长期计划任务所使用的服务是什么？其参数格式是什么？

5．请简述配置 yum 软件仓库的步骤。

第 5 章　配置与应用远程服务

作为一个服务器运维管理人员，经常要登录 Linux 服务器查看其是否健康运行，但是，服务器通常不在本地（可能位于分公司或 ISP 的托管机房）或分散在不同的地理位置，因此常常要借助远程控制的方式对这些远程服务器进行管理，在 CentOS Linux 系统中，一般采用 Telnet、SSH 及 VNC 服务实现远程控制，本章的主要内容是实现这些远程服务的配置并讲解其使用方法。

5.1　配置网络服务

5.1.1　配置网卡 IP 地址

接下来将学习如何在 Linux 操作系统上配置网络服务。在此之前，必须先保证主机之间能够顺畅地通信。如果网络不通，即便正确部署网络服务，用户也无法顺利访问网络，所以，配置网络服务并确保网络的连通性是学习部署 Linux 服务的非常重要的知识点。

在 4.1.3 节讲解配置 IP 地址时讲解了如何使用 Vim 编辑器来配置网络参数，其实，在 CentOS 7 中至少有 5 种网络的配置方法，下面我们使用【nmtui】命令来配置网络，相当于 RHEL 5、RHEL 6 操作系统的【setup】命令，其具体的配置步骤如图 5-1～图 5-7 所示。

【nmtui】执行 nmtui 命令运行网络配置工具。

图 5-1　选中"编辑连接"并按 Enter 键

　　在 RHEL 5 操作系统、RHEL 6 操作系统及其他大多数早期的 Linux 操作系统中，网卡的名称一直都是 eth0、eth1、eth2、……，但在 CentOS 7 中网卡的名称则变成了类似于 ens33 这样的名字。不过除网卡的名称发生变化之外，其他几乎一切照旧，因此这里演示的网络配置实验完全适用于各种版本的 Linux 操作系统。

图 5-2　选中要编辑的网卡名称，然后单击"编辑"按钮

图 5-3　把网络"IPv4 配置"方式改成"手动"

图 5-4　单击"显示"按钮，显示信息配置框

现在，在服务器主机的 IPv4 配置信息中的"地址"栏填写 192.168.88.188/24。

图 5-5　填写 IP 地址

图 5-6　单击"确定"按钮保存配置

图 5-7　单击"退出"按钮退出

至此，在 Linux 操作系统中配置网络 IP 地址的步骤就完成了。

需要注意的是，在安装 CentOS 7 时默认没有激活网卡，需要使用 Vim 编辑器将网卡配置文件中的 ONBOOT 参数修改成 yes，这样在重启系统后，网卡就被激活了，如图 5-8 所示。

【vim /etc/sysconfig/network-scripts/ifcfg-ens33】

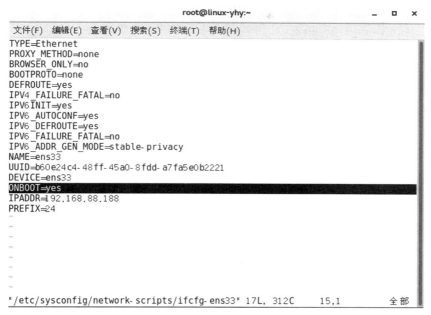

图 5-8　激活网卡

修改 Linux 操作系统中的服务配置文件，并不会对服务程序立即产生效果。要想让服务程序获取最新的配置文件，需要使用【systemctl restart network】命令手动重启相应的服务。

5.1.2　配置网卡负载均衡

一般来讲，生产环境必须提供 7×24 小时的网络传输服务。网卡负载均衡技术不仅可以提高网络传输速度，还可以确保当其中一块网卡出现故障时，依然可以正常提供网络服务。对两块网卡实施网卡负载均衡技术后，在正常工作中它们便会共同传输数据，使得网络传输的速度更快；而且，如果其中一块网卡突然出现了故障，另外一块网卡便会立即自动顶替它，保证数据传输不会中断。

下面来看一下如何绑定网卡。

第 1 步：在虚拟机系统中再添加一块网卡设备，并确保两块网卡处于同一个网络连接中（网卡模式相同），如图 5-9 所示。处于相同模式的网卡设备才可以进行网卡绑定，否则这两块网卡无法互相传送数据。

第 2 步：使用 Vim 编辑器来配置网卡设备的绑定参数。需要对参与绑定的网卡设备逐个进行初始设置。需要注意的是，这些原本独立的网卡设备此时需要被配置为一块"从属"网卡服务于"主"网卡的形式，它们不应该再有自己的 IP 地址等信息。在进行了初始设置之后，它们就可以支持网卡绑定了。

图 5-9　在虚拟机中再添加一块网卡设备

【vim /etc/sysconfig/network-scripts/ifcfg-ens33】
TYPE=Ethernet
BOOTPROTO=none
ONBOOT=yes
USERCTL=no
DEVICE=ens33
MASTER=bond0
SLAVE=yes
【vim /etc/sysconfig/network-scripts/ifcfg-ens34】
TYPE=Ethernet
BOOTPROTO=none
ONBOOT=yes
USERCTL=no
DEVICE=ens34
MASTER=bond0
SLAVE=yes

　　此外，还需要将绑定后的网卡设备命名为 bond0，并把 IP 地址等信息填写进去，这样，当用户访问相应服务的时候，实际上是由这两块网卡设备共同提供网络服务的。

【vim /etc/sysconfig/network-scripts/ifcfg-bond0】
TYPE=Ethernet
BOOTPROTO=none
ONBOOT=yes

```
USERCTL=no
DEVICE=bond0
IPADDR=192.168.88.188
PREFIX=24
DNS=192.168.88.1
NM_CONTROLLED=no
```

第 3 步：让 Linux 内核支持网卡绑定驱动。常见的网卡绑定驱动有三种模式——mode0、mode1 和 mode6。下面以绑定两块网卡为例，讲解其使用情景。

（1）mode0（平衡负载模式）：平时两块网卡均工作，且自动备援，但需要在与服务器本地网卡相连的交换机设备上进行端口聚合来支持绑定技术。

（2）mode1（自动备援模式）：平时只有一块网卡工作，当它发生故障后自动替换为另外一块网卡。

（3）mode6（平衡负载模式）：平时两块网卡均工作，且自动备援，无须交换机设备提供辅助支持。

下面使用 Vim 编辑器创建一个用于网卡绑定的驱动文件，使得绑定后的 bond0 网卡设备能够支持绑定技术（bonding）；同时定义网卡以 mode6 模式进行绑定，且出现故障时自动切换的时间为 100 毫秒。

【vim /etc/modprobe.d/bond.conf】
alias bond0 bonding
options bond0 miimon=100 mode=6

第 4 步：使用【systemctl restart network】命令重启网络服务后，网卡绑定操作成功。使用【ifconfig】命令查看 IP 地址信息，在正常情况下，只有 bond0 网卡设备才会有 IP 地址等信息，如图 5-10 所示。

```
root@linux-yhy:/etc/sysconfig/network-scripts          _  □  ×
File  Edit  View  Search  Terminal  Help
[root@linux-yhy network-scripts]# ifconfig
bond0: flags=5123<UP,BROADCAST,MASTER,MULTICAST>  mtu 1500
        inet 192.168.88.188  netmask 255.255.255.0  broadcast 192.168.88.255
        ether 72:a1:6f:01:11:cf  txqueuelen 1000  (Ethernet)
        RX packets 0  bytes 0 (0.0 B)
        RX errors 0  dropped 0  overruns 0  frame 0
        TX packets 0  bytes 0 (0.0 B)
        TX errors 0  dropped 0  overruns 0  carrier 0  collisions 0

ens33: flags=4163<UP,BROADCAST,RUNNING,MULTICAST>  mtu 1500
        ether 00:0c:29:9b:ce:4e  txqueuelen 1000  (Ethernet)
        RX packets 19  bytes 1899 (1.8 KiB)
        RX errors 0  dropped 0  overruns 0  frame 0
        TX packets 0  bytes 0 (0.0 B)
        TX errors 0  dropped 0  overruns 0  carrier 0  collisions 0

ens34: flags=4163<UP,BROADCAST,RUNNING,MULTICAST>  mtu 1500
        ether 00:0c:29:9b:ce:58  txqueuelen 1000  (Ethernet)
        RX packets 19  bytes 1899 (1.8 KiB)
        RX errors 0  dropped 0  overruns 0  frame 0
        TX packets 0  bytes 0 (0.0 B)
        TX errors 0  dropped 0  overruns 0  carrier 0  collisions 0

lo: flags=73<UP,LOOPBACK,RUNNING>  mtu 65536
        inet 127.0.0.1  netmask 255.0.0.0
        inet6 ::1  prefixlen 128  scopeid 0x10<host>
```

图 5-10　查看网卡绑定信息

可以在本地主机执行【ping 192.168.88.188】命令检查网络的连通性。为了检验网卡绑定技术的自动备援功能，可以突然在虚拟机硬件配置中随机移除一块网卡设备，使用 ping 命令可以非常清晰地看到网卡切换的过程（一般只有 1 个数据包丢失），另外一块网卡会继续为用户提供服务。

5.2　配置远程服务

5.2.1　配置 Telnet 服务

Telnet 协议是 TCP/IP 协议族中的一员，是 Internet 远程登录服务的标准协议和主要方式。它使用户能够在本地计算机上完成远程控制服务。Telnet 可以让我们坐在自己的计算机前通过网络登录到另一台远程计算机上，这台计算机可以在隔壁的房间里，也可以在地球的另一端。当登录上远程计算机后，本地计算机就等同于远程计算机的一个终端，我们可以用自己的计算机直接操纵远程计算机，享有与远程计算机本地终端相同的操作权限。

因为 Telnet 安全性差，所以在安装操作系统时不会默认安装 Telnet。下面我们将从配置本地安装开始，一步步完成 Telnet 服务的配置。

第 1 步：挂载光盘。

先将光盘放入光驱，然后使用如下命令将光盘挂载到系统中。

> 【mount /dev/cdrom /mnt】挂载系统光盘。

第 2 步：配置 yum 源。

yum 安装解决了软件的依赖性问题，所以一般软件的安装都采用 yum 方式，但在安装 yum 之前必须配置好 yum 源。进入 yum 配置目录，建立备份文件夹 bak，然后将原有的配置文件移动到备份文件夹中，最后再编辑自己的 yum 源 repo 文件。

> 【cd /etc/yum.repos.d/】
>
> 【mkdir bak】
>
> 【mv C /bak/】
>
> 【vim local.repo】（必须以.repo 为后缀）　local.repo 的具体内容如下：
>
> [local_server]　　　　　#库名称
>
> name=This is a local repo　　#名称描述
>
> baseurl=file:///mnt/　　　#yum 源地址，光盘的挂载点
>
> enabled=1　　　　　　#是否启用该 yum 源，0 为不启用
>
> gpgcheck=0　　　　　#GPG=KEY 设置为不检查

编辑完成后按 Enter 键输入【:wq】保存退出。

第 3 步：安装客户端及服务器端软件。

在安装 Telnet 前先检查系统是否安装了 telnet-server 和 xinetd。

> 【rpm -qa telnet-server】查询 telnet-server 软件的安装信息。
>
> 【rpm -qa xinetd】查询 xinetd 软件的安装信息。

如果没有安装，则使用 yum 命令安装。

> 【yum -y install telnet-server.x86_64】安装 telnet 服务器端。
>
> 【yum -y install telnet.x86_64】安装 telnet 客户端。
>
> 【yum -y install xinetd.x86_64】安装 telnet 的守护进程。

安装完成后，再次进行查询，可以看到 Telnet 的相关软件信息。

第 4 步：启动服务。

配置并启动 Telnet、xinetd 和 telnet 前必须设置开机启动，否则无法启动 Telnet 服务。

【systemctl enable xinetd.service】设置 xinetd 服务开机启动。

【systemctl enable telnet.socket】设置 Telnet 服务开机启动。

接下来启动服务：

【systemctl start telnet.socket】启动 Telnet 服务。

【systemctl start xinetd】启动 xinetd 服务。

第 5 步：配置防火墙规则。

【firewall-cmd --permanent --add-port=23/tcp】打开 telnet 服务的 23 号端口。

【firewall-cmd --reload】重启防火墙。

第 6 步：远程登录。

（1）使用 PuTTY 远程登录，PuTTY 是一个 Telnet、SSH、Rlogin、纯 TCP 及串行接口连接软件。较早的 PuTTY 版本仅支持 Windows 平台，在最近的版本中它开始支持各类 UNIX 平台，并打算移植至 Mac OS X 上。除了官方版本，有许多第三方的团体或个人将 PuTTY 移植到其他平台上，如以 Symbian 为基础的移动电话。PuTTY 是开放源代码软件，主要由 Simon Tatham 维护，使用 MIT licence 授权。随着 Linux 操作系统在服务器端应用的普及，Linux 操作系统的管理越来越依赖远程登录。在各种远程登录工具中，PuTTY 是非常出色的工具之一。PuTTY 是一个免费的 Windows x86 平台下的 Telnet、SSH 和 rlogin 客户端，但是其功能丝毫不逊色于商用 Telnet 类工具。

打开 PuTTY 软件，如图 5-11 所示。单击"Open"按钮，输入 Linux 操作系统中的普通用户名与密码，以 yhy 用户身份远程登录到主机，如图 5-12 所示。

图 5-11　PuTTY 软件连接图

图 5-12　Telnet 登录效果图

（2）使用 SecureCRT 远程登录，SecureCRT 是一款支持 SSH（SSH1 和 SSH2）协议的终端仿真软件，简单地说是在 Windows 下登录 UNIX 或 Linux 服务器主机的软件。

SecureCRT 支持 SSH 协议，同时支持 Telnet 和 Rlogin 协议。SecureCRT 通过使用内含的 VCP 命令行程序可以进行加密文件的传输。SecureCRT 有流行 CRTTelnet 客户机的所有特点，包括自动注册、对不同主机保持不同的特性、打印功能、颜色设置、可变屏幕尺寸、用户定义的键位图、能从命令行中运行或从浏览器中运行等，其他特点包括文本手稿、易于使用的工具条、用户的键位图编辑器、可定制的 ANSI 颜色等。SecureCRT 的 SSH 协议支持 DES、3DES 和 RC4 密码，以及 RSA 加密。SecureCRT "快速连接"设置界面如图 5-13 所示。

图 5-13　SecureCRT "快速连接"设置界面

选择"协议"为 Telnet，填写远程主机的"主机名"为远程 IP 地址，端口默认为 23，SecureCRT 登录成功界面如图 5-14 所示。

图 5-14　SecureCRT 登录成功界面

（3）微软系统从 Windows 7 开始默认不安装 Telnet 客户端，因此，需要手动安装（如已安装请忽略），打开程序管理的"打开或关闭 Windows 功能"对话框，选择"Telnet 客户端"复选框，如图 5-15 所示，单击"确定"按钮进行安装，安装完成后打开 CMD，输入 Telnet IP 地址，也可以通过 Telnet 远程登录到 Linux 操作系统中。

图 5-15　Window7 安装 Telnet 客户端

第 7 步：通过配置允许 ROOT 用户登录。

因为 Telnet 在传输数据时采用明文的方式，包括用户名和密码，所以数据在传输过程中很容易被截取或篡改，所以系统默认 ROOT 用户不可以通过 Telnet 登录到远程服务器上，而只允许普通用户通过 Telnet 登录到远程服务器上。因此，需要修改配置文件/etc/securetty。

【vim /etc/securetty】

在末尾添加如下两行：

pts/0
pts/1

保存退出，然后再次以 ROOT 用户登录，即可配置成功。

5.2.2 配置 sshd 服务

SSH（Secure SHell）协议是一种能够以安全的方式提供远程登录服务的协议，也是目前远程管理 Linux 操作系统的首选方式。在此之前，一般使用 FTP 或 Telnet 协议来进行远程登录，但是因为它们以明文的形式在网络中传输账户密码和数据信息，所以很不安全，很容易受到中间人攻击，轻则传输的数据信息被篡改，重则服务器的账户密码被直接截取。

想要使用 SSH 协议来远程管理 Linux 操作系统，则需要配置 sshd 服务。sshd 服务是基于 SSH 协议开发的一组远程管理服务程序，不仅使用起来方便快捷，还能够提供两种安全验证的方法：

● 基于口令的验证——用账户和密码来验证登录。

● 基于密钥的验证——需要在本地生成密钥对，然后把密钥对中的公钥上传至服务器，并与服务器中的公钥进行比较，该方式相对安全。

前面曾多次强调"Linux 操作系统中的一切都是文件"，因此在 Linux 操作系统中修改服务程序的运行参数，实际上就是在修改程序配置文件。sshd 服务的配置信息保存在 /etc/ssh/sshd_config 文件中。运维人员一般会把保存有主要配置信息的文件称为主配置文件，而配置文件中有许多以"#"开头的注释，要想让这些配置参数生效，需要在修改参数后再去掉前面的"#"。sshd 服务配置文件中包含的重要参数及作用如表 5-1 所示。

表 5-1　sshd 服务配置文件中包含的重要参数及作用

参　　数	作　　用
Port 22	默认的 sshd 服务端口
ListenAddress 0.0.0.0	设定 sshd 服务器监听的 IP 地址
Protocol 2	SSH 协议版本
HostKey /etc/ssh/ssh_host_key	SSH 协议版本为 1 时，DES 私钥存放的位置
HostKey /etc/ssh/ssh_host_rsa_key	SSH 协议版本为 2 时，RSA 私钥存放的位置
HostKey /etc/ssh/ssh_host_dsa_key	SSH 协议版本为 2 时，DSA 私钥存放的位置
PermitRootLogin yes	设定是否允许 ROOT 管理员直接登录
StrictModes yes	当远程用户的私钥改变时直接拒绝连接
MaxAuthTries 6	最大密码尝试次数
MaxSessions 10	最大终端数
PasswordAuthentication yes	是否允许密码验证
PermitEmptyPasswords no	是否允许空密码登录（很不安全）

在 CentOS 7 中默认安装并启用 sshd 服务。接下来使用 ssh 命令进行远程连接，其格式为【ssh [参数] 主机 IP 地址】。要退出登录则执行 exit 命令。

【ssh 192.168.88.188】

然后输入远程主机 ROOT 管理员的密码即可远程登录到远程主机。

【exit】

禁止以 ROOT 管理员的身份远程登录到服务器可以大大降低被黑客暴力破解密码的概率。下面进行相应配置。首先使用 Vim 编辑器打开 sshd 服务的主配置文件，然后把第 48 行 #PermitRootLogin yes 参数前的"#"去掉，并把参数值 yes 改成 no，这样就不再允许 ROOT 管理员远程登录了。记得最后保存文件并退出，具体如下。

【vim /etc/ssh/sshd_config】
………………省略部分输出信息………………
```
46
47 #LoginGraceTime 2m
48 PermitRootLogin no
49 #StrictModes yes
```

………………省略部分输出信息………………

需要注意的是，一般的服务程序并不会在配置文件修改之后立即获得最新的参数。如果想让新配置文件生效，则需要手动重启相应的服务程序。最好也将这个服务程序加入开机启动项，这样系统在下一次启动时，该服务程序便会自动运行，继续为用户提供服务。

【systemctl restart sshd】
【systemctl enable sshd】

这样一来，当 ROOT 管理员再来尝试访问 sshd 服务时，系统会提示不可访问的错误信息。虽然 sshd 服务的参数相对比较简单，但这就是在 Linux 操作系统中配置服务程序的正确方法。

【ssh 192.168.88.188】
root@192.168.88.188's password:此处输入远程主机 root 管理员的密码
Permission denied, please try again.

5.2.3　安全密钥验证

加密是对信息进行编码和解码的技术，它通过一定的算法（密钥）将原本可以直接阅读的明文信息转换成密文形式。密钥就是密文的钥匙，有私钥和公钥之分。在传输数据时，如果担心被他人监听或截获，就可以在传输前先使用公钥对数据进行加密处理，然后再进行传输。这样，只有掌握私钥的用户才能解密这段数据，除此之外的其他人即便截获了数据，也很难将其破译为明文信息。

总之，在生产环境中使用密码进行口令验证终究存在着被暴力破解或嗅探截获的风险，如果正确配置了密钥验证方式，那么 sshd 服务将更加安全。下面进行具体的配置，步骤如下。

第 1 步：在客户端主机中生成密钥对。

【ssh-keygen】
Generating public/private rsa key pair.
Enter file in which to save the key (/root/.ssh/id_rsa):按 Enter 键或设置密钥的存储路径
Created directory '/root/.ssh'.
Enter passphrase (empty for no passphrase): 直接按 Enter 键或设置密钥的密码
Enter same passphrase again: 再次按 Enter 键或设置密钥的密码
Your identification has been saved in /root/.ssh/id_rsa.
Your public key has been saved in /root/.ssh/id_rsa.pub.
The key fingerprint is:
40:32:48:18:e4:ac:c0:c3:c1:ba:7c:6c:3a:a8:b5:22 root@linux-yhy.com
The key's randomart image is:
```
+--[ RSA 2048]----+
|+*..o .          |
|*.o +            |
|o*  .            |
|+.  .            |
|o..   S          |
|.. +             |
|. =              |
|E+ .             |
|+.o              |
+-----------------+
```

第 2 步：把客户端主机中生成的公钥文件传送至远程主机。

【ssh-copy-id 192.168.88.188】
The authenticity of host '192.168.88.20 (192.168.88.188)' can't be established.
ECDSA key fingerprint is 4f:a7:91:9e:8d:6f:b9:48:02:32:61:95:48:ed:1e:3f.
Are you sure you want to continue connecting (yes/no)? yes
/usr/bin/ssh-copy-id: INFO: attempting to log in with the new key(s), to filter
out any that are already installed
/usr/bin/ssh-copy-id: INFO: 1 key(s) remain to be installed -- if you are
prompted now it is to install the new keys
root@192.168.88.188's password:此处输入远程服务器密码
Number of key(s) added: 1
Now try logging into the machine, with: "ssh '192.168.88.188'"
and check to make sure that only the key(s) you wanted were added.

第 3 步：对服务器进行设置，使其只允许密钥验证，拒绝传统的口令验证方式。记得在修改配置文件后保存并重启 sshd 服务。

【vim /etc/ssh/sshd_config 】
………………省略部分输出信息………………
 74
 75 # To disable tunneled clear text passwords, change to no here!
 76 #PasswordAuthentication yes

```
77 #PermitEmptyPasswords no
78 PasswordAuthentication no
79
................省略部分输出信息................
```

【systemctl restart sshd】

第 4 步：在客户端尝试登录到服务器，此时无须输入密码也能成功登录。

【ssh 192.168.88.188】
Last login: Mon Apr 13 19:34:13 2017

5.2.4　配置 VNC 图形界面服务

Telnet 和 sshd 服务只能实现基于字符界面的远程控制，习惯使用 X-window 操作系统的用户可能不习惯使用字符界面，那么如何远程使用 X-window 操作系统呢？VNC 软件就是实现该技术的绝佳选择。VNC（Virtual Network Computer）是虚拟网络计算机的缩写。它是一款性能良好的远程控制软件，由著名的 AT&T 欧洲研究实验室开发而成。VNC 是基于 UNIX 和 Linux 操作系统的免费的开源软件，远程控制能力强大、高效实用，其性能可以和 Windows 及 MAC 操作系统中的任何远程控制软件媲美。

VNC 主要由两部分组成：一部分是客户端的应用程序（VNC Viewer）；另一部分是服务器端的应用程序（VNC Server）。VNC 的服务器端应用程序在 UNIX 和 Linux 操作系统中的适应性很强，对使用图形界面的用户十分友好。下面将在 CentOS 7 中安装配置 VNC Server，实现远程图形化访问，具体步骤如下。

前期准备：关闭防火墙与 SELinux。

为了排除防火墙的干扰，在正式学习防火墙之前，建议关闭 CentOS 的防火墙，CentOS 7 的防火墙是 firewalld，关闭防火墙的命令如下：

【systemctl stop firewalld.service】

临时关闭 SELinux，命令如下：

【setenforce 0】

第 1 步：安装 gnome 图形化桌面。

要想远程访问图形化界面，首先服务器自身要安装图形化套件，如果服务器没有安装图形化套件，可以通过如下命令安装，在此以安装 GNOME 桌面环境为例。

【yum -y groupinstall "GNOME Desktop"】CentOS 7 安装 GNOME 桌面环境。

 备注：

Xfce、KDE、Gnome 都是图形桌面环境，其特点是占用资源更少。资源占用情况：Gnome> KDE>Xfce。具体情况与版本有关，一般版本越新，占用的资源越多。

第 2 步：安装 tigervnc-server 软件。

【yum -y install tigervnc-server tigervnc-server-module】安装 tigervnc-server 相关软件。

备注：

在 CentOS 6 中安装的是 tigervnc-server tigervnc，在 CentOS 5 中安装的是 vnc-server vnc*

第 3 步：配置 VNC。

【cp /lib/systemd/system/vncserver@.service /etc/systemd/system/vncserver@:1.service】复制模版文件。

【cd /etc/systemd/system】进入配置文件目录。

【vim vncserver@:1.service】打开并编辑刚刚复制的新配置文件。

新配置文件内容如下：

```
[Unit]
Description=Remote desktop service (VNC)
After=syslog.target network.target
 [Service]
Type=forking
User=root
ExecStart=/usr/bin/vncserver :1 -geometry 1280x1024 -depth 16 -securitytypes=none -fp /usr/share/X11/
fonts/misc
ExecStop=/usr/bin/vncserver -kill :1
 [Install]
WantedBy=multi-user.target
```

 注意：

将文件中的 User= 的值修改为 VNC Client 连接的账户，这里设置为 root；vncserver :1 设定可以使用 VNC 服务器的账户，可以设定多个，但中间要用空格隔开。注意前面的数字 1 或 2，当你要从其他计算机进入 VNC 服务器时，就需要用 IP:1 这种方法，而不能直接用 IP。假定你的 VNC 服务器 IP 是 192.168.1.100，若想进入 VNC 服务器，并以 yhy 用户登录，你需要在输入 IP 的地方输入：192.168.1.100:1；如果是 ROOT 管理员登录，那就输入 192.168.1.100:2；"1280x1024" 可以换成你的计算机支持的分辨率。注意：中间的 "x" 不是 "*"，而是小写字母 "x"。-depth 代表色深，参数有 8、16、24、32 等。

第 4 步：启动 VNC Server 服务。

【systemctl start vncserver@:1.service】设置 VNC Server 开机自启动。

【systemctl enable vncserver@:1.service】启用配置文件。

第 5 步：配置 VNC 密码。

VNC Server 运行后，没有配置密码，客户端是无法连接的，通过以下命令设置与修改密码：

【vncserver】设置 VNC 密码，密码必须 6 位以上。

【vncpasswd】修改 VNC 密码，密码必须 6 位以上。

 备注：

这里是为上面的 ROOT 远程账户配置密码，所以在 ROOT 远程账户下进行配置；如果为其他账户配置密码，就要切换用户到其他账户。

第 6 步：测试登录。

在网上输入"VNC Viewer"关键字搜索并下载 VNC Viewer ，安装并打开，如图 5-16 所示。

图 5-16 VNC Viewer 连接远程主机界面

输入：服务器端 IP:1，然后单击"OK"按钮，打开如图 5-17 所示的 VNC Viewer 要求输入 ROOT 密码提示框。

图 5-17 VNC Viewer 要求输入 ROOT 密码提示框

输入 ROOT 账户的密码，单击"确定"按钮，即可登录成功，如图 5-18 所示。

图 5-18 VNC Viewer 登录成功界面

第 7 步：排错。

① 关闭 SELinux 服务。使用【vim /etc/selinux/config】命令编辑/etc/selinux/config 文件，设置 SELinux 字段的值为 disabled。

② 关闭 NetworkManager 服务。使用【chkconfig --del NetworkManager】命令关闭 NetworkManager 服务。

③ iptables 防火墙默认会阻止 VNC 远程桌面，所以需要在 iptables 中设置为"允许通过"。当启动 VNC 服务后，可以用【netstat -tunlp】命令来查看 VNC 服务所使用的端口，包括 5801、5901、6001 等，使用 vim 命令编辑/etc/sysconfig/iptables 文件，在文件最后添加以下内容，开启这些端口：

-A RH-Firewall-l-INPUT -p tcp -m tcp -dport 5801 -j ACCEPT
-A RH-Firewall-l-INPUT -p tcp -m tcp -dport 5901 -j ACCEPT
-A RH-Firewall-l-INPUT -p tcp -m tcp -dport 6001 -j ACCEPT

重启防火墙或者关闭防火墙：

【/etc/init.d/iptables restart】重启防火墙。

【/etc/init.d/iptables stop】关闭防火墙。

第8步：VNC 的反向连接设置。

在大多数情况下，VNC Server 总处于监听状态，VNC Client 主动向服务器端发出请求，从而建立连接。然而在一些特殊的场合，需要让 VNC 客户端处于监听状态，VNC Server 主动向客户端发出连接请求，这是 VNC 的反向连接。主要步骤如下：

【vncviewer -listen】启动 VNC Client，使 VNC Viewer 处于监听状态。

【vncserver】启动 VNC Server。

【vncconnect -display :1 192.168.223.189 （服务器 IP 地址）】在 VNC Server 端执行 vncconnect 命令，发起 Server 到 Client 的请求。

第9步：解决可能遇到的黑屏问题。

在 Linux 操作系统中安装配置完 VNC 服务器端后，会发现多用户登录时会出现黑屏情况，具体现象：客户端可以通过 IP 与会话号登录系统，但登录进去后屏幕上漆黑一片，除一个叉形的鼠标以外，没有任何其他内容。

原因：用户未正确设置 VNC 的启动文件权限。

解决方法：将黑屏用户的 xstartup（一般为/用户目录/.vnc/xstartup）文件的属性修改为 755（rwxr-xr-x）。之后 kill 掉所有已经启动的 VNC 客户端，操作步骤如下：

【vncserver -kill :1】kill 掉所有已经启动的 VNC 客户端 1。

【vncserver -kill :2】kill 掉所有已经启动的 VNC 客户端 2（-kill 与:1 或:2 中间有一空格）。

【/etc/init.d/vncserver restart】重启 VNC Server。

 注意：

VNC Server 进程只能由启动它的用户来关闭，即使是 ROOT 用户也不能关闭其他用户启动的 VNC Server，除非用 kill 命令暴力 kill 掉进程。

 ## 5.3 远程文件传输

scp 命令是 secure copy 的简写，用于在 Linux 操作系统中执行远程复制文件的命令，和它类似的命令有 cp 命令，不过 cp 命令只是在本机进行复制，不能跨服务器。scp 传输是加密的，可能对传输速度有一定的影响。当服务器硬盘变为只读（read only system）时，用 scp 命令可以把文件移出来。另外，scp 命令占据资源少，不会增加太多系统负荷，在这一点上，rsync 命令就远远不及它了。虽然 rsync 命令比 scp 命令的运行速度快一些，但在小文件众多的情况下，rsync 命令会导致硬盘 I/O 值非常高，而 scp 命令基本不影响系统的正常使用。其格式为【scp [参数] 本地文件 远程账户@远程 IP 地址:远程目录】。

如果想把一些文件通过网络从一台主机传送至其他主机，这两台主机又恰巧是 Linux 操作系统，这时使用 scp 命令就可以轻松完成文件的传送了。scp 命令中可用的参数及其作用如表 5-2 所示。

表 5-2　scp 命令中可用的参数及其作用

参　　数	作　　用
-v	显示详细的连接进度
-P	指定远程主机的 sshd 端口号
-r	用于传送文件夹
-6	使用 IPv6 协议

在使用 scp 命令把本地文件传送到远程主机时，首先需要以绝对路径的形式写清本地文件的存放位置。如果要传送文件夹内的所有数据，还需要额外添加参数-r 进行递归操作。然后写上要传送到的远程主机的 IP 地址，远程服务器便会要求进行身份验证了。当前的用户名称为 ROOT，而密码则为远程服务器的密码。如果想使用指定用户的身份进行验证，可使用"用户名@主机地址"的参数格式。最后需要在远程主机的 IP 地址后面添加冒号，并在后面写上要传送到远程主机的哪个文件夹中。只要参数正确并且成功验证了用户身份，就能开始传送工作。由于 scp 命令是基于 SSH 协议进行文件传送的，而 5.2.3 节安全密钥验证部分又设置好了密钥验证，所以当前传送文件时，并不需要账户和密码。

【echo "Welcome to Linux-yhy.Com" > readme.txt】
【scp /root/readme.txt 192.168.88.20:/home】
root@192.168.88.20's password:此处输入远程服务器中 ROOT 管理员的密码
readme.txt 100% 26 0.0KB/s 00:00

此外，还可以使用 scp 命令把远程主机上的文件下载到本地主机，其命令格式为【scp [参数] 远程用户@远程 IP 地址:远程文件 本地目录】。例如，可以下载远程主机的系统版本信息文件，这样就无须先登录远程主机，再进行文件传送了。

【scp 192.168.88.20:/etc/redhat-release /root】
root@192.168.88.20's password:此处输入远程服务器中 ROOT 管理员的密码
redhat-release 100% 52 0.1KB/s 00:00
【cat redhat-release】
CentOS Linux release 7.5.1804 (Core)

复　习　题

一、操作题

1．建立 Telnet 服务器，并根据以下要求配置 Telnet 服务器。
（1）配置 Telnet 服务器：只允许两个连接同时登录。
（2）配置 Telnet 服务器：在 2323 端口监听客户端的连接。
2．建立 SSH 服务器，并根据以下要求配置 SSH 服务器。
（1）配置 SSH 服务器：绑定的 IP 地址为 192.168.16.177。

（2）在 SSH 服务器启用公钥认证。

3．建立 VNC 服务器，并根据以下要求配置 VNC 服务器。

（1）配置 VNC 服务器：使用 GNOME 图形桌面环境。

（2）配置 VNC 服务器：每次启动会自动创建桌面号。

（3）在 VNC 服务器启用远程协助功能。

二、简答题

1．在 Linux 操作系统中有多种方法可以配置网络参数，请列举几种。

2．要把本地文件/root/out.txt 传送到地址为 192.168.88.20 的远程主机的/home 目录下，且本地主机与远程主机均为 Linux 操作系统，最简便的传送方式是什么？

第6章 管理用户与用户组

Linux 操作系统是多用户、多任务操作系统，用户可分为普通用户和超级用户。除了用户还有用户组，所谓用户组就是用户的集合，CentOS Linux 的用户组有两种类型，私有组和标准组，当创建一个新用户时，若没有为其指定用户组，CentOS 就会建立一个和该用户名称相同的私有组，此私有组中只包括该用户自己。标准组可以容纳多个用户，如果要使用标准组，那么创建一个新用户时就应该指定他所属的组，从另外一方面讲，同一个用户可以属于多个用户组，如某个单位的领导组和技术组，Lik 是某单位的技术主管，所以他属于领导组和技术组。当一个用户属于多个用户组时，其登录后所属的组是主组，其他组为附加组。

Linux 环境下的用户与用户组系统文件主要存放在/etc/passwd、/etc/shadow、/etc/group 和/etc/gshadow 这四个文件中。ROOT 的 UID 是 0，1～999 是系统的标准账户，普通用户的 UID 从 1000 开始。

初次接触 Linux 操作系统的读者可能会有疑惑，Linux 操作系统有这么多用户，还要分用户组（又叫作"群组"），有什么作用呢？其实，文件所属的用户与用户组是相当健全的安全防护系统。

由于 Linux 操作系统是多用户、多任务操作系统，所以常常会有多个用户同时使用这部主机工作，考虑每个用户的隐私权，文件所有者的角色就显得相当重要了。例如，当我们将某个文件放在自己的工作目录下，并且不希望这个文件的内容被别人看到时，就应该把文件设定成"只有文件拥有者自身才能查看和修改该文件的内容"，由于设定了这样的权限，所以其他用户即使知道这个文件存在，也无法看到该文件的内容。

那么为什么要为文件设定它所属的用户组呢？其实，用户组的基本功能之一就是用作团体开发资源。例如，假设主机有两个团体：第一个团体为 testgroup，它的成员有 test1、test2、test3 三个；第二个团体名称为 treatgroup，它的成员为 treat1、treat2、treat3。这两个团体之间有竞争关系，要比赛看谁做的那份报告更好，然而每组成员又需要能够同时修改自己的团体内任何人所建立的文件，且不能让非本团体的人看到这些文件内容。这时就要通过用户组的权限进行设置，禁止非本用户组的用户查看本组的文件。同时，如果成员自己还有私人隐秘文件，还可以设定文件权限，使本团体的其他成员也看不到此文件的内容。另外，如果有一个 teacher 用户是 testgroup 与 treatgroup 这两个用户组的老师，想要同时观察两个组的进度，就要设定 teacher 用户，同时拥有 testgroup 与 treatgroup 这两个用户组权限，这样 teacher 用户就可以查看这两个用户组的文件了。也就是说，每个用户还可以属于多个用户组。

基于以上考虑，Linux 操作系统中的每个用户都至少属于一个用户组，系统可以对一个用户组中的所有用户进行集中管理。不同 Linux 操作系统对用户组的规定有所不同，如 Linux 操作系统下的用户默认属于与它同名的用户组，这个用户组在创建用户时同时创建。本章主要讲解如何自由灵活地管理用户及用户组。

 # 6.1 系统中的用户

在 Linux 操作系统中，标识用户身份的是 UID，而非用户名称，Linux 操作系统的管理员之所以是 ROOT，并不是因为管理员的名字叫 ROOT，而是因为该用户的身份号码，即 UID（User IDentification）的数值为 0。在 Linux 操作系统中，UID 与人的身份证号码一样具有唯一性，因此可以通过用户的 UID 来判断用户身份。在 CentOS 7 中有以下几种用户身份。

- 管理员的 UID 为 0：管理员指系统的管理员用户。
- 系统用户的 UID 为 1～999：Linux 操作系统为了避免因某个服务程序出现漏洞而被黑客提权至整台服务器，默认服务程序会由独立的系统用户负责运行，进而有效控制被破坏的范围。
- 普通用户的 UID 从 1000 开始：普通用户指由管理员创建的用于日常工作的用户。

需要注意的是，UID 是唯一的，而且管理员创建的普通用户的 UID 默认是从 1000 开始的（即使前面有闲置的号码）。CentOS 5、CentOS 6 的用户的 UID 为 1～499，普通用户的 UID 从 500 开始。

系统中所有的用户存放文件的路径为/etc/passwd，可通过【vim /etc/passwd】命令打开查看。

passwd 文件由多条记录组成，每条记录占一行，记录了一个账户的所有信息。每条记录由 7 个字段组成，字段间用"："隔开，ROOT 用户所在行的格式如图 6-1 所示。

图 6-1　ROOT 用户所在行的格式

（1）用户名：它标识了唯一的一个用户账户，用户在登录时使用的账户就是它。

（2）加密的口令：passwd 文件中存放的密码是经过加密处理的。Linux 操作系统的加密算法很严密，其中的口令很难被破解。盗用账户的人一般都借助专门的黑客程序构造出无数个密码，然后使用同样的加密算法对其加密，再和本字段进行比较，如果相同的话，就说明构造出的密码是正确的。因此，建议用户不要使用生日、常用单词等作为口令，它们在黑客程序面前几乎是不堪一击的。特别是对那些直接连入较大网络的系统来说，系统安全性尤为重要。

（3）用户 ID：用户识别码，简称 UID。Linux 操作系统内部使用 UID 来标识用户，而不是用户名。UID 是一个整数，用户的 UID 互不相同。需要注意的是，UID 是唯一的，在 CentOS 7 中，管理员创建的普通用户的 UID 默认是从 1000 开始的（即使前面有闲置的号码）。CentOS 5、CentOS 6 的用户的 UID 为 1～499，普通用户的 UID 从 500 开始。

（4）组 ID：用户组识别码，简称 GID。不同的用户可以属于同一个用户组，享有该用户组共有的权限。与 UID 类似，GID 标识了唯一的一个用户组。普通用户组的 GID 默认是从 1000 开始的。UID 与 GID 默认情况下是一致的。

（5）用户描述：这是对用户账户的注解。它一般是用户的真实姓名、电话号码、住址等，也可以为空。

（6）家目录：这个目录属于该账户，当用户登录后，它就会被置于此目录中，就像回到家一样。一般来说，ROOT 账户的家目录是/root，其他账户的家目录都在/home 目录下，并且和用户名同名。

（7）登录 shell：用户登录后执行的命令。一般来说，此命令将启动一个 shell 程序。例如，用 bbs 账户登录后，会直接进入 bbs 系统，这是因为 bbs 账户的 login command 指向的是 bbs 程序，当系统登录到 bbs 时，会自动运行这些命令。

 注意：

UID 为用户识别码，GID 为用户组识别码。如果把普通用户的 UID 和 GID 改成与 ROOT 用户的 UID 和 GID 一样，那么此用户就成了管理员，拥有管理员的权限。

 ## 6.2 用 户 密 码

用户密码的存放文件/etc/shadow 可以通过如下命令【vim　/etc/shadow】打开查看。

shadow 文件由多条记录组成，每条记录占一行，记录了一个用户的所有用户密码及有效期等相关信息。每条记录由 8 个字段组成，字段间用 "："隔开，如图 6-2 所示。

图 6-2 密码存放文件/etc/shadow 详解图

（1）用户名是与/etc/passwd 文件中的登录名一致的用户账户。

（2）加密口令字段存放加密后的用户口令，长度为 13 个字符。如果为空，则对应用户没有口令，能够登录但不需要口令；如果是两个感叹号，则表示该用户没有设置密码，不能登录系统；如果含有不属于集合{./0-9A-Za-z}的字符，则对应的用户不能登录系统。

（3）最后一次修改时间表示从某个时刻到用户最后一次修改口令间隔的天数。时间起点对不同的系统可能不一样。例如，在 SCO Linux 操作系统中，这个时间起点是 1970 年 1 月 1 日。

（4）最小时间间隔指两次修改口令之间所需的最少天数。

（5）最大时间间隔指口令保持有效的最多天数。

（6）警告时间表示从系统开始警告用户到用户密码正式失效之间的天数。

（7）不活动时间表示用户没有登录活动，但账户仍能保持有效的最多天数。

（8）失效时间给出一个绝对的天数，如果使用了这个字段，就是给出了相应账户的生存期。期满后，该账户就不再是一个合法的账户了，也就不能再登录了。

系统账户，系统中还有一些默认的账户，如 daemon、bin 等。这些账户有特殊的用途，一般用于进行系统管理。这些账户的口令大部分用"*"表示，代表它们不能在登录时使用。

【vim /etc/shadow 】编辑用户密码的存放文件，把 user2 所在行的第一个冒号与第二个冒号之间的字符删除，设置 user2 的密码为空。

6.3 系统中的用户组

为了方便管理同一组的用户，Linux 操作系统还引入了用户组的概念。通过使用用户组识别码（Group IDentification，GID），可以把多个用户加入同一个组，从而方便为组中的用户统一规划权限或指定任务。假设某个公司中有多个部门，每个部门中又有很多员工。如果只想让员工访问本部门内的资源，就可以针对部门而非具体的员工来设置权限。例如，可以通过对技术部门设置权限，使得只有技术部门的员工可以访问公司的数据库信息等。

此外，在 Linux 操作系统中创建每个用户时，将自动创建一个与其同名的基本用户组，而且这个基本用户组只有该用户一个人。如果该用户以后被归入其他用户组，则称这个其他用户组为扩展用户组。一个用户只有一个基本用户组，但是可以有多个扩展用户组，从而满足日常的工作需要。

/etc/group 文件是用户组的配置文件，内容包括用户和用户组，并且能显示出用户属于哪个用户组或哪几个用户组，因为一个用户可以归属一个或多个不同的用户组。同一用户组的用户之间具有相似的特征。比如，把某一用户加入 ROOT 用户组，那么这个用户就可以浏览 ROOT 用户家目录的文件，如果 ROOT 用户把某个文件的读写执行权限开放，那么 ROOT 用户组的所有用户都可以修改此文件；如果此文件是可执行的文件（如脚本），那么 ROOT 用户组的用户也可以执行此文件；

用户组文件存放在/etc/group 中，可以通过【vim /etc/group】命令查看此文件，如图 6-3 所示。

```
root:x:0:
bin:x:1:bin,daemon
daemon:x:2:bin,daemon
sys:x:3:bin,adm
adm:x:4:adm,daemon
tty:x:5:
disk:x:6:
lp:x:7:daemon
mem:x:8:
kmem:x:9:
wheel:x:10:
mail:x:12:mail,postfix
uucp:x:14:
man:x:15:
games:x:20:
```

图 6-3 /etc/group 文件部分内容的截图

图 6-3 中的代码分为四列（用"："隔开），每一列代码对应的释义如下。

第一列：用户组名称；

第二列：用户组密码；

第三列：GID；

第四列：用户列表，用户之间用","号分割，本字段可以为空，表示用户组为 GID 的用户名。

6.4 用户组密码

/etc/gshadow 是/etc/group 的加密资讯文件，用户组密码就存放在这个文件中。/etc/gshadow 和/etc/group 是两个互补的文件。大型服务器一般针对很多用户和用户组服务，因此定制一些关系结构比较复杂的权限模型并设置用户组密码是极有必要的。当不想让一些非用户组成员永久拥有用户组的权限和特性时，可以通过密码验证的方式让某些用户临时拥有一些用户组权限，这时就要用到用户组密码。

通过命令【vim　/etc/gshadow】查看用户组密码存放文件，每个用户组独占一行，如图 6-4 所示。

图 6-4　/etc/gshadow 文件部分内容截图

在如图 6-4 所示的/etc/gshadow 文件部分内容截图中，内容分为四列，每一列对应的释义如下：

第一列：用户组；

第二列：用户组密码，这个字段可以为空或"！"，表示没有密码；

第三列：用户组管理者，这个字段也可为空，如果有多个用户组管理者，则用","将其分割；

第四列：组成员，如果有多个组成员，则用","将其分割。

6.5 用户与用户组常用命令

设计 Linux 操作系统的初衷之一就是满足多个用户同时工作的需求，因此 Linux 操作系统必须具备很好的安全性。在安装 CentOS 7 时，要求设置 ROOT 管理员密码，这个 ROOT 管理员就是存在于所有类似 UNIX 的操作系统中的超级用户。它拥有最高的系统权限，能够管理系统的各项功能，如添加/删除用户、启动/关闭服务进程、开启/禁用硬件设备等。虽然以 ROOT 管理员的身份工作时不会受到系统的限制，但"能力越强，责任就越大"，一旦使用 ROOT 管理员权限执行了错误的命令，可能会直接毁掉整个系统。是否使用 ROOT 管理员权限，确实需要好好权衡。

笔者推荐读者在学习 Linux 操作系统时使用 ROOT 管理员权限，因为在 Linux 操作系统的学习过程中，如果使用普通用户身份进行操作，在配置服务之后出现错误时很难判断是系统自身的问题还是权限不足导致的，这无疑会给大家的学习过程增加困难。更何况学习的实验环境是使用虚拟机软件搭建的，可以将安装好的系统设置一次快照，这样即便系统彻底崩溃了，也可以在 5 秒钟内快速还原为全新的系统，不用担心数据丢失。

下面介绍几个常用的用户与用户组命令。

1. useradd 命令

useradd 命令用于创建新用户，格式为【useradd [选项] 用户名】。

可以使用 useradd 命令创建用户账户。使用该命令创建用户账户时，默认的用户家目录会被存放在/home 目录中，默认的 Shell 解释器为/bin/bash，而且默认会创建一个与该用户同名的基本用户组。这些默认设置可以根据表 6-1 所示的 useradd 命令中的用户参数及其作用自行修改。

表 6-1   useradd 命令中的用户参数及其作用

参　　数	作　　用
-d	指定用户的家目录（默认为/home/username）
-e	账户的到期时间，格式为 YYYY-MM-DD
-u	指定该用户的默认 UID
-g	指定一个初始的基本用户组（必须已存在）
-G	指定一个或多个扩展用户组
-N	不创建与用户同名的基本用户组
-s	指定该用户默认的 Shell 解释器

下面创建一个普通用户并指定家目录的路径、用户的 UID 及 Shell 解释器。在以下命令中，请注意/sbin/nologin，它是终端解释器中的一员，与 Bash 解释器有天壤之别。一旦用户的解释器被设置为 nologin，则代表该用户不能登录系统。

```
【useradd -d /home/linux -u 8888 -s /sbin/nologin linux-yhy】
【id linux-yhy】
uid=8888(linux-yhy) gid=8888(linux-yhy) groups=8888(linux-yhy)
```

2. groupadd 命令

groupadd 命令用于创建用户组，格式为【groupadd [选项] 群组名】。

为了更加高效地分配系统中各个用户的权限，在工作中常常会把几个用户加入同一个用户组，这样便可以针对一类用户统一安排权限。创建用户组的步骤非常简单，如使用以下命令创建一个用户组 yhys。

```
【groupadd yhys】
```

3. usermod 命令

usermod 命令用于修改用户的属性，格式为【usermod [选项] 用户名】。

Linux 操作系统中的一切都是文件，因此在系统中创建用户就是修改配置文件的过程。用户的信息保存在/etc/passwd 文件中，可以直接用文本编辑器来修改其中的用户参数，也可以用 usermod 命令修改已经创建的用户信息，诸如用户的 UID、基本/扩展用户组、默认终端等。usermod 命令中的参数及其作用如表 6-2 所示。

表 6-2 usermod 命令中的参数及其作用

参　　数	作　　用
-c	填写用户账户的备注信息
-d -m	参数-m 与参数-d 连用，可重新指定用户的家目录并自动把旧数据转移过去
-e	账户的到期时间，格式为 YYYY-MM-DD
-g	变更基本用户组
-G	变更扩展用户组
-L	锁定用户，禁止其登录系统
-U	解锁用户，允许其登录系统
-s	变更默认终端
-u	修改用户的 UID

读者不要被这些参数吓倒。下面来看一下账户 linux-yhy 的默认信息：

【id linux-yhy】
uid=1000(linux-yhy) gid=1000(linux-yhy) groups=1000(linux-yhy)

然后将用户 linux-yhy 加入 ROOT 用户组，这样扩展用户组列表中就会出现 ROOT 用户组的字样，而基本用户组不会受到影响。

【usermod -G root linux-yhy】
【id linux-yhy】
uid=1000(linux-yhy) gid=1000(linux-yhy) groups=1000(linux-yhy),0(root)

再来尝试用-u 参数修改 linux-yhy 用户的 UID。除此之外，还可以用-g 参数修改基本用户组的 GID，用-G 参数修改扩展用户组的 GID。

【usermod -u 8888 linux-yhy】
【id linux-yhy】
uid=8888(linux-yhy) gid=1000(linux-yhy) groups=1000(linux-yhy),0(root)

4. passwd 命令

passwd 命令用于修改用户密码、过期时间、认证信息等，格式为【passwd [选项] [用户名]】。

普通用户只能使用 passwd 命令修改自身的系统密码，而 ROOT 管理员则有权限修改其他所有用户的密码。更酷的是，ROOT 管理员在 Linux 操作系统中修改自己或其他用户的密码时不需要验证旧密码，这一点非常方便。既然 ROOT 管理员可以修改其他用户的密码，就表示 ROOT 管理员完全拥有其他用户的管理权限。passwd 命令中可用的参数及其作用如表 6-3 所示。

表 6-3　passwd 命令中可用的参数及其作用

参　　数	作　　用
-l	锁定用户，禁止其登录
-u	解除锁定，允许用户登录
--stdin	允许通过标准输入修改用户密码，如 echo "NewPassWord" | passwd --stdin Username
-d	使该用户可用空密码登录系统
-e	强制用户在下次登录时修改密码
-S	显示用户的密码是否被锁定，以及密码所采用的加密算法名称

接下来将演示用户如何修改自己的密码，以及如何修改其他用户的密码（修改其他用户的密码时，需要具有 ROOT 管理员权限）：

【passwd】

Changing password for user root.

New password: 此处输入密码值

Retype new password: 再次输入密码值进行确认

passwd: all authentication tokens updated successfully.

【passwd linux-yhy】

Changing password for user linux-yhy.

New password: 此处输入密码值

Retype new password: 再次输入密码值进行确认

passwd: all authentication tokens updated successfully.

假设你有位同事正在度假，而且假期很长，那么可以使用 passwd 命令禁止该用户登录系统，等该用户假期结束回归工作岗位时，再使用该命令允许用户登录系统，而不是将该用户删除。这样既保证了这段时间内系统的安全，也避免了频繁添加、删除用户带来的麻烦，具体操作如下。

【passwd -l linux-yhy】

Locking password for user linux-yhy.

passwd: Success

【passwd -S linux-yhy】

linux-yhy LK 2017-12-26 0 99999 7 -1 (Password locked.)

【passwd -u linux-yhy】

Unlocking password for user linux-yhy.

passwd: Success

【passwd -S linux-yhy】

linux-yhy PS 2017-12-26 0 99999 7 -1 (Password set, SHA512 crypt.)

5. userdel 命令

userdel 命令用于删除用户，格式为【userdel [选项] 用户名】。

如果确认某位用户后续不会再登录系统，就可以通过 userdel 命令删除该用户的所有信息。在执行删除操作时，该用户的家目录默认会保留下来，此时可以使用-r 参数将其删除。userdel 命令的参数及其作用如表 6-4 所示。

表 6-4　userdel 命令的参数及其作用

参　数	作　用
-f	强制删除用户
-r	同时删除用户及用户家目录

下面使用 userdel 命令将 linux-yhy 用户删除，具体操作如下。

【id linux-yhy】
uid=8888(linux-yhy) gid=1000(linux-yhy) groups=1000(linux-yhy),0(root)
【userdel -r linux-yhy】
【id linux-yhy】
id: linux-yhy: no such user

复 习 题

一、选择题

1．以下（　　）文件保存用户账户的信息。

A．/etc/user
B．/etc/gshadow
C．/etc/shadow
D．/etc/fatab

2．以下对 Linux 用户账户的描述正确的是（　　）。

A．Linux 的用户账户和对应的口令均存放在 passwd 文件中
B．Passwd 文件只有系统管理员才有权限存取
C．Linux 的用户账户必须在设置口令后才能登录
D．Linux 的用户口令存放在 shadow 文件中，每个用户对它都有读权限

3．新建用户使用 useradd 命令，如果要指定用户的主目录，需要使用（　　）选项。

A．-g
B．-d
B．-u
D．-s

4．为了保证系统的安全，现在的 Linux 操作系统一般将/etc/passwd 密码文件加密后，保存为（　　）文件。

A．/etc/group
B．/etc/netgroup
C．/etc/libsafe.notify
D．/etc/shadow

5．当用 ROOT 管理员身份登录时，（　　）命令可以改变用户 larry 的密码。

A．su larry
B．change password larry
C．password larry
D．passwd larry

6．如果刚刚为系统添加了一个名为 Yhy 的用户，则在默认情况下，Yhy 所属的用户组是（　　）。

A．user
B．group
C．Yhy
D．root

第 7 章　管理文件权限

由于不可能为每个用户单独提供完全独立、相互隔离的文件系统，多用户操作系统必须提供一种安全的访问控制机制，使得用户既能和其他用户共享某些文件，又能保证各个用户的文件不会被非法存取或破坏。Linux 操作系统对文件所有者（以下简称所有者）、文件所有者所在的用户组（以下简称用户组）和其他用户，分别设置了存取控制权限，即读、写、执行权限。

文件的权限有两种表示方法，一种是符号化表示法，另一种是十进制数字表示法。符号化表示法使用英文字母 r（read）、w（write）和 x（execute）分别表示读、写和执行权限。用符号化表示法表示的文件权限共九位，每三位为一组，每一组都是 r、w、x 与-的组合，其中-表示没有该权限。每组字母分别代表所有者、用户组和其他用户对该文件的读（r）、写（w）、执行（x）权限。

本章的主要内容是如何自由灵活地管理 Linux 操作系统中的文件权限。

 ## 7.1　文件的一般权限

在 Linux 操作系统中，每个文件都有所属的所有者和用户组，并且规定了文件的所有者、用户组及其他用户对文件所拥有的读、写、执行等权限。

1. 权限对于文件的意义

文件是实际含有数据的地方，包括一般性文件、数据库文件、二进制可执行文件等，各项权限对于文件的意义如下。

r：可读取此文件的实际内容，比如采用 Vim/nano 等文本编辑器，可以查看到文件的实际内容。

w：可以编辑、新增、修改、删除文件内容，例如，在 Vim 编辑器下可以 insert 内容，但是不能删除该文件，可以编辑清除文件内容。

x：能够运行一个脚本程序，如果该文件是.sh、.run 等格式的文件或 C 语言代码，则可以执行该文件，并且可以删除该文件。可执行权限是文件的最高权限，一般新建的文件不具有可执行权限。

2. 权限对于目录的意义

在 Linux 操作系统中，一切硬件设备都是文件，而目录是一种特殊的文件，r、w、x 各项权限对于目录的意义如下。

r：可查询此目录下的文件名数据，如 ls 命令。

w：可以建立新目录、删除已存在目录、修改已存在目录（修改名称或移动其位置），它是目录的最高权限，一般不随意给出此权限。

x：具有执行的权限，简单地说，就是具有将该目录转换成家目录的能力，比如 cd 命令。注意，x 权限对于目录是极其重要的，如果没有该权限，就不能切换到该目录，更不能对其子目录文件进行操作，即使拥有 r、w 权限。

执行【ls -l 】、【ls -al】或【ll】命令后显示的命令输出结果如图 7-1 所示。

```
[root@yhy ~]# ll
total 152
drwxr-xr-x  2 root root  4096 Jun 12 11:04 12
drwxr-xr-x  2 root root  4096 Jun 10 04:28 755
-rw-r--r--  1 root root 10240 Jun 11 23:23 aa.tar
-rw-r--r--  1 root root     0 Jun 11 23:23 aa.txt
-rw-------  1 root root  1571 Feb 17 15:41 anaconda-ks.cfg
-rw-r--r--  1 root root  1675 Jul 13 05:03 ca.key
-rw-------  1 root root     5 Feb 17 22:24 dead.letter
drwxr-xr-x. 2 root root  4096 Feb 17 16:21 Desktop
drwxr-xr-x. 2 root root  4096 Feb 17 16:21 Documents
drwxr-xr-x. 2 root root  4096 Feb 18 21:04 Downloads
-rw-r--r--  1 root root   811 May 13 03:12 grub.conf
-rw-r--r--  1 root root 49565 Feb 17 15:41 install.log
-rw-r--r--  1 root root 10033 Feb 17 15:39 install.log.syslog
drwxr-xr-x  3 root root  4096 Feb 18 10:39 mail
```

图 7-1　执行【ls -l 】、【ls -al】或【ll】命令后显示的命令输出结果

在图 7-1 中，最左面的第 2～10 个字符用来表示一般权限。第一个字符一般用来区分文件和目录。（d 表示是一个目录文件，事实上在 ext2fs 中，目录是一个特殊文件。-表示这是一个普通的文件。l 表示这是一个符号链接文件，实际上它指向另一个文件。b、c 分别表示块设备文件和字符设备文件，是特殊类型的文件。p 表示这些文件是管道文件，通常很少见到。）常见字符如下。

- -：普通文件。
- d：目录文件。
- l：符号链接文件。
- b：块设备文件。
- c：字符设备文件。
- p：管道文件。

在第 2～10 个字符中，每 3 个字符为一组，左边 3 个字符表示文件所有者的权限，中间 3 个字符表示与文件所有者同组的用户的权限，右边 3 个字符是其他用户的权限。文件权限意义对照如表 7-1 所示。

表 7-1　文件权限意义对照

权　　限	对文件而言	对目录而言
r（read 读）	读取文件内容的权限	具有浏览目录的权限
w（write 写）	新增、修改文件内容的权限	删除、移动目录内文件的权限
x（execute 执行）	执行文件的权限	进入目录的权限
-（短横杠）	不具有该项权限	不具有该项权限

113

文件权限对照表如表 7-2 所示。

表 7-2　文件权限对照表

	所 有 者	用 户 组	其 他 用 户
-rwx------	读、写、执行	无权限	无权限
-rwxr--r--	读、写、执行	读	读
-rw-rw-r-x	读、写	读、写	读、执行
drwx--x--x	读、写、执行	能进入该目录，却无法读取任何数据	能进入该目录，却无法读取任何数据

每个用户都拥有自己的专属目录，即家目录，家目录通常集中放置在/home 目录下，这些专属目录的默认权限为 rwx------，表示目录所有者本身具有所有权限，其他用户无法进入该目录。执行 mkdir 命令所创建的目录，其默认权限为 rwxr-xr-x，用户可以根据需要修改目录的权限。

文件和目录的权限表示：用 rwx 这 3 个字符来代表文件的所有者、用户组和其他用户的权限。有时使用字符似乎过于麻烦，因此还有另外一种方法，即以数字来表示权限，而且仅需 3 个数字。下面把 r、w、x 分别用数字 4、2、1 来表示，权限数字之和即可代表对应的权限。

r：对应数字 4；

w：对应数字 2；

x：对应数字 1；

-：对应数字 0。

r、w、x 之和为 4+2+1＝7，一个 rwxrwxrwx 权限全开放的文件，其权限用数字表示为 777；而完全不开放权限的文件的权限为---------，其权限用数字表示为 000。下面说明字母所对应的数字权限关系，如表 7-3 所示。

表 7-3　字母权限与数字权限对照表

字 母 权 限	求 和	数 字 权 限
-rwx------	4+2+1,0+0+0,0+0+0	700
-rwxr--r--	4+2+1,4+0+0,4+0+0	744
-rw-rw-r-x	4+2+0,4+2+0,4+0+1	665
drwx--x--x	4+2+1,0+0+1,0+0+1	711
drwx------	4+2+1,0+0+0,0+0+0	700

7.2　文件权限常用命令

在 Linux 操作系统中，通常使用 chmod 命令对文件的权限进行设置和更改。

1. 使用 chmod 命令改变文件或目录的访问权限

1）数字类型修改法

如 7.1 节所述，Linux 文件的基本权限有 9 个，即所有者（owner）、用户组（group）、其他用户（others）分别对应的读、写、执行 3 种权限。也可以使用数字来代表各种权限：r=4；w=2；x=1。

其中每种身份的最终权限是需要累加的，比如，当权限为-rwxr-xr-x 时，将其权限表示成数字如下。

owner: 4+2+1=7；

group: 4+1=5；

others: 4+1 =5。

上述文件的权限数字为 755，而修改权限的命令语法为【chmod [-R] xyz dir/filename】，其中 xyz 表示权限数字，dir/filename 表示文件或目录名。

2）符号类型修改法

将上述的 user、group、others 三种身份分别用 u、g、o 来代表，用 a 表示所有权限，用 r、w、x 分别代表读、写、执行权限，如表 7-4 所示。

表 7-4　符号类型修改法对照表

命　　令	身 份 权 限	操　　作	权　　限	操 作 对 象
chmod	u（user） g（group） o（other） a（all）	+ （加入） - （移除） = （设置）	r w x	文件或目录

假如要将一个文件权限为-rwxr-xr-的文件修改为文件权限为-rwxrwxr-x 的文件，则需要对用户组追加 w 权限，对其他用户追加 x 权限，具体操作如下。

【chmod g+w, o+x filename】或【chmod g=rwx, o=rx filename】

下面介绍几个常见的例子。

【chmod 777 123.txt】把 123.txt 文件的权限设置为 777。

【chmod 777 /home/user】仅把/home/user 目录的权限设置为 rwxrwxrw。

【chmod -R 777 /home/user】表示将整个/home/user 目录与其中的文件和子目录的权限都设置为 rwxrwxrwx。

【chmod u=rwx,g=rx,o=rx 123.txt】把 123.txt 文件的权限设置为 755。

这里的 u=rwx 代表 user（文件的所有者）的权限为 rwx，g=rx 代表 group（用户组）的权限为 rx，o=rx 代表 other（其他用户）的权限为 rx。

2. 使用 chown 命令更改文件的所有者及用户组

文件与目录的权限可以改变，使用 chown 命令还可以改变其所有者及所属的用户组的权限。

先使用【touch 123.txt】命令创建一个文件，再执行【ls-l】或【ll】命令查看文件权限，如图 7-2 所示。

图 7-2　查看文件权限

执行下面的命令，把 123.txt 文件的所有权限转移给用户 yhy，如图 7-3 所示。

【chown yhy 123.txt】把 123.txt 文件的所有者改为 yhy 用户。

【ll】查看文件的详细信息。

```
[root@yhy yhy]# chown yhy 123.txt
[root@yhy yhy]# ll
total 0
-rw-r--r-- 1 yhy root 0 Jul 13 07:01 123.txt
[root@yhy yhy]#
```

图 7-3　改变文件的所有者及结果截图

要改变文件所属的用户组，可使用【chown :yhy 123.txt】命令把 123.txt 文件的用户组改为 yhy，然后使用【ll】命令查看文件的详细信息，如图 7-4 所示。

```
[root@yhy yhy]# chown :yhy 123.txt
[root@yhy yhy]# ll
total 0
-rw-r--r-- 1 yhy yhy 0 Jul 13 07:01 123.txt
[root@yhy yhy]#
```

图 7-4　改变文件所属的用户组及结果截图

要修改目录的权限，使用-R 参数就可以了，方法和前面一样。

除了可以通过【chown】命令改变文件的所有者及用户组，还可以通过【chgrp】命令改变文件的用户组。

【chgrp yangs /etc/123.txt】修改/etc/a.txt 的用户组为 yangs。

【chmod 　yhy.zck 　a.txt】或【chmod 　yhy:zck 　a.txt】把 a.txt 文件的所有者改为 yhy，并将其用户组改为 zck。

执行上述命令的前提条件是 yhy 用户及 zck 用户组都存在于系统中，然后可以使用【ls -l】命令查看执行后的结果。

7.3　文件默认权限 umask

登录系统之后创建的文件总是有默认权限的，那么此权限是怎么来的呢？这就是 umask 命令的功能。umask 命令设置了用户创建的文件的默认权限，它与 chmod 的效果刚好相反，umask 命令设置的是权限补码，而 chmod 设置的是文件权限码。一般可以在/etc/profile、/etc/bashrc、$[HOME]/.bash_profile、$[HOME]/.profile 或$[HOME]/.bashrc 中设置 umask 值。具体取决于 Linux 操作系统的发行版本。

默认权限可用 umask 命令修改，用法非常简单，只需执行【umask 777】命令，便可以屏蔽所有的权限，之后建立的文件或目录的权限都会变成 000，如图 7-5 所示。

```
[root@yhy yhy]# umask 777
[root@yhy yhy]# mkdir yhy
[root@yhy yhy]# ll
total 4
-rw-r--r-- 1 yhy  yhy    0 Jul 13 07:01 123.txt
d--------- 2 root root 4096 Jul 13 07:03 yhy
[root@yhy yhy]#
```

图 7-5　umask 命令效果图

执行【umask 777】命令后，再建立的文件的默认权限为 000，如图 7-5 所示。

通常 ROOT 账户搭配 umask 命令的数值为 022、027 和 077，普通用户采用 002，这样所产生的权限依次为 755、750、700 和 775。用户登录系统时，用户环境就会自动执行 umask 命令来决定文件、目录的默认权限。

umask 参数中的数字范围为 000～777。umask 计算方法分为目录和文件两种情况。相应的确定文件和目录的默认权限的步骤如下。

（1）目录和文件的最大权限为 777，即所有用户都具有读、写和执行权限。

（2）得到当前环境的 umask 值，当前系统为 022。

（3）对于目录来说。根据互补原则，目录权限为 755；而文件由于默认没有执行权限，最大权限为 666，所以文件默认权限为 644。

【touch file】创建文件。

【mkdir dir】创建目录。

文件默认权限为 666–022=644，目录默认权限为 777–022=755。

7.4 文件的特殊权限

在复杂多变的生产环境中，单纯设置文件的 r、w、x 权限无法满足对安全和灵活性的需求，因此，便有了 SUID、SGID 与 SBIT 等特殊权限，它们可以与一般权限同时使用，以弥补一般权限不能实现的功能。下面具体解释这 3 种特殊权限的功能及用法。

1. SUID 特殊权限

SUID 特殊权限是一种对二进制程序进行设置的特殊权限，可以让二进制程序的执行者临时拥有所有者的权限（仅对拥有执行权限的二进制程序有效）。例如，所有用户都可以执行 passwd 命令来修改自己的用户密码，而用户密码保存在/etc/shadow 文件中。仔细查看这个文件就会发现，它的默认权限是 000，也就是说，除了 ROOT 管理员，其他用户都没有查看或编辑该文件的权限。但是，在使用 passwd 命令时，如果加上 SUID 特殊权限，就能让普通用户临时获得程序所有者的权限，把变更的密码信息写入 shadow 文件。

查看 passwd 命令属性时会发现，所有者的权限由 rwx 变成了 rws，其中 x 变成 s 就意味着该文件被赋予 SUID 特殊权限。有读者会好奇，如果原本的权限是 rw-，怎么办呢？如果原本的权限上没有 x 执行权限，那么被赋予特殊权限后，-将变成大写的 S。

2. SGID 特殊权限

SGID 特殊权限主要实现以下两种功能。

（1）让执行者临时拥有用户组的权限（对拥有执行权限的二进制程序进行设置）；

（2）让在某个目录中创建的文件自动继承该目录的用户组（只可以对目录进行设置）的权限。

SGID 特殊权限的第一种功能是参考 SUID 特殊权限设计的，不同点在于，执行程序的用户获取的不再是文件所有者的临时权限，而是获得文件所属组的权限。举例来说，在早期的 Linux 操作系统中，/dev/kmem 是一个字符设备文件，用于存储内核程序要访问的数据，其权限如下：

```
cr--r-----  1 root system 2, 1 Feb 11 2018  kmem
```

从上述代码中可以看出，除 ROOT 管理员和属于 system 组的成员之外，其他用户都没有读取该文件的权限。由于用户在平时需要查看系统的进程状态，为了获取进程状态信息，可在用于查看系统进程状态的 ps 命令文件上增加 SGID 特殊权限，以查看 ps 命令文件的属性信息。

```
-r-xr-sr-x   1 bin system 59346 Feb 11 2017  ps
```

这样一来，由于 ps 命令文件被增加了 SGID 特殊权限，所以当用户执行该命令时，就临时获取了 system 用户组的权限，从而可以顺利地读取设备文件。

每个文件都有其归属的所有者和所属组，当创建或传送一个文件后，这个文件就会自动归属于执行这个操作的用户（该用户是文件的所有者）。如果现在需要在一个部门内设置共享目录，让部门内的所有人员都能够读取目录中的内容，就可以创建部门共享目录后，在该目录上设置 SGID 特殊权限。这样，部门内的任何人员在里面创建的任何文件都会归属于该目录的所属组，而不再是自己的基本用户组。此时，用到的就是 SGID 特殊权限的第二个功能，即在某个目录中创建的文件自动继承该目录的用户组（只可以对目录进行设置）。

```
【cd /tmp】
【mkdir testdir】
【ls -ald testdir/】
drwxr-xr-x. 2 root root 6 Feb 11 11:50 testdir/
【chmod -Rf 777 testdir/】
【chmod -Rf g+s testdir/】
【ls -ald testdir/】
drwxrwsrwx. 2 root root 6 Feb 11 11:50 testdir/
```

使用上述命令设置好目录的权限 777（确保普通用户可以向其中写入文件），并为该目录设置 SGID 特殊权限后，就可以切换至一个普通用户，然后尝试在该目录中创建文件，并查看新创建的文件是否会继承新创建文件所在目录的所属组名称。

```
【su - linux-yhy】切换用户
Last login: Wed Feb 11 11:49:16 CST 2017 on pts/0
【cd /tmp/testdir/】
【echo "linux-yhy.com" > test】
【ls -al test】
-rw-rw-r--. 1 linux-yhy root 15 Feb 11 11:50 test
```

3. SBIT 特殊权限

作为一个共享文件的目录，CentOS 7 中的/tmp 默认已经设置了 SBIT 特殊权限，因此除非是该目录的所有者，否则谁都无法删除这里面的文件。SBIT 特殊权限可确保用户只能删除自己的文件，而不能删除其他用户的文件。换句话说，当对某个目录设置了 SBIT 特殊权限后，该目录中的文件就只能被其所有者执行删除操作了。

与前面所讲的 SUID 和 SGID 特殊权限的显示方法不同，当目录被设置 SBIT 特殊权限后，文件的其他用户的部分权限——x 执行权限就会被替换成 t 或 T，原本有 x 执行权限则会写成 t，原本没有 x 执行权限则会被写成 T。

【su - linux-yhy】切换用户
Last login: Wed Feb 11 12:41:20 CST 2017 on pts/0
【ls -ald /tmp】
drwxrwxrwt. 17 root root 4096 Feb 11 13:03 /tmp
【cd /tmp】
【ls -ald】
drwxrwxrwt. 17 root root 4096 Feb 11 13:03 .
【echo "Welcome to linux-yhy.com" > test】
【chmod 777 test】
【ls -al test】
-rwxrwxrwx. 1 linux-yhy linux-yhy 10 Feb 11 12:59 test

其实，文件能否被删除并不取决于其自身的权限，而取决于其所在目录是否有写入权限。上面的命令赋予了这个 test 文件最大的权限 777（rwxrwxrwx）。切换到另外一个普通用户，然后尝试删除该用户创建的文件就会发现，即便读、写、执行权限全开，但是由于 SBIT 特殊权限的缘故，依然无法删除该文件。

【su - linux-yhy1】
Last login: Wed Feb 11 12:41:29 CST 2017 on pts/1
【cd /tmp】
【rm -f test】
rm: cannot remove 'test': Operation not permitted

如果想对其他目录设置 SBIT 特殊权限，用 chmod 命令就可以了。对应的参数 o+t 代表设置 SBIT 特殊权限。

【exit】
Logout
【cd ~】
【mkdir linux】
【chmod -R o+t linux/】
【ls -ld linux/】
drwxr-xr-t. 2 root root 6 Feb 11 19:34 linux/

下面来看一个 SBIT 特殊权限操作示例，其截图如图 7-6 所示。

图 7-6　特殊权限操作示例截图

从图 7-6 中可以看出，对于文件 test1，所有者、用户组、其他用户都无执行权限，其权限用数字表示为 644，通过【chmod 7644 test1】命令给文件增加特殊权限，然后再通过【ll】命令查看，发现所有者、用户组、其他用户的执行权限会变为 s、s、t。

对于文件 test2，所有者、用户组、其他用户都有执行权限，其权限用数字表示为 755，通过【chmod 7755 test1】命令给文件增加特殊权限，然后通过【ll】命令查看，会发现所有者、用户组、其他用户的执行权限变为 s、s、t。

👉 注意：

从安全方面来讲，最好不要设置特殊权限，不然会带来很严重的安全问题。

4. 识别文件颜色

从图 7-6 中可以看出，在 Linux 操作系统中，文件的颜色都是有含义的。在 Linux 操作系统中，文件名的颜色不同，代表文件类型不一样，如下所示。

浅蓝色：链接文件；

灰色：其他文件；

绿色：可执行文件；

红色：压缩文件；

蓝色：目录；

红色闪烁：链接的文件有问题；

黄色：设备文件，包括 block、char、fifo 等。

用【dircolors -p】命令可以查看默认的颜色设置，包括各种颜色和粗体、下画线、闪烁等的定义。

【touch　a.txt】创建一般文件，文件颜色为白色。

【chmod 775 a.txt】增加可执行权限后，文件颜色变为绿色。

【ln /etc/abc.txt 345.txt 】执行该命令后，文件颜色变为天蓝色（建立 345.txt 为/etc/abc.txt 的快捷方式）。

7.5 文件的隐藏权限

Linux 操作系统中的文件除了具备一般权限和特殊权限，还有一种隐藏权限，即被隐藏起来的权限。默认情况下，隐藏权限不能直接被用户发现。有用户曾经在生产环境或 RHCE 考试题目中遇到过明明权限充足却无法删除某个文件的情况，或者仅能在日志文件中追加内容而不能修改或删除内容的情况，这在一定程度上可以防止黑客篡改系统日志，因此这种"奇怪"的文件也保障了 Linux 操作系统的安全性。

1. 使用 chattr 命令设置文件的隐藏权限

chattr 命令用于设置文件的隐藏权限，格式为【chattr [参数] 文件】。如果想要把某个隐藏功能添加到文件中，则需要在命令后面追加"+参数"；如果想要把某个隐藏功能移出文件，则需要追加"-参数"。chattr 命令中可供选择的隐藏权限参数非常多，如表 7-5 所示。

表 7-5　chattr 命令中用于隐藏权限的参数及其作用

参　　数	作　　用
i	无法对文件进行修改；若对目录设置了该参数，则仅能修改其中的子文件内容而不能新建或删除文件
a	仅允许补充（追加）内容，无法覆盖/删除内容（append only）
S	文件内容在变更后立即同步到硬盘（sync）
s	彻底从硬盘中删除，不可恢复（用 0 填充源文件所在的硬盘区域）
A	不再修改文件或目录的最后访问时间（atime）
b	不再修改文件或目录的存取时间
D	检查压缩文件中的错误
d	使用 dump 命令备份时忽略本文件或目录
c	默认将文件或目录进行压缩
u	当删除该文件后依然保留其在硬盘中的数据，方便日后恢复
t	让文件系统支持尾部合并（tail-merging）
X	可以直接访问压缩文件中的内容

为了让读者更好地见识隐藏权限的效果，下面先来创建一个普通文件，然后立即尝试删除这个文件（此操作肯定会成功）：

【echo "for Test" > linux-yhy】
【rm linux-yhy】
rm: remove regular file 'linux-yhy'? y

接下来再次新建一个普通文件，并为其设置不允许删除与覆盖（+a 参数）权限，然后再尝试将此文件删除：

【echo "for Test" > linux-yhy】
【chattr +a linux-yhy】
【rm linux-yhy】
rm: remove regular file 'linux-yhy'? y
rm: cannot remove 'linux-yhy': Operation not permitted

操作失败，提示操作被拒绝。

2.　使用 lsattr 命令显示文件的隐藏权限

lsattr 命令用于显示文件的隐藏权限，格式为【lsattr [参数] 文件】。在 Linux 操作系统中，文件的隐藏权限必须使用 lsattr 命令来查看：

【ls -al linux-yhy】
-rw-r--r--. 1 root root 9 Feb 12 11:42 linux-yhy

一旦使用 lsattr 命令后，文件被赋予的隐藏权限马上就会"原形毕露"。此时可以按照显示的隐藏权限的类型（字母），使用 chattr 命令将其去掉：

【lsattr linux-yhy】
-----a---------- linux-yhy
【chattr -a linux-yhy】
【lsattr linux-yhy】

```
---------------- linux-yhy
【rm linux-yhy】
rm: remove regular file 'linux-yhy'? y
```

7.6　文件访问控制列表

前文讲解的一般权限、特殊权限、隐藏权限其实有一个共性：权限是针对某一类用户设置的。如果希望对某个指定的用户进行单独的权限控制，需要用到文件访问控制列表（ACL）。通俗来讲，基于普通文件或目录设置 ACL，其实就是针对指定用户或用户组设置文件或目录的操作权限。另外，如果针对某个目录设置了 ACL，目录中的文件就会继承其 ACL；如果针对文件设置了 ACL，则文件不再继承其所在目录的 ACL。

为了更直观地看到 ACL 对文件权限的控制效果，先切换到普通用户，然后尝试进入 ROOT 管理员的家目录中。在没有针对普通用户而是对 ROOT 管理员的家目录设置 ACL 之前，其执行结果如下：

```
【su - linux-yhy】
Last login: Sat Mar 21 16:31:19 CST 2017 on pts/0
【cd /root】
-bash: cd: /root: Permission denied
【exit】
```

1.　使用 setfacl 命令管理文件的 ACL 规则

setfacl 命令用于管理文件的 ACL 规则，格式为【setfacl [参数] 文件名称】。文件的 ACL 提供的是对所有者、用户组、其他用户的读、写、执行权限之外的特殊权限控制，使用 setfacl 命令可以针对单一用户或用户组、单一文件或目录进行读、写、执行权限的控制。其中，针对目录文件需要使用-R 递归参数；针对普通文件则需要使用-m 参数；如果想要删除某个文件的 ACL，则可以使用-b 参数。下面来设置用户在/root 目录上的权限：

```
【setfacl -Rm u:linux-yhy:rwx /root】
【su - linux-yhy】
Last login: Sat Mar 21 15:45:03 CST 2017 on pts/1
【cd /root】
【ls】
anaconda-ks.cfg Downloads Pictures Public
【cat anaconda-ks.cfg】
【exit】
```

2.　使用 getfacl 命令显示文件上设置的 ACL 信息

常用的 ls 命令无法查看 ACL 信息，但是可以看到文件权限的最后一个点（.）变成加号（+），这就意味着该文件已经设置了 ACL。

```
【ls -ld /root】
dr-xrwx---+ 14 root root 4096 May 4 2017 /root
```

getfacl 命令用于显示文件上设置的 ACL 信息，格式为【getfacl 文件名称】。要设置 ACL，需要使用 setfacl 命令；要查看 ACL 信息，需要使用 getfacl 命令。下面使用 getfacl 命令显示在 ROOT 管理员家目录上设置的所有 ACL 信息。

```
【getfacl /root】
getfacl: Removing leading '/' from absolute path names
# file: root
# owner: root
# group: root
user::r-x
user:linux-yhy:rwx
group::r-x
mask::rwx
other::---
```

7.7　用户切换与提权操作

在实验环境中不需要考虑安全问题，为了避免因权限因素导致服务配置失败，笔者强烈建议读者使用 ROOT 管理员的身份来学习本书。但是在生产环境中，必须考虑系统的安全性，不要用 ROOT 管理员身份进行所有操作，因为一旦执行了错误的命令，可能会直接导致系统崩溃。尽管为了安全性考虑，Linux 操作系统使得许多系统命令和服务只能被 ROOT 管理员使用，但是这也让普通用户受到了很大限制，从而导致普通用户无法顺利完成特定的工作任务。

su 命令可以满足切换用户身份的需求，可以使当前用户在不退出登录的情况下，方便地切换到其他用户，比如从 ROOT 管理员切换为普通用户。

```
【id】
uid=0(root) gid=0(root) groups=0(root)
【su - linux-yhy】
Last login: Wed Jan 4 01:17:25 EST 2017 on pts/0
【id】
uid=1000(linux-yhy) gid=1000(linux-yhy) groups=1000(linux-yhy) context=unconfined_
u:unconfined_r:unconfined_t:s0-s0:c0.c1023
```

需要注意的是，上面的 su 命令与用户名之间有一个"-"，这意味着完全切换到新用户，即把环境变量信息也变更为新用户的相应信息，而不是保留原始信息。强烈建议读者在切换用户身份时添加这个"-"。

另外，从 ROOT 管理员切换成普通用户是不需要密码验证的，而从普通用户切换成 ROOT 管理员则需要进行密码验证，这是一个必要的安全检查。

```
【su root】
Password:
【su - linux-yhy】
Last login: Mon Aug 24 19:27:09 CST 2017 on pts/0
```

```
【exit】
logout
```

尽管像上述代码这样使用 su 命令后，普通用户可以完全切换到 ROOT 管理员的身份来完成相应的工作，但这将暴露 ROOT 管理员的密码，从而增加系统密码被黑客获取的概率，所以这并不是最安全的方案。

接下来介绍如何使用 sudo 命令把特定命令的执行权限赋予指定用户，这样既可以保证普通用户能够完成特定的工作，也可以避免泄露 ROOT 管理员密码。合理配置 sudo 服务即可兼顾系统的安全性和用户的便捷性。sudo 服务的配置原则也很简单——在保证普通用户完成相应工作的前提下，尽可能少地赋予其额外权限。

sudo 命令用于给普通用户提供额外权限来完成原本只有 ROOT 管理员才能完成的任务，格式为【sudo [参数] 命令名称】。sudo 服务中可用的参数及其作用如表 7-6 所示。

表 7-6　sudo 服务中可用的参数及其作用

参　　数	作　　用
-h	列出帮助信息
-l	列出当前用户可执行的命令
-u 用户名或 UID 值	以指定的用户身份执行命令
-k	清空密码的有效时间，下次执行 sudo 时需要再次进行密码验证
-b	在后台执行指定的命令
-p	更改询问密码的提示语

sudo 命令具有以下功能：

- 限制用户执行指定的命令。
- 记录用户执行的每一条命令。
- 配置文件（/etc/sudoers）提供集中的用户管理、权限与主机等参数。
- 验证密码后的 5 分钟内（默认值）无须让用户再次验证密码。

如果担心直接修改配置文件会出现问题，可以使用 sudo 命令提供的 visudo 命令来配置用户权限。这条命令在配置用户权限时将禁止多个用户同时修改 sudoers 配置文件，还可以对配置文件内的参数进行语法检查，并在发现参数错误时进行报错。

 注意：

只有 ROOT 管理员才可以使用 visudo 命令编辑 sudo 服务的配置文件。

```
visudo: >>> /etc/sudoers: syntax error near line 111 <<<
What now?
Options are:
(e)dit sudoers file again
(x)it without saving changes to sudoers file
(Q)uit and save changes to sudoers file (DANGER!)
```

使用 visudo 命令配置 sudo 命令的配置文件时，其操作方法与 Vim 编辑器中用到的方法一致，因此，在编写完成后应在末行模式下保存并退出。在 sudo 命令的配置文件中，按照以下格式在第 99 行填写指定的信息：

【visudo】

```
96 ##
97 ## Allow root to run any commands anywhere
98 root ALL=(ALL) ALL
#谁可以使用    允许使用的主机=（以谁的身份）    可执行命令的列表
99 linux-yhy ALL=(ALL) ALL
```

在填写完上述信息后，要先保存再退出，然后切换至指定的普通用户身份，此时就可以用【sudo -l】命令查看所有可执行命令了（以下命令验证的是该普通用户的密码，而不是 ROOT 管理员的密码，请读者不要混淆）。

【su - linux-yhy】

```
Last login: Thu Sep 3 15:12:57 CST 2017 on pts/1
```

【sudo -l】

```
[sudo] password for linux-yhy:此处输入 linux-yhy 用户的密码
Matching Defaults entries for linux-yhy on this host:
requiretty, !visiblepw, always_set_home, env_reset, env_keep="COLORS
DISPLAY HOSTNAME HISTSIZE INPUTRC KDEDIR LS_COLORS", env_keep+="MAIL PS1
PS2 QTDIR USERNAME LANG LC_ADDRESS LC_CTYPE", env_keep+="LC_COLLATE
LC_IDENTIFICATION LC_MEASUREMENT LC_MESSAGES", env_keep+="LC_MONETARY
LC_NAME LC_NUMYANGBOSHI LC_PAPER LC_TELEPHONE", env_keep+="LC_TIME LC_ALL
LANGUAGE LINGUAS _XKB_CHARSET XAUTHORITY",
secure_path=/sbin\:/bin\:/usr/sbin\:/usr/bin
User linux-yhy may run the following commands on this host:
(ALL) ALL
```

接下来验证：作为一名普通用户是不能看到 ROOT 管理员的家目录（/root）中的文件信息的，但是，只需要在要执行的命令前面加上 sudo 命令，普通用户就可以看到了。

【ls /root】

```
ls: cannot open directory /root: Permission denied
```

【sudo ls /root】

```
anaconda-ks.cfg Documents initial-setup-ks.cfg Pictures Templates
Desktop Downloads Music Public Videos
```

考虑生产环境中不允许某些普通用户拥有整个系统中所有命令的最高执行权限（这也不符合前文提到的权限赋予原则，即尽可能少地赋予普通用户权限），ALL 参数就有些不合适了。只能赋予普通用户具体的权限以满足其工作需求，这也使普通用户受到了必要的权限约束。如果需要让某个用户只能使用 ROOT 管理员的身份执行指定的命令，切记一定要给出该命令的绝对路径，否则系统会识别不出来。可以先使用 whereis 命令找出命令所对应的保存路径，然后把配置文件第 99 行的用户权限参数修改成对应的路径。

【exit】

```
logout
```

【whereis cat】

```
cat: /usr/bin/cat /usr/share/man/man1/cat.1.gz /usr/share/man/man1p/cat.1p.gz
```

```
【visudo】
    96 ##
    97 ## Allow root to run any commands anywhere
    98 root ALL=(ALL) ALL
    99 linux-yhy ALL=(ALL) /usr/bin/cat
```

在编辑完后依然要先保存再退出。再次切换到指定的普通用户，然后尝试查看某个文件的内容，此时系统会提示没有权限。这时再使用 sudo 命令就可以顺利地查看文件内容了。

```
【su - linux-yhy】
Last login: Thu Sep 3 15:51:01 CST 2017 on pts/1
【cat /etc/shadow】
cat: /etc/shadow: Permission denied
【sudo cat /etc/shadow】
root:$6$GV3UVtX4ZGg6ygA6$J9pBuPGUSgZslj83jyoI7ThJla9ZAULku3BcncAYF00Uwk6Sqc4E36
MnD1hLtlG9QadCpQCNVJs/5awHd0/pi1:16626:0:99999:7:::
bin:*:16141:0:99999:7:::
daemon:*:16141:0:99999:7:::
adm:*:16141:0:99999:7:::
lp:*:16141:0:99999:7:::
sync:*:16141:0:99999:7:::
shutdown:*:16141:0:99999:7:::
halt:*:16141:0:99999:7:::
mail:*:16141:0:99999:7:::
operator:*:16141:0:99999:7:::
games:*:16141:0:99999:7:::
ftp:*:16141:0:99999:7:::
nobody:*:16141:0:99999:7:::
…………省略部分文件内容…………
```

每次执行 sudo 命令后都会要求验证密码，此密码就是当前登录用户的密码，但是每次执行 sudo 命令都要输入一次密码比较烦琐，这时可以添加 NOPASSWD 参数，使用户执行 sudo 命令时不再需要验证密码。

```
【exit】
logout
【whereis poweroff】
poweroff: /usr/sbin/poweroff /usr/share/man/man8/poweroff.8.gz
【visudo】
…………省略部分文件内容…………
    96 ##
    97 ## Allow root to run any commands anywhere
    98 root ALL=(ALL) ALL
    99 linux-yhy ALL=NOPASSWD: /usr/sbin/poweroff
…………省略部分文件内容…………
```

这样，当切换到普通用户后再执行命令时，就不用再频繁地验证密码了，从而使用户的日常工作更加方便。

【su - linux-yhy】
Last login: Thu Sep 3 15:58:31 CST 2017 on pts/1
【poweroff】
User root is logged in on seat0.
Please retry operation after closing inhibitors and logging out other users.
Alternatively, ignore inhibitors and users with 'systemctl poweroff -i'.
【sudo poweroff】

复 习 题

一、选择题

1．执行命令【chmod o+rw file】后，file 文件的权限变为（　　）。
A．同组用户可读、写 file 文件　　　　B．所有用户均可读、写 file 文件
C．其他用户可读、写 file 文件　　　　D．文件所有者可读、写 file 文件

2．若要改变一个文件的所有者，可以通过（　　）命令来实现。
A．chmod　　　　B．chown　　　　C．usermod　　　　D．file

3．一个文件的属性为 drwxrwxrwt，则这个文件的权限是（　　）。
A．任何用户皆可读、写该文件　　　　B．ROOT 管理员可以删除该目录的文件
C．给普通用户以文件所有者的权限　　D．文件所有者有权删除该目录的文件

4．某文件的组外成员的权限为只读 4，所有者有全部权限 7，组内成员的权限为读与写 6，则该文件的权限为（　　）。
A．467　　　　B．674　　　　C．476　　　　D．764

5．Linux 文件的权限共 10 位长度，分成四段，第三段表示的内容是（　　）。
A．文件类型　　　　　　　　　　　　B．文件所有者的权限
C．文件所有者所在用户组的权限　　　D．其他用户的权限

二、填空题

1．在 CentOS 7 中，ROOT 管理员是（　　）。
2．如何使用 Linux 操作系统的命令行来添加或删除用户？（　　）
3．若某个文件的所有者具有文件的读、写、执行权限，其他用户仅有读权限，那么用数字法表示该文件权限应该是（　　）。
4．某链接文件的权限用数字法表示为 755，那么该权限相应的字符法表示是（　　）。
5．如果希望用户执行某命令时临时拥有该文件所有者的权限，那么应该设置（　　）特殊权限。

三、简答题

1．若对文件设置了隐藏权限+i，意味着什么？
2．使用访问控制列表（ACL）来限制 linux-yhy 用户组，使得该组内的所有成员不得在/tmp 目录中写入内容。

第8章　管理磁盘存储与分区

为了让读者更好地理解文件系统的作用，本章将详细分析 Linux 操作系统中常见的 Ext3、Ext4 与 XFS 文件系统的不同之处，并带领读者着重练习硬盘设备分区、格式化及挂载等常用的硬盘管理操作，帮助读者熟练掌握文件系统的使用方法。

在打下坚实的理论基础并完成一些相关的实践练习后，本章将进一步完整地部署 SWAP 交换分区并配置 quota 磁盘容量配额服务。

8.1　Linux 操作系统的文件结构

在 Linux 操作系统中，目录、字符设备、块设备、套接字、打印机等都被抽象成了文件，即在 Linux 操作系统中一切都是文件。既然一切都是文件，那么在 Linux 操作系统中，应该如何找到它们呢？在 Windows 操作系统中，想要找到一个文件，要依次进入该文件所在的磁盘分区（这里假设是 D 盘），然后进入该分区下的具体目录，最终找到这个文件。但是在 Linux 操作系统中，并不存在 C、D、E、F 等磁盘，Linux 操作系统中的一切文件都是从根目录（/）开始的，按照文件系统层次化标准（FHS）采用树形结构来存放文件，并定义了常见目录的用途。另外，Linux 操作系统中的文件和目录名称是严格区分大小写的。例如，root、rOOt、Root、rooT 均代表不同的目录，并且文件名称中不得包含斜杠（/）。Linux 操作系统中的文件存储结构如图 8-1 所示。

Linux 操作系统中常见的目录名称及相应内容如表 8-1 所示。

在 Linux 操作系统中，还有一个重要的概念：路径。路径指的是如何定位到某个文件，分为绝对路径与相对路径。绝对路径指的是从根目录（/）开始写起的文件或目录名称，而相对路径指的是相对于当前路径的写法。

例如，/usr/local/mysql 就是绝对路径。

相对路径的写法并非由根目录（/）写起，如首先用户进入根目录（/），然后进入 home，命令为【cd /home】，之后再使用【cd test】命令，此时用户所在的路径为/home/test。第一个 cd 命令后跟/home，第二个 cd 命令后跟 test，test 前并没有斜杠（/），这个 test 是相对于/home 目录来讲的，所以叫作相对路径。

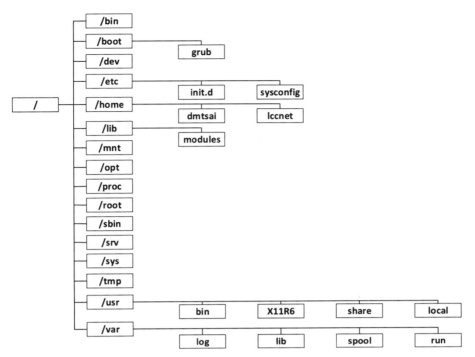

图 8-1 Linux 操作系统中的文件存储结构

表 8-1 Linux 操作系统中常见的目录名称及相应内容

目 录 名 称	相 应 内 容
/bin	存放单用户模式下可以操作的命令
/boot	开机所需文件——内核、开机菜单及所需配置文件等
/dev	以文件形式存放任何设备与接口
/etc	配置文件
/home	用户家目录
/lib	开机时用到的函数库，以及/bin与/sbin下面的命令要调用的函数
/sbin	开机过程中需要的命令
/media	用于挂载设备文件的目录
/opt	放置第三方软件
/root	系统管理员的家目录
/srv	一些网络服务的数据文件目录
/tmp	任何用户均可使用的共享临时目录
/proc	虚拟文件系统，如系统内核、进程、外部设备及网络状态等
/usr/local	用户自行安装的软件
/usr/sbin	Linux 操作系统开机时不会使用到的软件、命令、脚本
/usr/share	帮助与说明文件，也可放置共享文件
/var	主要存放经常变化的文件，如日志
/lost+found	当文件系统发生错误时，将一些丢失的文件片段存放在这里

8.2　物理设备管理

在 Linux 操作系统中一切都是文件，硬件设备也不例外。既然是文件，就必须有文件名称。系统内核中的 udev 设备管理器会自动把硬件名称规范化，目的是让用户通过设备文件的名称猜出设备大致的属性及分区信息等，这对于用户不熟悉的设备来说特别方便。另外，udev 设备管理器的服务会一直以守护进程的形式运行并侦听内核发出的信号，以管理/dev 目录下的设备文件。Linux 操作系统中常见的硬件设备及其文件名称如表 8-2 所示。

表 8-2　Linux 操作系统中常见的硬件设备及其文件名称

硬　件　设　备	文　件　名　称
IDE 设备	/dev/hd[a-d]
SCSI/SATA/U 盘	/dev/sd[a-p]
软驱	/dev/fd[0-1]
打印机	/dev/lp[0-15]
光驱	/dev/cdrom
鼠标	/dev/mouse
磁带机	/dev/st0 或/dev/ht0

由于现在 IDE 设备已经很少见了，所以一般的硬盘设备都是以/dev/sd 开头的。一台主机上可以有多块硬盘，因此系统采用 a～p 来代表 16 块不同的硬盘（默认从 a 开始分配），而且硬盘的分区编号遵循以下规则：

（1）主分区或扩展分区的编号从 1 开始，到 4 结束。

（2）逻辑分区从编号 5 开始。

　注意：

/dev 目录中的 sda 设备之所以是 a，并不是由其插槽决定的，而是由系统内核的识别顺序来决定的。分区的数字编码不一定是强制顺延下来的，也有可能是手动指定的。因此 sda3 只能表示编号为 3 的分区，而不能判断 sda 设备上已经存在 3 个分区。

接下来分析一下/dev/sda3 这个设备文件名称包含哪些信息，如图 8-2 所示。

图 8-2　设备文件名称

首先，/dev 目录中保存的应当是硬件设备文件；其次，sd 表示 SCSI 设备；再次，a 表示系统中同类接口中第一个被识别到的设备；最后，3 表示这个设备是一个主分区。因此，/dev/sda3 表示这是系统中第一块被识别到的硬件设备中分区编号为 3 的主分区的设备文件。

下面将详细地解释主分区、扩展分区和逻辑分区。

硬盘是由最小的物理组成单位扇区（Sector）组成的，当数个扇区组成一个同心圆时，就称为柱面（Cylinder），最后构成整个硬盘，如图 8-3 所示。

图 8-3　硬盘结构示意图

在图 8-3 中，硬盘分为 2 个区域：① 放置这个硬盘本身的信息的区域，我们称之为主分区（Master Boot Recorder，MBR）；② 实际文件数据存放的数据存放区。MBR 是整个硬盘最重要的区域，因为 MBR 中记录了 2 种重要的信息，分别是主引导程序与分区表（Partition Table）。

一旦 MBR 物理实体被损坏，那么这个硬盘几乎就报废了。如果系统找不到分区表，就无法使用这块硬盘，所以即使数据没有丢失，但是没有 MBR，还是不能使用这块硬盘（现在可以通过专业的软件重建 MBR）。

MBR 存储在活动硬盘的 0 磁头 0 磁道的第一个扇区，就是整个硬盘的第一个扇区。该记录的大小是 512 字节，由 3 部分组成。

第 1 部分是 pre-boot 区（预启动区），即主引导程序，占 446 字节。

第 2 部分是 Partition Table 区（分区表），占 64 字节，包含 4 个分区表项。每个分区表项的长度为 16 字节，它包含一个分区的引导标志、系统标志、起始和结尾的柱面号、扇区号、磁头号、本分区前面的扇区数和本分区所占用的扇区数。其中引导标志表明此分区是否可引导，即是否为活动分区。当引导标志为 80 时，此分区为活动分区。系统标志决定了该分区的类型，如 06 为 FAT16 分区，0B 为 FAT32 分区，07 为 NTFS 分区，63 为 UNIX 与 Linux 分区等。起始和结尾的柱面号、扇区号、磁头号指明了该分区的起始和终止位置。

第 3 部分是主引导区的结束标志 AA55H，占 2 字节。

第一个扇区最多只能创建 4 个分区，为了解决分区个数不够的问题，可以将第一个扇区的分区表中的 16 字节（原本要写入主分区信息）的空间（称之为扩展分区）指向另外一个分区。也就是说，扩展分区其实并非一个真正的分区，它更像是一个占用 16 字节分区表空间的指针：一个指向另外一个分区的指针。这样一来，用户一般会选择使用 3 个主分区加 1 个扩展分区的方法，然后在扩展分区中创建出数个逻辑分区，从而满足多分区（大于 4 个）的需求。主分区、扩展分区、逻辑分区可以像图 8-3 那样规划。

8.3 文件资料存储

用户在磁盘设备中执行的建立、写入、读取、修改、转存与控制等操作都是依靠文件系统来完成的。文件管理系统的作用是合理规划磁盘设备，以保证用户正常的使用需求。Linux 操作系统支持数十种文件管理系统，常见的分区格式与功能对照表如表 8-3 所示。

表 8-3 常见的分区格式与功能对照表

分 区 格 式	功 能
Ext3	一款文件管理系统，能够在系统异常宕机时避免文件系统资料丢失，并能自动修复数据的不一致与错误。然而，当硬盘容量较大时，所需的修复时间也会很长，而且不能百分之百地保证资料不会丢失。它会把整个磁盘的每个写入动作的细节预先记录下来，以便在发生异常宕机后能回溯追踪到被中断的部分，然后尝试进行修复
Ext4	Ext3 的改进版本，作为 RHEL 6 操作系统中默认的文件管理系统，它支持的存储容量高达 1EB（1EB=1073741824GB），且能够拥有无限多的子目录。另外，Ext4 能够批量分配 block（块），从而极大地提高读写效率
XFS	一种高性能的文件管理系统，而且是 CentOS 7 中默认的文件管理系统，它的优势在于发生意外宕机后尤其明显，即可以快速地恢复可能被破坏的文件，而且其强大的日志功能只用花费极低的计算和存储性能。其最大可支持的存储容量为 18EB，几乎满足了所有需求

RHEL 7 操作系统和 CentOS 7 使用 XFS 作为文件管理系统，RHEL 6 操作系统和 CentOS 6 使用 Ext4 作为文件管理系统。XFS 文件管理系统最卓越的优势当属可支持高达 18EB 的存储容量。一块新的硬盘首先需要分区，然后进行格式化，最后才能挂载并正常使用。

日常需要在硬盘中保存的数据实在太多了，因此 Linux 操作系统中有一个名为 super block 的硬盘地图。Linux 操作系统并不是把文件内容直接写入这个硬盘地图，而是在里面记录整个文件管理系统的信息。因为如果把所有的文件内容都写入硬盘地图，那么它的体积将变得非常大，而且文件内容的查询与写入速度也会变得很慢。Linux 操作系统只是把每个文件的权限与属性记录在 inode 中，而且每个文件占用一个独立的 inode 表格，该表格的大小默认为 128B，表格中记录着以下信息：

- 该文件的访问权限（read、write、execute）。
- 该文件的所有者与所属组（owner、group）。
- 该文件的大小（size）。
- 该文件的创建或内容修改时间（ctime）。
- 该文件的最后一次访问时间（atime）。
- 该文件的修改时间（mtime）。
- 文件的特殊权限（SUID、SGID、SBIT）。
- 该文件的真实数据地址（point）。

而文件的实际内容则保存在 block 中（其大小可以是 1KB、2KB 或 4KB），一个 inode 的默认大小仅为 128B（Ext3），记录一个 block 需要消耗 4B。当文件的 inode 被写满后，Linux 操作系统会自动分配出一个 block，专门用于像 inode 那样记录其他 block 的信息，这样把各个 block 的内容串到一起，就能让用户读到完整的文件内容了。对于存储文件内容的 block，有以下 2 种常见情况（以 4KB 大小的 block 为例进行说明）。

- 情况 1：文件很小（1KB），但依然会占用一个 block，因此会浪费 3KB。
- 情况 2：文件很大（5KB），需要占用 2 个 block（5KB–4KB=1KB，剩下的 1KB 也要占用一个 block）。

计算机系统在发展过程中产生了众多的文件系统，为了使用户在读取或写入文件时不用关心底层的硬盘结构，Linux 内核中的软件层为用户程序提供了一个虚拟文件系统（Virtual File System，VFS）接口，这样用户在操作文件时实际上就是统一对这个 VFS 进行操作。VFS 的架构示意图如图 8-4 所示。

图 8-4　VFS 的架构示意图

从图 8-4 中可见，实际文件系统在 VFS 下隐藏了自己的特性和细节，因此，用户在日常使用时会觉得文件系统都是一样的，可以随意使用各种命令在任何文件系统中进行各种操作。

 8.4　挂载与卸载硬件

在用惯了 Windows 操作系统后，用户总觉得一切都是"理所当然"的，平时用户把 U 盘插入计算机后很少会考虑 Windows 操作系统做了哪些事情，才使自己可以访问这个 U 盘。接下来我们会逐一学习在 Linux 操作系统中挂载和卸载存储设备的方法，以便大家更好地了解在 Linux 操作系统中添加硬件设备的工作原理和流程。前面讲过，在拿到一块全新的硬盘设备后要先分区，然后进行格式化，最后才能挂载并正常使用。"分区"和"格式化"大家以前经常听到，但"挂载"又是什么呢？当用户需要使用硬盘设备或分区中的数据时，需要先将其与一个已存在的目录文件进行关联，而这个关联动作就是挂载。

mount 命令用于挂载文件系统，格式为【mount 文件系统 挂载目录】。mount 命令中可用的参数有-a 和-t，其作用如下。

-a：挂载所有在/etc/fstab 中定义的文件系统。

-t：指定文件系统的类型。

挂载是使用硬件设备前所执行的最后一步操作。只需使用 mount 命令把硬盘设备或分区与一个目录文件进行关联，就能在这个目录中看到硬件设备中的数据了。对于比较新的 Linux 操作系统而言，一般不需要使用-t 参数来指定文件系统的类型，Linux 操作系统会自动进行判断。而 mount 命令中的-a 参数会在执行挂载命令后自动检查/etc/fstab 文件中是否疏漏了被挂载的设备文件，如果有，则进行自动挂载操作。

例如，要把设备/dev/sdb2 挂载到/yhy 目录上，只需要在 mount 命令中填写设备与挂载目录参数即可，系统会自动判断要挂载的文件的类型，因此，只需要执行下述命令即可：

【mount /dev/sdb2 /yhy】

虽然按照上面的方法执行 mount 命令后就能立即使用文件系统了，但系统重启后挂载就会失效，也就是说每次开机后都需要进行手动挂载。如果想让硬件设备和目录永久地进行自动关联，就必须把挂载信息按照指定的格式【设备文件 挂载目录 格式类型 权限选项 是否备份 是否自检】（挂载信息各字段的意义见表 8-4）写入/etc/fstab 文件中。此文件包含挂载所需的诸多信息项目，一旦配置好之后，系统重启后会自动读取该文件，并自动挂载。

表 8-4 挂载信息各字段的意义

字　　段	意　　义
设备文件	一般为设备的路径+设备名称，也可以写唯一识别码（Universally Unique Identifier，UUID）
挂载目录	指定要挂载的目录，需在挂载前创建好
格式类型	指定文件系统的格式，如 Ext3、Ext4、XFS、SWAP、ISO9660（此为光盘设备）等
权限选项	若设置为 defaults，则默认权限为 rw、suid、dev、exec、auto、nouser、async
是否备份	若为 1，则开机后使用 dump 进行磁盘备份；若为 0，则不备份
是否自检	若为 1，则开机后自动进行磁盘自检；若为 0，则不自检

如果想将文件系统为 Ext4 的硬件设备/dev/sdb2 在开机后自动挂载到/yhy 目录上，并保持默认权限且无须开机自检，就需要在/etc/fstab 文件中写入以下信息，这样在系统重启后也会成功挂载。

/dev/sdb2　　/yhy　　ext4　　defaults　0 0

/etc/fstab 文件效果图如图 8-5 所示。

umount 命令用于撤销已经挂载的设备文件，格式为【umount [挂载点/设备文件]】。挂载文件系统的目的是使用硬件资源，而卸载文件系统意味着不再使用此硬件资源；相应地，挂载操作就是把硬件设备与目录进行关联的动作，而卸载操作只需要说明想要取消关联的设备文件或挂载目录其中的一项即可，一般不需要加其他参数。下面尝试手动卸载/dev/sdb2 设备文件：

【umount /dev/sdb2】

图 8-5　/etc/fstab 文件效果图

8.5　磁盘分区管理

　　根据前面讲解的与管理硬件设备相关的理论知识，先来梳理一下添加硬盘设备的操作思路：首先需要在虚拟机中模拟添加一块新的硬盘设备，然后进行分区、格式化、挂载等操作，最后通过检查系统的挂载状态并真实地使用硬盘来验证硬盘设备是否添加成功。

　　下面是在虚拟机中添加一块硬盘设备的具体操作步骤。

　　首先将虚拟机系统关机，稍等几分钟会自动返回到虚拟机管理主界面，然后单击"编辑虚拟机设置"选项，在弹出的界面中单击"添加"按钮，新增一块硬件设备。

　　选择想要添加的硬件类型为"硬盘"，然后单击"下一步"按钮，虚拟硬盘的类型选择"SCSI"（默认推荐），并单击"下一步"按钮，这样虚拟机中的设备名称过一会儿就会变成/dev/sdb。选中"创建新虚拟磁盘"单选按钮，再次单击"下一步"按钮，将"最大磁盘大小"设置为默认的 20GB。这个数值的作用是限制这台虚拟机所使用的最大硬盘空间，而不是立即将其填满。单击"下一步"按钮，设置磁盘文件的文件名称和保存位置（这里采用默认设置即可，无须修改），直接单击"完成"按钮，将硬盘设备添加好后就可以看到设备信息了。这里无须进行任何修改，直接单击"确定"按钮后就可以开启虚拟机了，如图 8-6 所示。

　　在虚拟机中模拟添加了硬盘设备后就可以看到抽象的硬盘设备文件了。按照前面讲解的 udev 服务命名规则，第二个被识别的 SCSI 设备会被保存为/dev/sdb，它就是硬盘设备文件。但在开始使用该硬盘设备文件之前还需要对其进行分区操作，如从中取出一个 2GB 大小的分区设备以供后续操作使用。

　　在 Linux 操作系统中，管理硬盘设备最常用的方法当属 fdisk 命令。fdisk 命令用于管理磁盘分区，格式为【fdisk　[磁盘名称]】，它提供了集添加、删除、转换分区等功能于一身的一式分区服务。不过与前面讲解的直接写到命令后面的参数不同，这条命令的参数（见表 8-5）是交互式的，可以根据需求进行动态调整，因此在管理硬盘设备时特别方便。

图 8-6　查看虚拟机硬件设置信息

表 8-5　fdisk 命令中的参数及其作用

参　　数	作　　用
m	查看全部可用的参数
n	添加新的分区
d	删除某个分区信息
l	列出所有可用的分区类型
t	改变某个分区的类型
p	查看分区信息
w	保存并退出
q	不保存直接退出

　　首先使用 fdisk 命令来尝试管理/dev/sdb 硬盘设备。在看到提示信息后输入参数 p 来查看硬盘设备内已有的分区信息，其中包括硬盘的容量大小、扇区个数等，如图 8-7 所示。

【fdisk /dev/sdb】

图 8-7 查看硬盘设备内已有的分区信息

输入参数 n 尝试添加新的分区。系统会询问用户是选择继续输入参数 p 来创建主分区，还是输入参数 e 来创建扩展分区。在这里输入参数 p 来创建一个主分区，如图 8-8 所示。

图 8-8 创建主分区

在确认创建一个主分区后，系统会要求用户先输入主分区的编号。主分区的编号范围是 1～4，因此，这里输入默认的 1 就可以了。接下来系统会提示定义起始的扇区位置，这一项不需要改动，按 Enter 键保留默认设置即可，系统会自动计算出最靠前的空闲扇区的位置。最后，系统会要求定义分区的结束扇区位置，即定义整个分区的大小。不用计算扇区的个数，只需要输入+2G，即可创建一个容量为 2GB 的硬盘分区，如图 8-9 所示。

图 8-9 设置分区大小

再次使用参数 p 来查看硬盘设备中的分区信息，就能看到一个名为/dev/sdb1、起始扇区位置为 2048、结束扇区位置为 4196351 的主分区了。输入参数 w 后按 Enter 键，保存并退出，如图 8-10 所示。

图 8-10　查看分区与保存配置

在上述步骤执行完毕之后，Linux 操作系统会自动把此硬盘主分区抽象成/dev/sdb1 设备文件。可以使用【file /dev/sdb1】命令查看该文件的属性，但是在工作中会发现，有些时候系统并没有自动把分区信息同步给 Linux 内核，并会提示 "/dev/sdb1: cannot open (No such file or directory)"，而且这种情况比较常见（它算是一个小的 bug）。用户可以输入【partprobe】命令手动将分区信息同步到 Linux 内核，一般推荐连续两次执行该命令，效果会更好。使用【file /dev/sdb1】命令，当提示 "/dev/sdb1: block special" 时，表示分区成功；如果仍无法解决问题，就需要重启计算机了。

接下来对硬盘进行格式化操作。在 Linux 操作系统中用于格式化操作的命令是 mkfs。在 Shell 终端输入 mkfs 命令后再按两次用于补齐命令的 Tab 键，如图 8-11 所示。

图 8-11　格式化操作的命令

在此，系统提示需要补齐的命令，如要格式化分区为 XFS 的文件系统，其命令如下：

【mkfs.xfs /dev/sdb1】

完成了硬盘的分区和格式化操作后，接下来就要挂载并使用硬盘了。首先创建一个用于挂载设备的挂载点目录；然后使用 mount 命令将硬盘分区与挂载点进行关联；最后使用【df -h】命令来查看挂载状态和硬盘使用量信息，如图 8-12 所示。

【mkdir /newFS】

【mount /dev/sdb1 /newFS/】

【df -h】

图 8-12 查看挂载状态和硬盘使用量信息

如果硬盘分区挂载顺利，接下来就可以尝试通过挂载点目录向硬盘分区写入文件了。在写入文件之前，先介绍一个用于查看文件数据占用量的 du 命令，其格式为【du [选项] [文件]】。简单来说，该命令就是用来查看一个或多个文件占用了多大的硬盘空间的。还可以使用【du -sh /*】命令来查看在 Linux 操作系统根目录下所有一级目录分别占用的硬盘空间大小。下面，先从某些目录中复制过来一批文件，然后查看这些文件共占用了多大的容量。

【cp -rf /etc/* /newFS/】

【ls /newFS/】

【du -sh /newFS/】

33M /newFS/

需要注意的是，使用 mount 命令挂载的设备文件会在系统重启后失效。如果想让这个设备文件的挂载永久有效，则需要把挂载信息写入/etc/fstab 配置文件，在/etc/fstab 配置文件中添加"/dev/sdb1 /newFS xfs defaults 0 0"内容。

【echo "/dev/sdb1 /newFS xfs defaults 0 0" >> /etc/fstab】

接下来讲解添加交换分区的操作。

交换分区的创建过程与前文讲到的挂载并使用硬盘分区的过程非常相似。在对/dev/sdb 硬盘进行分区操作前，有必要先说一下交换分区的划分建议：在生产环境中，交换分区的大小一般为真实物理内存的 1.5～2 倍，为了让读者更明显地感受到交换分区的变化，这里选取一个大小为 5GB 的主分区作为交换分区资源。在分区创建完毕后保存并退出即可，如图 8-13 所示。

【fdisk /dev/sdb】

使用 SWAP 分区专用的格式化命令 mkswap，对新建的主分区进行格式化操作：

【mkswap /dev/sdb2】

使用 swapon 命令把准备好的 SWAP 分区设备正式挂载到系统中。可以使用【free -m】命令查看交换分区的大小变化，由 3967MB（见图 8-14）增加到 9087MB（见图 8-15）。

【free -m】

```
root@localhost:~
[root@localhost ~]# fdisk /dev/sdb
欢迎使用 fdisk (util-linux 2.23.2)。

更改将停留在内存中，直到您决定将更改写入磁盘。
使用写入命令前请三思。

命令(输入 m 获取帮助)：n
Partition type:
   p   primary (1 primary, 0 extended, 3 free)
   e   extended
Select (default p)：p
分区号 (2-4，默认 2)：
起始 扇区 (4196352-41943039，默认为 4196352)：
将使用默认值 4196352
Last 扇区, +扇区 or +size{K,M,G} (4196352-41943039，默认为 41943039)：+5G
分区 2 已设置为 Linux 类型，大小设为 5 GiB

命令(输入 m 获取帮助)：p

磁盘 /dev/sdb：21.5 GB, 21474836480 字节，41943040 个扇区
Units = 扇区 of 1 * 512 = 512 bytes
扇区大小(逻辑/物理)：512 字节 / 512 字节
I/O 大小(最小/最佳)：512 字节 / 512 字节
磁盘标签类型：dos
磁盘标识符：0x8271ebba

   设备 Boot      Start         End      Blocks   Id  System
/dev/sdb1          2048     4196351     2097152   83  Linux
/dev/sdb2       4196352    14682111     5242880   83  Linux

命令(输入 m 获取帮助)：w
The partition table has been altered!
```

图 8-13　创建交换分区

```
root@localhost:~
[root@localhost ~]# free -m
              total        used        free      shared  buff/cache   available
Mem:           3773         916        2101          12         754        2474
Swap:          3967           0        3967
[root@localhost ~]#
```

图 8-14　查看交换分区之前的大小

【swapon /dev/sdb2】

【free -m】

```
root@localhost:~
[root@localhost ~]# swapon /dev/sdb2
[root@localhost ~]# free -m
              total        used        free      shared  buff/cache   available
Mem:           3773         921        2096          12         754        2470
Swap:          9087           0        9087
[root@localhost ~]#
```

图 8-15　查看交换分区之后的大小

　　为了让新的交换分区设备在重启后依然生效，需要按照以下格式将相关信息写入/etc/fstab 配置文件，在/etc/fstab 配置文件中添加"/dev/sdb2 swap swap defaults 0 0"。

【echo "/dev/sdb2 swap swap defaults 0 0" >> /etc/fstab】

【swapoff /dev/sdb2】停止正在使用的 swap 分区。

【rm /dev/sdb2】删除 swap 分区文件。

　注意：

记得删除或注释/etc/fstab 文件中的开机自动挂载内容。

8.6 磁盘容量配额管理

当 Linux 操作系统根分区的磁盘空间耗尽时，系统将无法建立新的文件，从而会出现服务程序崩溃、系统无法启动等故障。为了避免在服务器中出现类似的磁盘空间不足的问题，可以设置启用磁盘容量配额管理的功能，对用户在指定文件系统（分区）中使用的磁盘空间、文件数量进行限制，以防个别用户恶意或无意间占用大量磁盘空间，保持系统存储空间的稳定性和持续可用性。在服务器管理中，此功能非常重要，但对单机用户来说其意义不大。

可以使用 quota 命令进行磁盘容量配额管理，从而限制用户的磁盘可用容量及所能创建的最大文件个数。quota 命令还有软限制和硬限制的功能。

- 软限制：当达到软限制时会提示用户，但仍允许用户在限定的额度内继续使用。
- 硬限制：当达到硬限制时会提示用户，并强制终止用户的操作。

CentOS 7 中已经安装了 quota 磁盘容量配额服务程序包，但磁盘分区却默认没有开启对 quota 的支持，此时需要手动编辑配置文件，使 CentOS 7 中的/boot 目录支持 quota 磁盘容量配额服务，如图 8-16 所示。

【vim /etc/fstab】

图 8-16　开启/boot 目录对 quota 磁盘容量配额服务的支持

另外，需要特别注意的是，早期的 Linux 操作系统使用 usrquota 参数让磁盘设备支持 quota 磁盘容量配额服务，而 CentOS 7 使用的则是 uquota 参数。在重启系统后使用 mount 命令查看，即可发现/boot 目录已经支持 quota 磁盘容量配额服务了，如图 8-17 所示。

【reboot】

【mount | grep boot】

图 8-17　查看/boot 目录是否支持 quota 磁盘容量配额服务

接下来讲解两个重要的命令及相应的案例。

1. xfs_quota 命令

xfs_quota 命令是一个专门针对 XFS 文件系统来管理 quota 磁盘容量配额服务而设计的命令，格式为【xfs_quota [参数] 配额 文件系统】。其中，-c 参数用于以参数的形式设置要执行的命令；-x 参数是专家模式，让运维人员能够对 quota 磁盘容量配额服务进行更多复杂的配置。

接下来使用 xfs_quota 命令来设置用户 yhy 对/boot 目录的 quota 磁盘容量配额服务。具体的限额控制包括：硬盘使用量的软限制和硬限制分别为 3MB 和 6MB；创建文件数量的软限制和硬限制分别为 3 个和 6 个，如图 8-18 所示。

【useradd yhy】创建一个用于检查 quota 磁盘容量配额效果的用户 yhy。

【chmod -Rf o+w /boot】针对/boot 目录增加其他用户的写权限，保证用户能够正常写入数据。

【xfs_quota -x -c 'limit bsoft=3m bhard=6m isoft=3 ihard=6 yhy' /boot】

【xfs_quota -x -c report /boot】

图 8-18　检查磁盘容量配额效果

当配置好上述各种软、硬限制后，尝试切换到普通用户，然后分别尝试创建大小为 5MB 和 8MB 的文件。可以发现，在创建大小为 8MB 的文件时受到了系统限制，如图 8-19 所示。

【su - yhy】切换用户。

【dd if=/dev/zero of=/boot/yhy bs=5M count=1】创建一个大小为 5MB 的文件。

【dd if=/dev/zero of=/boot/yhy bs=8M count=1】创建一个大小为 8MB 的文件。

图 8-19　在创建大小为 8MB 的文件时受到了系统限制

2. edquota 命令

edquota 命令用于编辑用户的 quota 限额，格式为【edquota [参数] [用户]】。在为用户设置 quota 磁盘容量配额服务后，可以使用 edquota 命令按需修改限额的数值。其中，-u 参数表示要针对哪个用户进行设置；-g 参数表示要针对哪个用户组进行设置。edquota 命令会调用 Vi 或 Vim 编辑器来让 ROOT 管理员修改要限制的具体细节。下面把用户 yhy 的硬盘使用量的硬限制从 6MB 提升到 8MB，如图 8-20 所示。可以发现，在创建大小为 10MB 的文件时受到了系统限制，如图 8-21 所示。

【exit】切换到 ROOT 用户。

【edquota -u yhy】

图 8-20　将用户 yhy 的硬盘使用量的硬限制从 6MB 提升到 8MB

【su - yhy】

Last login: Mon Sep 7 16:43:12 CST 2017 on pts/0

【dd if=/dev/zero of=/boot/yhy bs=8M count=1】创建一个大小为 8MB 的文件。

【dd if=/dev/zero of=/boot/yhy bs=10M count=1】创建一个大小为 10MB 的文件。

图 8-21　在创建大小为 10MB 的文件时受到了系统限制

复　习　题

一、选择题

1．光盘所使用的文件系统类型为（　　　）。

A．Ext2　　　　　　　　B．Ext3　　　　　　　　C．SWAP　　　　　　　　D．ISO9600

2．在以下设备文件中，代表第二个 IDE 硬盘的第一个逻辑分区的设备文件是（　　　）。

A．/etc/hdbl　　　　B．etc/hdal　　　　C．/etc/hdb5　　　　D．/dev/hdbl

3．将光盘 CD-ROM（cdrom）安装到文件系统的/mnt/cdrom 目录下的命令是（　　　）。

A．mount /,mnt/cdrom　　　　　　　　B．mount /mnt/cdrom /dev/cdrom

C．mount /dev/cdrom /mnt/cdrom　　　　D．mount /dev/cdrom

二、填空题

1．Linux 内核引导时，从文件（　　　）中读取要加载的文件系统。

2．/dev/sda5 是主分区还是逻辑分区？（　　　）。

3．（　　　）服务决定了设备在/dev 目录中的名称。

三、简答题

1．假如一个设备的文件名称为/dev/sdb，可以确认它是主板第二个插槽上的设备吗？

2．如果硬盘中需要 5 个分区，则至少需要几个逻辑分区？

第9章　管理RAID与LVM 磁盘阵列

在学习了第8章讲解的硬盘分区管理、格式化、挂载等知识后，本章将深入讲解各种常用独立冗余磁盘阵列（Redundant Array of Independent Disks，RAID）技术的特性，并通过实际部署RAID 10、RAID 5+备份盘等方案更直观地查看RAID技术的强大效果，以便进一步满足生产环境对硬盘设备的I/O读写速度和数据冗余备份机制的需求。同时，考虑用户可能会动态调整存储资源，本章还将介绍逻辑卷管理器（Logical Volume Manager，LVM）的部署、扩容、缩小、快照、卸载、删除等，并帮助读者掌握软、硬链接的相关知识。

9.1　RAID技术

RAID可分为软RAID和硬RAID，软RAID是通过软件实现多块硬盘冗余的，而硬RAID一般是通过RAID卡来实现多块硬盘冗余的。软RAID的配置相对简单，管理也比较灵活，对于中小企业来说不失为最佳选择；硬RAID往往花费较高，不过，硬RAID在性能方面具有一定的优势。

RAID技术通过把多个硬盘设备组合成一个容量更大、安全性更好的磁盘阵列，并把数据切割成多个区段后分别存放在各个不同的物理硬盘设备上，然后利用分散读写技术来提升磁盘阵列整体的性能，同时把多个重要数据的副本同步到不同的物理硬盘设备上，从而起到非常好的数据冗余备份效果。

RAID技术的设计初衷是减少因采购硬盘设备而带来的费用支出，但是与数据本身的价值相比较，现代企业更看重的是RAID技术所具备的冗余备份机制及其带来的硬盘吞吐量的提升。也就是说，RAID技术不仅降低了硬盘设备损坏后数据丢失的概率，还提升了硬盘设备的读写速度，所以它在绝大多数运营商和大、中型企业中得到了广泛应用。

出于成本和技术等方面的考虑，用户需要针对不同的需求在数据可靠性及读写性能上进行权衡，制定出满足各自需求的不同方案。目前已有的RAID技术至少有十几种，笔者在此列出了常用的几种，如表9-1所示。

表9-1　常用的RAID技术及其特点对照表

RAID技术	特　　点
RAID 0	存取速度最快，没有容错功能（带区卷）
RAID 1	完全容错，成本高，硬盘使用率低（镜像卷）

RAID 技术	特　　点
RAID 3	写入性能最好，没有多任务功能
RAID 4	具备多任务及容错功能，但奇偶检验磁盘驱动器会造成性能瓶颈
RAID 5	具备多任务及容错功能，写入时有额外开销 overhead
RAID 01	速度快、完全容错，成本高

接下来会详细讲解 RAID0、RAID1、RAID5 与 RAID10 这 4 种技术。

1. RAID 0

RAID 0 是一种简单的、无数据校验功能的数据条带化技术。它实际上并非真正意义上的 RAID 技术，因为它并不提供任何形式的冗余策略。RAID 0 将所在磁盘条带化后组成大容量的存储空间，如图 9-1 所示。RAID 0 将数据分散存储在所有磁盘中，以独立访问方式实现多块磁盘的并发读写访问，由于可以并发执行 I/O 操作，总线带宽得到充分利用。再加上不需要进行数据校验，RAID 0 的性能在所有 RAID 技术中是最高的。从理论上讲，一个由 n 块磁盘组成的 RAID 0，其读写性能是单个磁盘性能的 n 倍，但由于总线带宽等多种因素的限制，其实际性能的提升往往低于理论值。

图 9-1　RAID 0 无冗余的数据条带

RAID 0 具有低成本、高读写性能、100%的高存储空间利用率等优点，但是它不提供数据冗余保护，一旦数据损坏，将无法恢复。因此，RAID 0 一般适用于对性能要求严格但对数据安全性和可靠性要求不高的场合，如视频、音频存储、临时数据缓存空间等。

2. RAID 1

RAID 1 称为镜像，它将数据完全一致地分别写入工作磁盘和镜像磁盘，它的磁盘空间利用率为 50%。利用 RAID 1 在写入数据时，响应时间会有所影响，但是在读取数据的时候没有影响。RAID 1 提供了最佳的数据保护，一旦工作磁盘发生故障，系统会自动从镜像磁盘读取数据，不会影响用户工作。RAID 1 无校验的相互镜像如图 9-2 所示。

图 9-2　RAID 1 无校验的相互镜像

3. RAID 5

　　RAID 5 是目前最常见的 RAID 技术，可以同时存储数据和校验数据。数据块和对应的校验信息保存在不同的磁盘上，当一个数据盘损坏时，系统可以根据同一数据条带的其他数据块和对应的校验数据来重建损坏的数据。与其他 RAID 技术一样，重建数据时，RAID 5 的性能会受到很大影响，RAID 5 带分散校验的数据条带如图 9-3 所示。

图 9-3　RAID 5 带分散校验的数据条带

　　RAID 5 兼顾存储性能、数据安全和存储成本等各方面因素，可以将其视为 RAID 0 和 RAID 1 的折中方案，是目前综合性能最佳的数据保护方案。RAID 5 基本上可以满足大部分的存储应用需求，数据中心大多将它作为应用数据的保护方案。

4. RAID 01 和 RAID 10

　　一些文献把这两种 RAID 技术看成是相同的，但笔者认为它们是不同的。RAID 01 是先进行条带化再进行镜像，其本质是对物理磁盘实现镜像；而 RAID 10 是先进行镜像再进行条带化，其本质是对虚拟磁盘实现镜像。在相同的配置下，通常 RAID 01 比 RAID 10 具有更好的容错能力。典型的 RAID 01 和 RAID 10 模型如图 9-4 所示。

图 9-4　典型的 RAID 01 和 RAID 10 模型

　　RAID 01 兼具 RAID 0 和 RAID 1 的优点，它先用两块磁盘建立镜像，然后在镜像内部进行条带化。RAID 01 的数据将同时写入两个磁盘阵列，当其中一个磁盘阵列损坏时，仍可继续工作，在保证数据安全性的同时又提高了性能。RAID 01 和 RAID 10 内部都含有 RAID 1，因此整体磁盘的利用率仅为 50%。

9.2　RAID 的部署、修复及备份盘

1. RAID 的部署

　　在学习了上一节的 RAID 技术的理论基础之后，再来部署 RAID 就十分轻松了。首先，

需要在虚拟机中模拟添加 4 块硬盘设备来制作一个 RAID 10，如图 9-5 所示。

▼ 设备

🖥 内存	4 GB
🖳 处理器	4
🖴 硬盘 (SCSI)	80 GB
🖴 硬盘 2 (SCSI)	20 GB
🖴 硬盘 4 (SCSI)	20 GB
🖴 硬盘 5 (SCSI)	20 GB
🖴 硬盘 3 (SCSI)	20 GB
💿 CD/DVD (IDE)	正在使用文件 D:...
🖧 网络适配器	NAT
🖧 网络适配器 2	NAT
🔌 USB 控制器	存在
🔊 声卡	自动检测
🖨 打印机	存在
🖥 显示器	自动检测

图 9-5 为虚拟机模拟添加 4 块硬盘设备

需要注意的是，一定要记得在关闭系统之后，再在虚拟机中添加硬盘设备，否则可能会因为计算机架构的不同而导致虚拟机系统无法识别添加的硬盘设备。

mdadm 命令用于管理 Linux 操作系统中的软件 RAID，格式为【mdadm [模式] <RAID 设备名称> [选项] [成员设备名称]】。

当前，生产环境中用到的服务器一般都会配备 RAID，如果没有 RAID 阵列卡，就必须用 mdadm 命令在 Linux 操作系统中创建和管理软件 RAID。mdadm 命令的常用参数及其作用如表 9-2 所示。

表 9-2　mdadm 命令的常用参数及其作用

常 用 参 数	作　　用
-a	检测设备名称
-n	指定设备数量
-l	指定 RAID 等级
-C	创建 RAID
-v	显示过程
-f	模拟设备损坏
-r	移除设备
-Q	查看摘要信息
-D	查看详细信息
-S	停止 RAID

接下来，使用 mdadm 命令创建 RAID 10，名称为/dev/md0。

第 8 章中曾讲到，udev 是 Linux 内核中用来给硬件命名的服务，其命名规则非常简单。可以通过命名规则猜测到第二个 SCSI 存储设备的名称是/dev/sdb，然后依次类推。此时，就需要使用 mdadm 命令中的参数了。其中，-C 参数代表创建 RAID；-v 参数代表显示过程，同时在后面追加一个设备名称/dev/md0，这样/dev/md0 就是创建后的 RAID 的名称；-a yes 参数代表自动创建设备文件；-n 4 参数代表使用 4 块硬盘来部署这个 RAID；而-l 10 参数则代表 RAID 10；最后再加上 4 块硬盘设备的名称即可完成创建。

【mdadm -Cv /dev/md0 -a yes -n 4 -l 10 /dev/sdb /dev/sdc /dev/sdd /dev/sde】

把制作好的 RAID 格式化为 Ext4 格式。

【mkfs.ext4 /dev/md0】

创建挂载点并对硬盘设备进行挂载操作。挂载成功后可看到可用空间为 40GB，如图 9-6 所示。

【mkdir /RAID】

【mount /dev/md0 /RAID】

【df -h】

```
[root@localhost ~]# mount /dev/md0 /RAID
[root@localhost ~]# df -h
文件系统                   容量    已用    可用    已用%  挂载点
/dev/mapper/centos-root    50G    8.3G    42G    17%    /
devtmpfs                   1.9G    0      1.9G    0%    /dev
tmpfs                      1.9G    0      1.9G    0%    /dev/shm
tmpfs                      1.9G   13M     1.9G    1%    /run
tmpfs                      1.9G    0      1.9G    0%    /sys/fs/cgroup
/dev/mapper/centos-home    26G    33M     26G    1%    /home
/dev/sda1                 1014M  178M    837M    18%    /boot
tmpfs                     378M   8.0K    378M    1%    /run/user/42
tmpfs                     378M    0      378M    1%    /run/user/0
/dev/md0                   40G    49M     38G    1%    /RAID
[root@localhost ~]#
```

图 9-6　查看磁盘空间与挂载情况

查看/dev/md0 磁盘阵列的详细信息，并把挂载信息写入配置文件中，使其永久生效。

【mdadm -D /dev/md0】

【echo "/dev/md0 /RAID ext4 defaults 0 0" >> /etc/fstab】

2. RAID 的修复

在生产环境中部署 RAID 10，是为了提高硬盘存储设备的读写速度及数据的安全性，但由于硬盘设备是在虚拟机中模拟出来的，所以对读写速度的改善效果可能并不明显。接下来讲解 RAID 损坏后的处理方法，从而使大家在步入运维岗位后遇到类似问题时，也可以轻松解决。

确认有一块物理硬盘设备出现损坏且不能继续正常使用后，应该使用 mdadm 命令将其移除，然后查看 RAID 的状态，可以发现其状态已经改变。

【mdadm /dev/md0 -f /dev/sdb】

mdadm: set /dev/sdb faulty in /dev/md0

【mdadm -D /dev/md0】

/dev/md0:

Version : 1.2

```
。。。。。。。。。。。。 省略部分内容。。。。。。。。。。。。。。。。。。
0 0 0 0 removed
1 8 32 1 active sync /dev/sdc
2 8 48 2 active sync /dev/sdd
3 8 64 3 active sync /dev/sde
0 8 16 - faulty     /dev/sdb
```

在 RAID 10 中，当 RAID 1 中存在一个故障硬盘时，并不影响 RAID 10 的使用。当购买了新的硬盘设备后，再使用 mdadm 命令来进行替换即可，在此期间可以在/RAID 目录中正常创建或删除文件。由于是在虚拟机中模拟硬盘，所以可以先重启系统，再把新的硬盘设备添加到 RAID 中。

```
【umount /RAID】
【mdadm /dev/md0 -a /dev/sdb】
【mdadm -D /dev/md0】
/dev/md0:
    Version : 1.2
    Creation Time : Mon Jan 30 00:08:56 2017
。。。。。。。。。。。。 省略部分内容。。。。。。。。。。。。。。。。。。
    Number Major Minor RaidDevice State
    4 8 16 0 active sync /dev/sdb
    1 8 32 1 active sync /dev/sdc
    2 8 48 2 active sync /dev/sdd
    3 8 64 3 active sync /dev/sde
【mount -a】
```

3. 备份盘

RAID 10 中最多允许 50%的硬盘设备发生故障，但是存在这样一种极端情况，若同一RAID 1 中的硬盘设备全部损坏，也会导致数据丢失。换句话说，在 RAID 10 中，如果 RAID 1 中的某一块硬盘出现了故障，在修复过程中，恰巧该 RAID 1 中的另一块硬盘设备也出现故障，那么其数据就会彻底丢失。在这样的情况下，该怎么办呢？其实，完全可以使用 RAID 备份盘来预防这类事故。备份盘技术的核心原理就是准备一块足够大的硬盘，这块硬盘平时处于闲置状态，一旦 RAID 中有硬盘出现故障，它会马上自动顶替上去。

为了避免多个实验之间相互发生冲突，需要保证每个实验的相对独立性，为此需要大家自行将虚拟机还原到初始状态。另外，由于刚才已经演示了 RAID 10 的部署方法，现在来看一下 RAID 5 的部署效果。部署 RAID 5 时，至少需要用到 3 块硬盘，还需要再添加一块备份盘，所以总计需要在虚拟机中模拟 4 块硬盘设备，如图 9-5 所示。

现在创建 RAID 5+备份盘。在以下命令中，参数-n 3 代表创建 RAID 5 所需的硬盘个数，参数-l 5 代表 RAID 等级，而参数-x 1 则代表有一块备份盘。当查看/dev/md0（RAID 5 的名称）磁盘阵列时，就能看到有一块备份盘处于等待状态了。

【mdadm -Cv /dev/md0 -n 3 -l 5 -x 1 /dev/sdb /dev/sdc /dev/ sdd /dev/sde 】

【mdadm -D /dev/md0】

/dev/md0:

Version : 1.2

Creation Time : Fri May 8 09:20:35 2017

·············· 省略部分内容··············

Number Major Minor RaidDevice State

    0 8   16   0   active sync /dev/sdb

    1 8   32   1   active sync /dev/sdc

    4 8   48   2   active sync /dev/sdd

    3 8   64   -   spare   /dev/sde

现在将部署好的 RAID 5 格式化为 Ext4 文件格式，然后将其挂载到目录上，之后就可以使用它了。

【mkfs.ext4 /dev/md0】

【echo "/dev/md0 /RAID ext4 defaults 0 0" >> /etc/fstab】

【mkdir /RAID】

【mount -a】

最后来进行验证：再次把硬盘设备/dev/sdb 移出磁盘阵列，然后迅速查看/dev/md0 磁盘阵列的状态，就会发现备份盘已经自动顶替上去并开始同步数据了。RAID 中的这种备份盘技术非常实用，可以在保证 RAID 数据安全的基础上进一步提高数据的可靠性，所以，强烈建议用户多购买一块备份盘，以备不时之需。

【mdadm /dev/md0 -f /dev/sdb】

mdadm: set /dev/sdb faulty in /dev/md0

【mdadm -D /dev/md0】

/dev/md0:

Version : 1.2

·············· 省略部分内容··············

Events : 21

Number Major Minor RaidDevice State

    3 8   64   0   spare rebuilding /dev/sde

    1 8   32   1   active sync   /dev/sdc

    4 8   48   2   active sync   /dev/sdd

    0 8   16   -   faulty   /dev/sdb

9.3　逻辑卷管理器

逻辑卷管理器（Logical Volume Manager，LVM）是 Linux 操作系统用于对硬盘分区进行管理的一种机制，理论性较强，其创建初衷是解决硬盘设备在创建分区后不易修改分区大小的缺陷。尽管对传统的硬盘分区进行强制扩容或缩容在理论上是可行的，但是却可能造成数据丢失。而 LVM 技术在硬盘分区和文件系统之间添加了一个逻辑层，它提供了一个抽象的卷组，可以把多块硬盘进行卷组合并。这样一来，用户不必再关心物理硬盘设备的底层架构和布局，就可以实现对硬盘分区的动态调整了。LVM 的技术架构如图 9-7 所示。

图 9-7　LVM 的技术架构

物理卷处于 LVM 技术架构的最底层，可以将其理解为物理硬盘、硬盘分区或 RAID。卷组建立在物理卷之上，一个卷组可以包含多个物理卷，而且在卷组创建之后也可以继续向其中添加新的物理卷。逻辑卷是用卷组中空闲的资源建立的，并且逻辑卷在建立后可以动态地扩展或缩小空间。这就是 LVM 的核心理念。

1．部署逻辑卷

一般而言，在生产环境中无法精确地评估每个硬盘分区日后的使用情况，因此可能会出现原来分配的硬盘分区不够用的情况。例如，伴随着业务量的增加，用于存放交易记录的数据库目录的体积也随之增加；分析并记录用户的行为导致日志目录的体积不断增加，这些情况都会导致原有的硬盘分区容量不足。此外，还存在对较大的硬盘分区进行精简缩容的情况。

可以通过部署 LVM 来解决上述问题。在部署 LVM 时，需要逐个配置物理卷、卷组和逻辑卷。常用的 LVM 部署命令如表 9-3 所示。

表 9-3　常用的 LVM 部署命令

功能/命令	建　立	扫　描	显　示	删　除	扩　展	缩　小
物理卷管理	pvcreate	pvscan	pvdisplay	pvremove	—	—
卷组管理	vgcreate	vgscan	vgdisplay	vgremove	vgextend	vgreduce
逻辑卷管理	lvcreate	lvscan	lvdisplay	lvremove	lvextend	lvreduce

为了避免多个实验之间相互冲突，请读者自行将虚拟机还原到初始状态，并在虚拟机中添加两块新硬盘设备，然后开机，如图 9-8 所示。

在虚拟机中添加两块新硬盘设备的目的是更好地演示 LVM 理念中用户无须关心物理硬盘设备的底层架构和布局的特性。先对这两块新硬盘设备进行创建物理卷的操作，可以将该操作简单理解为让新硬盘设备支持 LVM 技术，或者将其理解为把新硬盘设备加入 LVM 技术可用的硬件资源池，然后对这两块新硬盘设备进行卷组合并，卷组的名称可以由用户自定义。

接下来，根据需求从合并后的卷组中切割出一个容量大小约为 150MB 的逻辑卷，最后把这个逻辑卷格式化成 Ext4 文件系统后挂载使用。详细的操作步骤如下。

图 9-8　在虚拟机中添加两块新硬盘设备

第 1 步：让添加的两块新硬盘设备支持 LVM 技术。

【pvcreate /dev/sdb /dev/sdc】

第 2 步：把两块新硬盘设备加入 storage 卷组，然后查看卷组的状态。

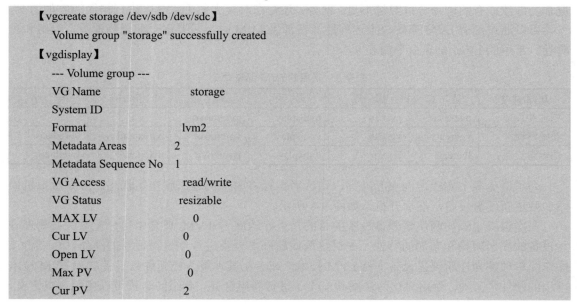

```
【vgcreate storage /dev/sdb /dev/sdc】
    Volume group "storage" successfully created
【vgdisplay】
    --- Volume group ---
    VG Name                 storage
    System ID
    Format                  lvm2
    Metadata Areas          2
    Metadata Sequence No    1
    VG Access               read/write
    VG Status               resizable
    MAX LV                  0
    Cur LV                  0
    Open LV                 0
    Max PV                  0
    Cur PV                  2
```

```
    Act PV                  2
    VG Size                 39.99 GiB
    PE Size                 4.00 MiB
    Total PE                10238
    Alloc PE / Size         0 / 0
    Free   PE / Size        10238 / 39.99 GiB
    VG UUID                 RUziyj-f2Jc-nDox-6DY7-7MEt-WFJR-7wkAHG
    ................省略部分输出信息.................
```

第 3 步：切割出一个容量大小约为 150MB 的逻辑卷。

这里需要注意切割单位的问题。在对逻辑卷进行切割时有两种计量单位：第一种是以容量为单位，所使用的参数为-L。例如，使用-L 150M 可以生成一个容量大小为 150MB 的逻辑卷。第二种是以个数为单位，所使用的参数为-l，每个基本单元的大小默认为 4MB。例如，使用-l 38 可以生成一个容量大小为 38×4MB=152MB 的逻辑卷。

```
【lvcreate -n vo -l 38 storage】
    Logical volume "vo" created
【lvdisplay】
--- Logical volume ---
    LV Path                 /dev/storage/vo
    LV Name                 vo
    VG Name                 storage
    LV UUID                 Yp9JO1-p1oh-5E2m-8WDh-6VS3-sffX-E1Cbxe
    LV Write Access         read/write
    LV Creation host, time linux-yhy, 2019-02-11 21:11:42 +0800
    LV Status               available
    # open                  0
    LV Size                 152.00 MiB
    Current LE              38
    Segments                1
    Allocation              inherit
    Read ahead sectors      auto
    - currently set to      8192
    Block device            253:2
    ................省略部分输出信息.................
```

第 4 步：将生成的逻辑卷进行格式化，然后挂载使用。

Linux 操作系统会把 LVM 中的逻辑卷存放在/dev 设备目录中（实际上是进行了一个符号链接），同时会以卷组的名称来建立一个目录，其中保存了逻辑卷的设备映射文件（/dev/卷组名称/逻辑卷名称）。

```
【mkfs.ext4 /dev/storage/vo】
【mkdir /linux-yhy】
【mount /dev/storage/vo /linux-yhy】
```

第 5 步：查看挂载状态，并将其写入配置文件中，使其永久生效。

【df -h】

【echo "/dev/storage/vo /linux-yhy ext4 defaults 0 0" >> /etc/fstab】

2. 扩展逻辑卷

在前面的实验中，卷组是由两块硬盘设备共同组成的。用户在使用存储设备时无法感知设备的底层架构和布局，更不用关心底层构架是由多少块硬盘组成的，只要卷组中有足够的资源，就可以一直为逻辑卷扩容。扩展逻辑卷前请读者一定要记得卸载硬盘设备和挂载点的关联。

【umount /linux-yhy】

第 1 步：把上一个实验中的逻辑卷 vo 扩容至 290MB。

【lvextend -L 290M /dev/storage/vo】

第 2 步：检查硬盘的完整性，并重置硬盘容量。

【e2fsck -f /dev/storage/vo】

【resize2fs /dev/storage/vo】

第 3 步：重新挂载硬盘设备并查看挂载状态。

【mount -a】

【df -h】

3. 缩小逻辑卷

相较于扩展逻辑卷，在缩小逻辑卷时，丢失数据的风险更大。在生产环境中执行相应操作时，一定要提前备份数据。另外，Linux 操作系统规定，在对逻辑卷进行缩容操作之前，要先检查文件系统的完整性（这是为了保证数据安全）。在执行缩容操作前要记得先卸载文件系统。

【umount /linux-yhy】

第 1 步：检查文件系统的完整性。

【e2fsck -f /dev/storage/vo】

第 2 步：把逻辑卷 vo 的容量缩小至 120MB。

【resize2fs /dev/storage/vo 120M】

【lvreduce -L 120M /dev/storage/vo】

第 3 步：重新挂载文件系统并查看系统状态。

【mount -a】

【df -h】

4. 逻辑卷快照

LVM 还具备快照卷功能，该功能类似于虚拟机的还原时间点的功能。例如，可以对某个逻辑卷进行一次快照，如果日后发现数据被改错了，还可以利用之前做好的快照卷进行覆盖还原。LVM 的快照卷功能有 2 个特点：

- 快照卷的容量必须等同于逻辑卷的容量。
- 快照卷仅一次有效，执行还原操作后会立即自动删除。

首先查看卷组信息。

```
【vgdisplay】
   --- Volume group ---
   VG Name storage
   System ID
   Format lvm2
   Metadata Areas 2
   Metadata Sequence No 4
   VG Access read/write
   VG Status resizable
   MAX LV 0
   Cur LV 1
   Open LV 1
   Max PV 0
   Cur PV 2
   Act PV 2
   VG Size 39.99 GiB
   PE Size 4.00 MiB
   Total PE 10238
   Alloc PE / Size 30 / 120.00 MiB Free PE / Size 10208 / 39.88 GiB
   VG UUID CTaHAK-0TQv-Abdb-R83O-RU6V-YYkx-8o2R0e
   ………………省略部分输出信息………………
```

通过卷组的输出信息可以得知，卷组已经使用了 120MB 的容量，空闲容量还有 39.88GB。接下来用重定向技术向逻辑卷挂载的目录中写入一个文件。

```
【echo "Welcome to Linux-yhy.com" > /linux-yhy/readme.txt】
【ls -l /linux-yhy】
total 14
drwx------. 2 root root 12288 Feb 1 07:18 lost+found
-rw-r--r--. 1 root root   26 Feb 1 07:38 readme.txt
```

第 1 步：使用-s 参数生成一个快照卷，使用-L 参数指定切割的大小。另外，还需要在命令后面写上这是针对哪个逻辑卷执行的快照操作。

```
【lvcreate -L 120M -s -n SNAP /dev/storage/vo】
   Logical volume "SNAP" created
【lvdisplay】
--- Logical volume ---
   LV Path /dev/storage/SNAP
   LV Name SNAP
   VG Name storage
   LV UUID BC7WKg-fHoK-Pc7J-yhSd-vD7d-lUnl-TihKlt
```

```
LV Write Access read/write
LV Creation host, time localhost.localdomain, 2017-02-01 07:42:31 -0500
LV snapshot status active destination for vo
LV Status available
# open 0
LV Size 120.00 MiB
Current LE 30
COW-table size 120.00 MiB
COW-table LE 30
Allocated to snapshot 0.01%
Snapshot chunk size 4.00 KiB
Segments 1
Allocation inherit
Read ahead sectors auto
- currently set to 8192
Block device 253:3
………………省略部分输出信息………………
```

第 2 步：在逻辑卷挂载的目录中创建一个 100MB 的垃圾文件，然后查看快照卷的状态。可以发现，存储空间的容量增加了。

```
【dd if=/dev/zero of=/linux-yhy/files count=1 bs=100M】
【lvdisplay】
    --- Logical volume ---
    LV Path /dev/storage/SNAP
    LV Name SNAP
    VG Name storage
    LV UUID BC7WKg-fHoK-Pc7J-yhSd-vD7d-lUnl-TihKlt
    LV Write Access read/write
    LV Creation host, time localhost.localdomain, 2017-02-01 07:42:31 -0500
    LV snapshot status active destination for vo
    LV Status available
    # open 0
    LV Size 120.00 MiB
    Current LE 30
    COW-table size 120.00 MiB
    COW-table LE 30
    Allocated to snapshot 83.71%
    Snapshot chunk size 4.00 KiB
    Segments 1
    Allocation inherit
    Read ahead sectors auto
    - currently set to 8192
    Block device 253:3
```

第 3 步：为了校验 SNAP 快照卷的效果，需要对逻辑卷进行快照还原操作。在此之前记得先卸载逻辑卷与目录的挂载。

【umount /linux-yhy】
【lvconvert --merge /dev/storage/SNAP】

第 4 步：快照卷会被自动删除，并且刚刚在逻辑卷被执行快照操作后创建的 100MB 的垃圾文件也被清除了。

【mount -a】
【ls /linux-yhy/】
lost+found readme.txt

5. 删除逻辑卷

当在生产环境中想要重新部署 LVM 或不再需要使用 LVM 时，需要执行 LVM 的删除操作。为此，需要提前备份好重要的数据信息，然后依次删除逻辑卷、卷组、物理卷，此顺序不可颠倒。

第 1 步：取消逻辑卷与目录的挂载，删除配置文件中永久生效的设备参数。

【umount /linux-yhy】
【vim /etc/fstab】

删除"dev/storage/vo /linuxprobe ext4 defaults 0 0"。
第 2 步：删除逻辑卷，需要输入 y 来确认操作。

【lvremove /dev/storage/vo】
Do you really want to remove active logical volume vo? [y/n]: y
　Logical volume "vo" successfully removed

第 3 步：删除卷组，此处只写卷组名称即可，不需要写卷组的绝对路径。

【vgremove storage】
　Volume group "storage" successfully removed

第 4 步：删除物理卷。

【pvremove /dev/sdb /dev/sdc】
　Labels on physical volume "/dev/sdb" successfully wiped
　Labels on physical volume "/dev/sdc" successfully wiped

在执行完上述操作之后，再执行 lvdisplay、vgdisplay、pvdisplay 命令来查看 LVM 的信息时，就不会再看到其信息了。

9.4　软、硬链接

在 Windows 操作系统中，快捷方式是指向原始文件的一个链接文件，可以让用户从不同的位置访问原始文件；原始文件一旦被删除或剪切到其他位置后，快捷方式会失效。

　　Linux 操作系统中的快捷方式称为链接，在 Linux 操作系统中存在硬链接和软链接两种链接方式。

　　（1）硬链接（Hard Link）：可以将它理解为一个指向原始文件 inode 的指针，系统不为它分配独立的 inode 和文件。所以，硬链接文件与原始文件实际上是同一个文件，只是名字不同。每添加一个硬链接，该文件的 inode 链接数就会增加 1；而且只有当该文件的 inode 链接数为 0 时，才算彻底将它删除。换言之，硬链接实际上是指向原始文件 inode 的指针，因此，即便原始文件被删除，依然可以通过硬链接来进行访问。需要注意的是，由于技术的局限性，不能跨分区对目录文件进行硬链接。

　　（2）软链接（Symbolic Link）：也称为符号链接，仅仅包含所链接文件的路径名，因此，软链接能链接目录文件，也可以跨越文件系统进行链接。但是，当原始文件被删除后，软链接也将失效，从这一点上来看，软链接与 Windows 操作系统中的快捷方式具有一样的性质。

　　ln 命令用于创建链接文件，格式为【ln [选项] 目标】。ln 命令中可用的参数及其作用如表 9-4 所示。在使用 ln 命令时，是否添加-s 参数将创建出性质不同的两种链接方式。

表 9-4　ln 命令中可用的参数及其作用

参　　数	作　　用
-s	创建软链接（如果不带-s 参数，则默认创建硬链接）
-f	强制创建文件或目录链接
-i	覆盖前先询问
-v	显示创建链接的过程

　　为了更好地理解软链接、硬链接的不同性质，接下来创建一个与 Windows 操作系统中的快捷方式类似的软链接。这样，当原始文件被删除后，就无法读取新建的链接文件了。

【echo "Welcome to linux-yhy.com" > readme.txt】
【ln -s readme.txt readit.txt】
【cat readme.txt】
Welcome to linux-yhy.com
【cat readit.txt】
Welcome to linux-yhy.com
【ls -l readme.txt】
-rw-r--r-- 1 root root 26 Jan 11 00:08 readme.txt
【rm -f readme.txt】
【cat readit.txt】
cat: readit.txt: No such file or directory

　　接下来针对一个原始文件创建一个硬链接，相当于针对原始文件的硬盘存储位置创建了一个指针，这样一来，新创建的硬链接就不再依赖于原始文件的名称等信息，也不会因为原始文件被删除而无法读取。同时可以看到，创建硬链接后，原始文件的硬盘链接数量增加为 2。

【echo "Welcome to linux-yhy.com" > readme.txt】
【ln readme.txt readit.txt】
【cat readme.txt】

Welcome to linux-yhy.com

【cat readit.txt】

Welcome to linux-yhy.com

【ls -l readme.txt】

-rw-r--r-- 2 root root 26 Jan 11 00:13 readme.txt

【rm -f readme.txt】

【cat readit.txt】

Welcome to linux-yhy.com

复 习 题

1．RAID 技术主要用于解决什么问题？

2．RAID 0 和 RAID 5 哪个更安全？

3．假设使用 4 块硬盘来部署 RAID 10，外加一块备份盘，最多可以允许几块硬盘同时损坏？

4．对逻辑卷进行扩容和缩容操作有何异同点？

第 10 章　配置网络存储 iSCSI 服务

iSCSI 是一种在 Internet 协议上，特别是在以太网上进行数据块传输的标准，它是一种基于 IP storage 理论的新型存储技术。该技术将存储行业广泛应用的 SCSI 接口技术与 IP 网络技术相结合，可以在 IP 网络上构建 SAN 存储区域网。简单地说，iSCSI 就是在 IP 网络上运行 SCSI 协议的一种网络存储技术。

iSCSI 支持从客户端（发起端）通过 IP 网络向远程服务器上的 iSCSI 存储设备（目标）发送 SCSI 命令。iSCSI 限定名称用于确定发起端和目标，通常采用 iqn.yyyy-mm.{reverse domain}:label 的格式。在默认情况下，网络通信时使用 iSCSI 目标上的 3260/tcp 明文端口。iSCSI 技术实现了物理硬盘设备与 TCP/IP 网络协议的相互结合，使得用户可以通过互联网方便地访问远程的存储资源。

本章将具体介绍在 Linux 操作系统上部署 iSCSI 服务端程序，并分别基于 Linux 操作系统和 Windows 操作系统来访问远程的存储资源，从而帮助读者进一步理解和掌握如何在 Linux 操作系统中管理硬盘设备和存储资源。

10.1　iSCSI 技术概述

基于 IP 的存储区域网（Internet Small Computer System Interface，iSCSI），又称 IP-SAN，它是一种基于因特网及 SCSI-3 协议的存储技术，由 IETF 提出，并于 2003 年 2 月 11 日成为正式的标准。

下面将简单介绍 iSCSI 技术在生产环境中的优势和劣势。首先，iSCSI 技术非常便捷，它在访问存储资源的形式上发生了很大变化，摆脱了物理环境的限制，同时还可以把存储资源分给多个服务器共同使用，因此它是一种性能比较好的存储技术。但是，iSCSI 技术受到了网速的制约。以往，硬盘设备直接通过主板上的总线进行数据传输，现在则需要让互联网作为数据传输的载体和通道，因此，传输速率和稳定性是 iSCSI 技术的瓶颈。随着网络技术的持续发展，相信 iSCSI 技术也会随之改善。

既然要通过以太网来传输硬盘设备上的数据，那么数据是通过网卡传入计算机的吗？这就有必要向大家介绍 iSCSI-HBA 卡了，如图 10-1 所示。

图 10-1　iSCSI-HBA 卡实拍图

与一般的网卡不同（连接网络总线和内存，供计算机上网使用），iSCSI-HBA 卡连接的是 SCSI 接口或 FC（光纤通道）总线和内存，专门用于在主机之间交换存储数据，其使用的协议也与一般网卡有本质区别。运行 Linux 操作系统的服务器会基于 iSCSI 协议把硬盘设备命令与数据打包成标准的 TCP/IP 数据包，然后通过以太网传输到目标存储设备，而当目标存储设备接收到这些数据包后，还需要基于 iSCSI 协议把 TCP/IP 数据包解压缩成硬盘设备命令与数据。

10.2　创建 RAID

既然要使用 iSCSI 技术为远程用户提供共享存储资源，那么首先要保障用于存放资源的服务器的稳定性与可用性，否则一旦其在使用过程中出现故障，维护难度相较于本地硬盘设备将会更加复杂、困难。下面以配置 RAID 5 为例进行讲解。

首先在虚拟机中添加 4 块新硬盘设备，用于创建 RAID 5 和备份盘，然后启动虚拟机系统，使用 mdadm 命令创建 RAID。其中，-Cv 参数表示创建 RAID 并显示过程，/dev/md0 为生成的 RAID 的名称，-n 3 参数为创建 RAID 5 所需的硬盘个数，-l 5 参数为 RAID 的等级，-x 1 参数为备份盘个数。在命令后面要逐一写上使用的硬盘名称。

【mdadm -Cv /dev/md0 -n 3 -l 5 -x 1 /dev/sdb /dev/sdc /dev/sdd /dev/sde 】

在上述命令成功执行之后，会得到一块名为/dev/md0 的新设备，这是一块 RAID 5 等级的 RAID，并且有 1 块备份盘。大家可以使用【mdadm -D /dev/md0】命令来查看 RAID 的详细信息，如图 10-2 所示。

另外，在使用远程设备时极有可能出现设备识别顺序发生变化的情况，因此，如果直接在 fstab 挂载配置文件中写入/dev/sdb、/dev/sdc 等设备名称，就有可能在下一次挂载错误的存储设备。而 UUID 值是设备的唯一标识符，用于精确标识硬件设备，所以建议填写 UUID 值到挂载配置文件中。

```
root@localhost:~
[root@localhost ~]# mdadm -D /dev/md0
/dev/md0:
              Version : 1.2
        Creation Time : Tue Feb 12 07:33:37 2019
           Raid Level : raid5
           Array Size : 41908224 (39.97 GiB 42.91 GB)
        Used Dev Size : 20954112 (19.98 GiB 21.46 GB)
         Raid Devices : 3
        Total Devices : 4
          Persistence : Superblock is persistent

          Update Time : Tue Feb 12 07:35:24 2019
                State : clean
       Active Devices : 3
      Working Devices : 4
       Failed Devices : 0
        Spare Devices : 1

               Layout : left-symmetric
           Chunk Size : 512K

   Consistency Policy : resync

                 Name : localhost.localdomain:0  (local to host localhost.localdomain)
                 UUID : 452ac85c:e6071f1f:90fd23ee:106cc5b7
               Events : 18

    Number   Major   Minor   RaidDevice State
       0       8       16        0      active sync   /dev/sdb
       1       8       32        1      active sync   /dev/sdc
       4       8       48        2      active sync   /dev/sdd

       3       8       64        -      spare   /dev/sde
[root@localhost ~]#
```

图 10-2　RAID 的详细信息

10.3　iSCSI 服务器搭建

iSCSI 技术在工作形式上分为服务端（Target）与客户端（Initiator）。iSCSI 服务端是用于存放硬盘存储资源的服务器，它作为前面创建的 RAID 的存储端，能够为用户提供可用的存储资源。iSCSI 客户端则是用户使用的软件，用于访问远程服务端的存储资源。iSCSI 服务端和客户端的操作系统及 IP 地址如表 10-1 所示。

表 10-1　iSCSI 服务端和客户端的操作系统及 IP 地址

主 机 名 称	操 作 系 统	IP 地 址
iSCSI 服务端	CentOS 7	192.168.88.188
iSCSI 客户端	CentOS 7	192.168.88.20

第 1 步：安装 iSCSI 服务端程序。

配置好 yum 软件仓库后，安装 iSCSI 服务端程序及配置命令工具。通过在 yum 命令后面添加-y 参数，在安装过程中就不需要再进行手动确认了。

【yum -y install targetd targetcli】

安装 iSCSI 服务端程序，安装完成后启动 iSCSI 服务端进程 targetd，然后把这个服务进程加入开机启动项中，以便在服务器重启后依然能够为用户提供 iSCSI 共享存储资源服务。

【systemctl start targetd】

【systemctl enable targetd】

第 2 步：配置 iSCSI 服务端共享资源。

targetcli 是用于管理 iSCSI 服务端存储资源的专用配置命令，它能够提供类似于 fdisk 命令的交互式配置功能，将 iSCSI 共享资源的配置内容抽象成目录的形式，只需将各类配置信息填入相应的目录即可。这里的难点主要在于认识每个参数目录的作用。当把配置参数正确地填写到目录中后，iSCSI 服务端就可以提供共享资源服务了。

执行 targetcli 命令后就能看到交互式的配置界面了。在该界面中可以使用很多 Linux 命令，如利用 ls 命令查看目录参数的结构，使用 cd 命令切换到不同的目录。/backstores/block 是 iSCSI 服务端配置共享设备的位置。需要把刚刚创建的 RAID 5 的 md0 文件加入配置共享设备的资源池，并将该文件重新命名为 disk0，这样用户就不会知道是由服务器中的哪块硬盘来提供共享存储资源的，而只会看到一个名为 disk0 的存储设备，如图 10-3 所示。

图 10-3　配置 iSCSI 服务端共享资源

本案例在进入 targetcli 交互式的配置界面后所需的命令如下：

【targetcli】

【ls】

【cd /backstores/block】

【create disk0 /dev/md0】

【cd /】

【ls】

第 3 步：创建 iSCSI target 名称及配置共享资源。

iSCSI target 名称是由系统自动生成的，这是一串用于描述共享资源的唯一字符串。稍后用户在扫描 iSCSI 服务端时即可看到这个字符串，因此不需要记住它。系统在生成这个 iSCSI target 名称后，还会在/iscsi 参数目录中创建一个与其字符串同名的新目录，用来存放共享资源。用户需要把前面加入 iSCSI 共享资源池的硬盘设备添加到这个新目录中，这样用户在登录 iSCSI 服务端后，即可默认使用此硬盘设备提供的共享存储资源，如图 10-4 所示。

图 10-4　创建 iSCSI target 名称及配置共享资源

本案例在进入 targetcli 交互式的配置界面后所需的命令如下：

【targetcli】
【cd iscsi】
【create】
注意，iqn 的值是上一步操作产生的，直接复制后去掉最后的点，然后加斜杠即可。
【cd iqn.2003-01.org.linux-iscsi.localhost.x8664:sn.d9886122cf73/】
【cd tpg1/luns】
【create /backstores/block/disk0】

第 4 步：设置访问控制列表。

iSCSI 协议是通过客户端名称进行验证的，也就是说，用户在访问存储共享资源时不需要输入密码，只要 iSCSI 客户端的名称与服务端中设置的访问控制列表中的某一名称条目一致即可，因此需要在 iSCSI 服务端的配置文件中写入一串能够验证用户信息的名称。acls 参数目录用于存放能够访问 iSCSI 服务端共享存储资源的客户端名称。所以笔者建议在刚刚系统生成的 iSCSI target 名称后面追加上类似于:client 的参数，这样既能保证客户端的名称具有唯一性，又非常便于管理和阅读，如图 10-5 所示。

图 10-5　设置访问控制列表

本案例在进入 targetcli 交互式的配置界面后所需的命令如下：

【cd ..】
【cd acls】
【create iqn.2003-01.org.linux-iscsi.localhost.x8664:sn.d9886122cf73:client】

第 5 步：设置 iSCSI 服务端的监听 IP 地址和端口号。

生产环境中的服务器上可能有多块网卡，那么到底是由哪个网卡或 IP 地址对外提供共享存储资源的呢？这就需要在配置文件中手动定义 iSCSI 服务端的信息了，即在 portals 参数目录中写上服务器的 IP 地址，如图 10-6 所示。

图 10-6　设置 iSCSI 服务端的监听 IP 地址和端口号

接下来将由系统自动开启服务器 192.168.88.188 的 3260 端口，向外提供 iSCSI 共享存储资源服务。

本案例在进入 targetcli 交互式的配置界面后所需的命令如下：

【cd ..】
【cd portals】
【create 192.168.88.188】

注意：

在运行上述最后一条命令时，笔者的系统提示错误为 "Could not create NetworkPortal in configFS"，出现此错误提示的原因是已经存在一个 IP 地址和端口号，使用命令【delete 0.0.0.0 3260】将其删除，再重新创建即可。

第 6 步：应用配置。

配置妥当后检查配置信息，重启 iSCSI 服务端程序并配置防火墙策略。在参数文件配置妥当后，使用【ls /】命令可以浏览刚刚配置的信息，确保与以下信息保持一致，如图 10-7 所示。

在确认信息无误后输入【exit】命令来退出配置。注意，千万不要习惯性地按 "Ctrl + C" 组合键结束进程，这样并不会保存配置文件，前期的工作也就白费了。最后重启 iSCSI 服务端程序，再设置 firewalld 防火墙策略，使其放行 3260/tcp 端口号的流量。

```
root@localhost:/etc/yum.repos.d                                          □ X
/iscsi/iqn.20.../tpg1/portals> ls /
o- /  .................................................................. [...]
  o- backstores  ....................................................... [...]
  | o- block  .......................................... [Storage Objects: 1]
  | | o- disk0  ................ [/dev/md0 (40.0GiB) write-thru activated]
  | |   o- alua  ...................................... [ALUA Groups: 1]
  | |     o- default_tg_pt_gp  ............. [ALUA state: Active/optimized]
  | o- fileio  ......................................... [Storage Objects: 0]
  | o- pscsi  .......................................... [Storage Objects: 0]
  | o- ramdisk  ........................................ [Storage Objects: 0]
  o- iscsi  ................................................... [Targets: 1]
  | o- iqn.2003-01.org.linux-iscsi.localhost.x8664:sn.d9886122cf73  ....
  |   o- tpg1  ................................... [no-gen-acls, no-auth]
  |     o- acls  ............................................ [ACLs: 1]
  |     | o- iqn.2003-01.org.linux-iscsi.localhost.x8664:sn.d9886122cf73:client [Mapped LUN
s: 1]
  |     |   o- mapped_lun0  ..................... [lun0 block/disk0 (rw)]
  |     o- luns  ............................................ [LUNs: 1]
  |     | o- lun0  ........... [block/disk0 (/dev/md0) (default_tg_pt_gp)]
  |     o- portals  ....................................... [Portals: 1]
  |       o- 192.168.88.188:3260  .............................. [OK]
  o- loopback  ............................................... [Targets: 0]
/iscsi/iqn.20.../tpg1/portals> exit
Global pref auto_save_on_exit=true
Last 10 configs saved in /etc/target/backup.
Configuration saved to /etc/target/saveconfig.json
[root@localhost yum.repos.d]#
```

图 10-7　查看配置结果信息并退出

【systemctl restart targetd】重启 iSCSI 服务端程序。

设置 firewalld 防火墙策略，使其放行 3260/tcp 端口号的流量。

【firewall-cmd --permanent --add-port=3260/tcp】

【firewall-cmd --reload】重启防火墙。

iSCSI 服务端的配置至此全部完成。

10.4　Linux 客户端配置

在 CentOS 7 中，已经默认安装了 iSCSI 客户端服务程序 initiator，如果没有安装，则可以使用 yum 软件仓库手动安装。

【yum install iscsi-initiator-utils】

前面讲到，iSCSI 协议是通过客户端的名称来进行验证的，而该名称也是 iSCSI 客户端的唯一标识，并且它必须与服务端配置文件中的访问控制列表中的信息一致，否则客户端在尝试访问存储共享设备时，系统会弹出验证失败的保存信息。

下面编辑 iSCSI 客户端中的 initiator 名称文件，把服务端的访问控制列表名称填写进来，然后重启客户端 iscsid 服务程序，并将其加入开机启动项。

【vim /etc/iscsi/initiatorname.iscsi】

InitiatorName=iqn.2003-01.org.linux-iscsi.localhost.x8664:sn.d9886122cf73:client

【systemctl restart iscsid】

【systemctl enable iscsid】

访问 iSCSI 客户端并使用共享存储资源的步骤很简单，只需要记住：先发现，再登录，最后挂载并使用。iscsiadm 是用于管理、查询、插入、更新或删除 iSCSI 数据库配置文件的命令行工具，用户需要先使用这个工具扫描发现远程 iSCSI 服务端，然后查看找到的服务端上有哪些可用的共享存储资源。其中，-m discovery 参数的目的是扫描并发现可用的存储资源，-t st 参数为执行扫描操作的类型，-p 192.168.88.188 参数为 iSCSI 服务端的 IP 地址。

【iscsiadm -m discovery -t st -p 192.168.88.188】

192.168.88.188:3260,1 iqn.2003-01.org.linux-iscsi.localhost.x8664:sn.d9886122cf73

在使用 iscsiadm 命令发现远程服务器上可用的存储资源后，接下来准备登录 iSCSI 服务端。其中，-m node 参数为将客户端所在主机作为一台节点服务器，-T iqn.2003-01.org.linux-iscsi.localhost.x8664:sn.d9886122cf73 参数为要使用的存储资源，-p 192.168.88.188 参数为 iSCSI 服务端的 IP 地址。最后使用--login 或-l 参数进行登录验证，如图 10-8 所示。

【iscsiadm -m node -T iqn.2003-01.org.linux-iscsi.localhost.x8664:sn.d9886122cf73 -p 192.168.88.188 --login】

图 10-8 登录验证

在 iSCSI 客户端成功登录之后，会在客户端主机上多出一个名为/dev/sdb 的设备文件。接下来可以像使用本地主机上的硬盘一样来操作这个设备文件。

【file /dev/sdb】

/dev/sdb: block special

下面进入标准的磁盘操作流程。考虑大家已经在第 8 章学习了这部分内容，且此设备文件本身只有 40GB 的容量，因此，此处不再进行分区，而是直接将其格式化并挂载使用，如图 10-9 所示。

【mkfs.xfs /dev/sdb】

【mkdir /iscsi】

【mount /dev/sdb /iscsi】

【df -h】

图 10-9 查看磁盘分区与挂载情况

自此之后，这个设备文件就可以像客户端本机主机上的硬盘一样工作。需要提醒大家的是，由于 udev 服务是按照系统识别硬盘设备的顺序来命名硬盘设备的，当客户端主机同时使用多个远程存储资源时，如果下一次识别远程设备的顺序发生了变化，那么客户端挂载目录中的文件也将发生混乱。为了防止这样的问题发生，应该在/etc/fstab 配置文件中使用远程设备的 UUID 值进行挂载, 这样, 无论远程设备的识别顺序怎么变化, 系统都能正确找到设备所对应的目录。

blkid 命令用于查看设备的名称、文件系统及 UUID 值。可以使用管道命令符进行过滤, 只显示与/dev/sdb 设备相关的信息。

【blkid | grep /dev/sdb】

注意:

由于/dev/sdb 是一块网络存储设备, 而 iSCSI 协议是基于 TCP/IP 网络传输数据的, 所以必须在/etc/fstab 配置文件中添加 _netdev 参数, 表示当系统联网后再进行挂载操作, 以免系统开机时间过长或开机失败。

通过【vim /etc/fstab】命令编辑/etc/fstab 文件, 在末行添加以下信息:

UUID=35c890c5-253a-418b-b4c3-0bbfa68f262c /iscsi xfs defaults,_netdev 0 0

如果不再需要使用 iSCSI 共享设备资源, 则可以用 iscsiadm 命令的-u 参数将其设备卸载。

【iscsiadm -m node -T iqn.2003-01.org.linux-iscsi.localhost.x8664:sn.d9886122cf73 -u】

10.5 Windows 客户端配置

使用 Windows 操作系统的客户端也可以正常访问 iSCSI 服务器上的共享存储资源, 其操作原理及步骤与 Linux 操作系统的客户端基本相同。在进行以下实验之前, 请先关闭 Linux 操作系统的客户端, 以免这两台客户端主机同时使用 iSCSI 共享存储资源而产生潜在的问题。下面按照表 10-2 来配置 iSCSI 服务器和 Windows 客户端的操作系统及 IP 地址。

表 10-2 iSCSI 服务器和 Windows 客户端的操作系统及 IP 地址

主 机 名 称	操 作 系 统	IP 地 址
iSCSI 服务器	CentOS 7	192.168.88.188
Windows 系统客户端	Windows 7	192.168.88.30

第 1 步: 运行 iSCSI 发起程序。在 Windows 7 操作系统中已经默认安装了 iSCSI 客户端程序, 只需在控制面板中找到 "系统和安全" 标签, 然后单击 "管理工具" 按钮, 进入 "管理工具" 页面后即可看到 "设置 iSCSI 发起程序" 图标; 也可以直接在控制面板中查找 "iSCSI" 关键字, 如图 10-10 所示。

图 10-10 在控制面板中查找 "设置 iSCSI 发起程序"

　　单击"设置 iSCSI 发起程序"链接。在第一次运行 iSCSI 发起程序时，系统会提示"Microsoft iSCSI 服务端未运行"，单击"是"按钮即可自动启动并运行 iSCSI 发起程序。

　　第 2 步：扫描发现 iSCSI 服务端上可用的存储资源。无论是 Windows 操作系统还是 Linux 操作系统，要想使用 iSCSI 共享存储资源，都必须先进行扫描发现操作。运行 iSCSI 发起程序后在"目标"选项卡的"目标"文本框中写入 iSCSI 服务端的 IP 地址，然后单击"快速连接"按钮，如图 10-11 所示。

图 10-11　填写 iSCSI 服务端的 IP 地址

　　在弹出的"快速连接"提示框中可以看到共享的硬盘存储资源，单击"完成"按钮即可，如图 10-12 所示。

图 10-12　在"快速连接"提示框中看到的共享的硬盘存储资源

169

回到"目标"选项卡页面，可以看到共享存储资源的名称已经出现，如图 10-13 所示。

图 10-13 在"目标"选项卡中看到了共享存储资源的名称

第 3 步：准备连接 iSCSI 服务端的共享存储资源。由于在 iSCSI 服务端程序上设置了 ACL，只有客户端名称与 ACL 策略中的名称保持一致时才能使用远程存储资源，所以需要在"配置"选项卡中单击"更改"按钮，把 iSCSI 发起程序的名称修改为 ACL 定义的名称，如图 10-14 所示。

图 10-14 修改 iSCSI 发起程序的名称

在确认 iSCSI 发起程序的名称修改正确后，即可返回"目标"选项卡页面，然后单击"连接"按钮进行连接请求，成功连接到远程共享存储资源的页面如图 10-15 所示。

图 10-15　成功连接到远程共享存储资源的页面

第 4 步：访问 iSCSI 远程共享存储资源。单击桌面上的"计算机"图标，打开计算机管理程序，然后选择"存储"下的"磁盘管理"，如图 10-16 所示。

图 10-16　计算机管理程序界面

对磁盘进行初始化操作，如图 10-17 所示。Windows 操作系统中对磁盘进行初始化操作的步骤如图 10-17～图 10-23 所示。

图 10-17　对磁盘进行初始化操作

图 10-18　开始使用"新建简单卷向导"

图 10-19　对磁盘进行分区操作

图 10-20　设置系统中显示的盘符

图 10-21　设置磁盘的格式及卷标

图 10-22　检查磁盘初始化信息是否正确

等待磁盘初始化过程结束。

图 10-23　磁盘初始化结束后弹出设备图标

复　习　题

一、填空题

1．在 Linux 操作系统中，iSCSI 服务端和 iSCSI 客户端所使用的服务程序分别叫(　　　)、(　　　)。

2．iSCSI 协议占用了服务器协议 (　　　　) 和端口号 (　　　　)。

3．在使用 Windows 操作系统访问 iSCSI 远程共享存储资源时，有两个步骤与 Linux 操作系统一样，分别是 (　　　　) 和 (　　　　)。

二、简答题

用户在填写 fstab 设备挂载配置文件时，一般会把远程共享存储资源的 UUID 值（而非设备名称）填写到配置文件中，这是为什么？

第 11 章　配置与应用 DHCP 服务

动态主机配置协议（Dynamic Host Configuration Protocol，DHCP）是一个简化主机 IP 地址分配管理的 TCP/IP 协议。只要在网络中安装和配置了 DHCP 服务器，用户无须自行输入任何数据就可以将一台计算机接入网络，所有入网的必要参数（包括 IP 地址、子网掩码、网关地址、DNS 服务器地址等）的设置都可以交给 DHCP 服务器负责，它会自动地为用户的计算机配置好相关参数。DHCP 服务器的部署可以有效地提升 IP 地址的利用率，提高配置效率，并降低管理与维护成本。

本章详细讲解了在 Linux 操作系统中配置部署 dhcpd 服务程序的方法，剖析了 dhcpd 服务程序配置文件内每个参数的作用，并通过自动分配 IP 地址、绑定 IP 地址与 MAC 地址等实验，让各位读者更直观地体会 DHCP 服务器的强大之处。

11.1　DHCP 服务器的工作原理

DHCP 是基于客户端/服务器模式的，当 DHCP 客户端启动时，它会自动与 DHCP 服务器通信，由 DHCP 服务器为 DHCP 客户端提供自动分配 IP 地址的服务。安装了 DHCP 服务软件的服务器称为 DHCP 服务器，而启用了 DHCP 功能的客户机称为 DHCP 客户端。

DHCP 服务器是以地址租约的方式为 DHCP 客户端提供服务的，它有以下两种方式。

（1）限定租期：这种方式是一种动态分配的方式，可以很好地解决 IP 地址不够用的问题。

（2）永久租用：采用这种方式的前提是公司的 IP 地址足够使用，这样 DHCP 客户端就不必频繁地向 DHCP 服务器提出续约请求。

DHCP 客户机申请一个新的 IP 地址的总体过程如图 11-1 所示。从图 11-1 中可以看出，DHCP 服务工作分为 6 个阶段：

（1）发现阶段：即 DHCP 客户端寻找 DHCP 服务器的过程，对应于 DHCP 客户端发送 DHCP 发现（Discovery）报文，因为 DHCP 服务器对应的 DHCP 客户端是未知的，所以 DHCP 客户端发出的 DHCP 发现报文是广播包，源 IP 地址为 0.0.0.0，目的地址为 255.255.255.255。如果同一个网络内没有 DHCP 服务器，而该网关接口配置了 DHCP 中继（Relay）功能，则该接口为 DHCP 中继，DHCP 中继会将该 DHCP 发现报文的源 IP 地址修改为该接口的 IP 地址，而目的地址则为 DHCP 中继（Relay）配置的 DHCP 服务器的 IP 地址。

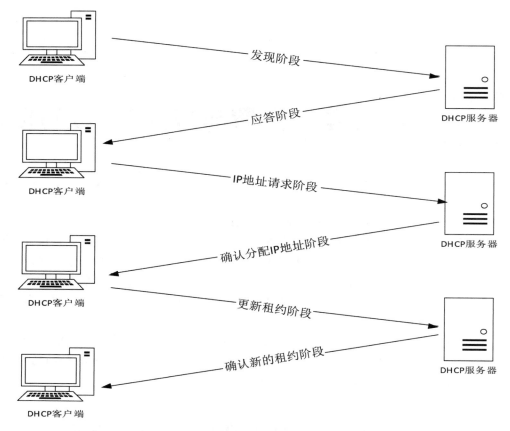

图 11-1　DHCP 客户机申请一个新的 IP 地址的总体过程

（2）应答阶段：网络上的所有支持 TCP/IP 的主机都会收到该 DHCP 发现报文，但是只有 DHCP 服务器会响应该报文。如果网络中存在多个 DHCP 服务器，则多个 DHCP 服务器均会回复该 DHCP 发现报文。

（3）IP 地址请求阶段：DHCP 客户端收到若干个 DHCP 服务器响应的 DHCP 应答报文后，会选择其中一个 DHCP 服务器作为目标 DHCP 服务器。选择策略通常为选择第一个响应的 DHCP 应答报文所属的 DHCP 服务器。然后以广播方式回答一个 IP 地址请求（Request）报文，该报文中包含向目标 DHCP 服务器发送的 IP 地址请求等信息。以广播方式发出信息是为了通知其他 DHCP 服务器自己将选择该 DHCP 服务器提供的 IP 地址。

（4）确认分配 IP 地址阶段：DHCP 服务器收到 IP 地址请求报文后，会解析该请求报文的 IP 地址所属的子网。并从 dhcpd.conf 文件中与之匹配的子网（subnet）中取出一个可用的 IP 地址（从可用地址段选择一个 IP 地址后，首先发送 ICMP 报文来 ping 该 IP 地址，如果收到该 IP 地址的 ICMP 报文，则抛弃该 IP 地址，重新选择 IP 地址继续进行 ICMP 报文测试，直到找到一个没有被使用的 IP 地址，以达到避免动态分配的 IP 地址与网络中其他设备的 IP 地址冲突的目的），设置在 DHCP 发现报文 yiaddress 字段中表示为该客户端分配的 IP 地址，并为此次租用（Lease）设置该子网（Subnet）配置的选项（Option），如默认租用租期、最大租期、路由器等信息。

DHCP 服务器从地址池中选择 IP 地址时按照以下优先级进行选择。

① 当前已经存在的 IP Mac 的对应关系；

② 客户端以前的 IP 地址；

③ 读取 DHCP 发现报文中的 Requested IP Address Option 的值，如果存在并且该 IP 地址可用；

④ 从配置的子网中选择 IP 地址。

（5）更新租约阶段：DHCP 客户端获取的 IP 地址都有租约，租约过期后，DHCP 服务器将回收该 IP 地址，所以如果 DHCP 客户端想继续使用该 IP 地址，必须更新租约。更新的方式为在当前租约期限过了一半的时候，DHCP 客户端将会发送 DHCP 更新（Renew）报文来续约租期，或者 DHCP 客户端重新登录网络，当 DHCP 客户端重新登录网络后，发送一个包含之前 DHCP 服务器分配的 IP 地址信息的 IP 地址 DHCP 请求报文。

（6）确认新的租约阶段：当 DHCP 服务器收到更新租约的请求后，会尝试让 DHCP 客户端继续使用该 IP 地址，并回复一个 ACK 报文。但是如果该 IP 地址无法再次分配给该 DHCP 客户端，DHCP 服务器会回复一个 NAK 报文，当 DHCP 客户端收到该 NAK 报文后，会重新发送 DHCP 发现报文来重新获取 IP 地址。

使用 DHCP 服务器，不仅可以大大减轻网络管理员管理和维护网络的负担，还可以解决 IP 地址不够用的问题。DHCP 的应用十分广泛，无论是在服务器机房还是家庭、机场、咖啡馆，都能见到它的身影。既然确定在今后的生产环境中会经常使用 DHCP，那么就有必要好好地熟悉一下 DHCP 涉及的常用术语了。

- 作用域：一个完整的 IP 地址段，DHCP 根据作用域来管理网络的分布、分配 IP 地址及其他配置参数。
- 超级作用域：用于管理处于同一个物理网络中的多个逻辑子网段。超级作用域中包含可以统一管理的作用域列表。
- 排除范围：把作用域中的某些 IP 地址排除，确保这些 IP 地址不会被分配给 DHCP 客户端。
- 地址池：在定义了 DHCP 的作用域并应用了排除范围后，剩余的 IP 地址用来动态分配给 DHCP 客户端的 IP 地址范围。
- 租约：DHCP 客户端能够使用动态分配的 IP 地址的时间。
- 预约：保证网络中的特定设备总是获取相同的 IP 地址。

11.2 解读 DHCP 配置文件

在确认 yum 软件仓库配置妥当之后，通过 yum 命令安装 dhcpd 服务程序，安装完成后通过 cat 命令查看 dhcpd 服务程序的配置文件内容。

【yum -y install dhcp】

【cat /etc/dhcp/dhcpd.conf】

默认情况下，该文件只有 3 行注释过的提示信息，如图 11-2 所示。

图 11-2　dhcpd.conf 文件的默认内容

注释信息提示我们 DHCP 服务器的配置请参阅一个示例文件，该示例文件是/usr/share/doc/dhcp*/dhcpd.conf.sample，或者根据 DHCP 的配置手册进行配置，我们可以使用以下命令将示例文件复制过来，并覆盖现有的空文件。

【cp /usr/share/doc/dhcp-4.2.5/dhcpd.conf.example /etc/dhcp/dhcpd.conf】

使用以下命令编辑 DHCP 主配置文件。

【vim /etc/dhcp/dhcpd.conf】

打开 DHCP 主配置文件的 DHCP 示例文件，如图 11-3 所示。

图 11-3　DHCP 示例文件

和所有的配置文件类似，DHCP 示例文件也用"#"代表注释。

一个标准的配置文件应该包括全局配置参数、子网网段声明、地址配置选项及地址配置参数。其中，全局配置参数用于定义 dhcpd 服务程序的整体运行参数；子网网段声明用于配置整个子网段的地址属性。

考虑 dhcpd 服务程序配置文件的可用参数比较多，笔者在此挑选了一些常见的参数，并对这些参数逐一进行了简单介绍，如表 11-1 所示，为接下来的实验打好基础。

表 11-1　dhcpd 服务程序配置文件中使用的常见参数及作用

参　数	作　用
ddns-update-style [类型]	定义 DNS 服务动态更新的类型，类型包括 none（不支持动态更新）、interim（互动更新模式）与 ad-hoc（特殊更新模式）
[allow | ignore] client-updates	允许、忽略客户端更新 DNS 记录
default-lease-time [21600]	默认超时时间
max-lease-time [43200]	最大超时时间
option domain-name-servers [8.8.8.8]	定义 DNS 服务器地址
option domain-name ["domain.org"]	定义 DNS 域名
range	定义用于分配的 IP 地址池
option subnet-mask	定义客户端的子网掩码
option routers	定义客户端的网关地址
broadcase-address[广播地址]	定义客户端的广播地址
ntp-server[IP 地址]	定义客户端的网络时间服务器（NTP）
nis-servers[IP 地址]	定义客户端的 NIS 域服务器的地址
Hardware[网卡物理地址]	指定网卡接口的类型与 MAC 地址
server-name[主机名]	向 DHCP 客户端通知 DHCP 服务器的主机名
fixed-address[IP 地址]	将某个固定的 IP 地址分配给指定主机
time-offset[偏移误差]	指定客户端与格林尼治时间的偏移误差

11.3　架设企业 DHCP 服务器

DHCP 的设计初衷是更高效地集中管理局域网内的 IP 地址资源。DHCP 服务器会自动把 IP 地址、子网掩码、网关地址、DNS 服务器地址等网络信息分配给有需要的 DHCP 客户端，而且当 DHCP 客户端的租约到期后还可以自动回收所分配的 IP 地址，以便将其分配给新加入的 DHCP 客户端。

下面是某企业真实生产环境的需求：

请保证公司员工能够使用公司的本地 DHCP 服务器。

某企业每天都会有 100 名左右的员工自带笔记本电脑来公司上班，公司需要架设一台 DHCP 服务器以保证公司员工的电脑自动获取 DHCP 服务器的 IP 地址并正常上网，DHCP 服务器的 IP 地址为 192.168.88.188。下面按照以下要求进行配置。

（1）为子网 192.168.88.0/24 建立一个 IP 作用域，并将在 192.168.88.50～192.168.88.150 的 IP 地址动态分配给 DHCP 客户端。

（2）子网中的 DNS 服务器地址为 192.168.88.1 与 114.114.114.114，IP 路由器地址为 192.168.88.1，所在的域名为 linux-yhy.com，将这些参数给指定 DHCP 客户端使用。

（3）配置默认租约时间为 21600 秒，最大租约时间为 43200 秒。

在了解了真实需求及企业网络中的配置参数之后，接下来是配置 DHCP 服务器的具体步骤。

第 1 步：关闭虚拟机的默认 DHCP 功能。

由于 VMware Workstation 自带 DHCP 服务，为了避免与自身配置的 dhcpd 服务程序产生冲突，应该先按照图 11-4 和图 11-5 将 VMware Workstation 自带的 DHCP 功能关闭。

图 11-4　单击打开 VMware Workstation 的"虚拟网络编辑器"菜单

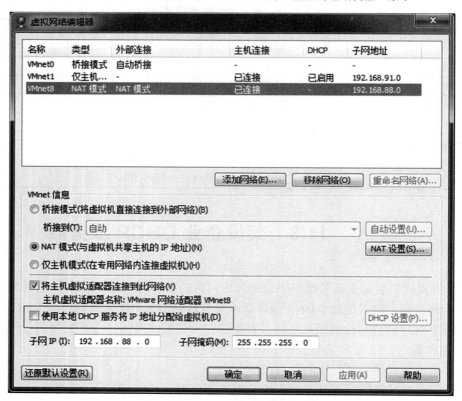

图 11-5　关闭 VMware Workstation 自带的 DHCP 功能

第 2 步：安装服务，准备样本文件。

CentOS 7 中默认没有安装 DHCP 服务，需要先配置好 yum 源，然后通过 yum 命令进行安装，默认的配置文件为空，建议复制样本文件覆盖原本的空文件。

【yum -y install dhcp】

【cp /usr/share/doc/dhcp-4.2.5/dhcpd.conf.example /etc/dhcp/dhcpd.conf】

第 3 步：编辑主配置文件。

在确认 DHCP 服务器的 IP 地址等网络信息配置妥当后，就可以配置 dhcpd 服务程序了。

请注意，在配置 dhcpd 服务程序时，配置文件中的每行参数都需要以 ";" 结尾，这是规定。另外，dhcpd 服务程序配置文件内的参数都十分重要，因此笔者罗列出了每行参数，并对其用途进行了简单介绍，如表 11-2 所示。

```
【vim /etc/dhcp/dhcpd.conf】
ddns-update-style none;
ignore client-updates;
subnet 192.168.88.0 netmask 255.255.255.0 {
range 192.168.88.50 192.168.88.150;
option subnet-mask 255.255.255.0;
option routers 192.168.88.1;
option domain-name "linux-yhy.com";
option domain-name-servers 192.168.88.1;
default-lease-time 21600;
max-lease-time 43200;

}
```

表 11-2　dhcpd 服务程序配置文件中使用的参数及作用

参　　数	作　　用
ddns-update-style none;	设置 DNS 服务，不自动进行动态更新
ignore client-updates;	忽略客户端更新 DNS 记录
subnet 192.168.88.0 netmask 255.255. 255.0 {	作用域为 192.168.88.0/24 网段
range 192.168.88.50 192.168.88.150;	IP 地址池为 192.168.88.50~192.168.88.150（约 100 个 IP 地址）
option subnet-mask 255.255.255.0;	定义客户端默认的子网掩码
option routers 192.168.88.1;	定义客户端的网关地址
option domain-name "linux-yhy.com";	定义默认的搜索域
option domain-name-servers 192.168. 10.1;	定义客户端的 DNS 地址
default-lease-time 21600;	定义默认租约时间（单位：秒）
max-lease-time 43200;	定义最大租约时间（单位：秒）
}	结束符

第 4 步：服务验证。

把 dhcpd 服务程序配置妥当之后就可以开启客户端来检验 IP 地址分配效果了。将客户端的网卡设置为自动获取 IP 地址即可。可随意开启几台客户端，准备进行验证。但是一定要注意，DHCP 客户端与 DHCP 服务器需要处于同一种网络模式：NAT 模式，否则就会产生物理隔离，从而无法获取 IP 地址。

在红帽认证考试及生产环境中，都需要把配置过的 dhcpd 服务加入开机启动项，以确保当服务器下次开机后 dhcpd 服务程序依然能自动启动，并顺利地为客户端分配 IP 地址等信息。笔者也建议大家能养成"配置好服务程序，顺手将其加入开机启动项"的好习惯，具体命令如下。

```
【systemctl start dhcpd】
【systemctl enable dhcpd】
```

11.4 配置 DHCP 保留地址

在 DHCP 中，有个术语是"保留"，它用于确保局域网中特定的设备总是获取保留的 IP 地址。换句话说，就是 dhcpd 服务程序会把某个 IP 地址保留下来，只将其用于相匹配的特定设备。

要想将某个 IP 地址与某台主机进行绑定，就需要用到这台主机的 MAC 地址。MAC 地址是网卡上的一串独立的标识符，具有唯一性，因此不存在冲突的情况，如图 11-6 所示。

```
[root@localhost ~]# ifconfig
ens33: flags=4163<UP,BROADCAST,RUNNING,MULTICAST>  mtu 1500
        inet 192.168.88.188  netmask 255.255.255.0  broadcast 192.168.88.255
        inet6 fe80::5d17:fff7:c3c2:eb14  prefixlen 64  scopeid 0x20<link>
        ether 00:0c:29:1d:16:5c  txqueuelen 1000  (Ethernet)
        RX packets 23019  bytes 25549130 (24.3 MiB)
        RX errors 0  dropped 0  overruns 0  frame 0
        TX packets 11969  bytes 9700306 (9.2 MiB)
        TX errors 0  dropped 0 overruns 0  carrier 0  collisions 0

ens34: flags=4163<UP,BROADCAST,RUNNING,MULTICAST>  mtu 1500
        ether 00:0c:29:1d:16:66  txqueuelen 1000  (Ethernet)
        RX packets 442  bytes 38624 (37.7 KiB)
        RX errors 0  dropped 0  overruns 0  frame 0
        TX packets 0  bytes 0 (0.0 B)
        TX errors 0  dropped 0 overruns 0  carrier 0  collisions 0

lo: flags=73<UP,LOOPBACK,RUNNING>  mtu 65536
        inet 127.0.0.1  netmask 255.0.0.0
        inet6 ::1  prefixlen 128  scopeid 0x10<host>
```

图 11-6　查看运行 Linux 操作系统的主机的 MAC 地址

在 Linux 操作系统或 Windows 操作系统中，都可以通过查看网卡的状态来获取主机的 MAC 地址。在 dhcpd 服务程序的配置文件中，按照以下格式将 IP 地址与 MAC 地址进行绑定。

host 主机名称　{			
	hardware	ethernet	该主机的 MAC 地址;
	fixed-address	欲指定的 IP 地址;	
}			

每次为每张网卡分配 IP 地址时，DHCP 服务器都会将其保留在本地的日志文件中，通过以下命令查看日志文件，即可获悉主机的 MAC 地址与 IP 地址的对应关系。

【tail -f /var/log/messages】

　注意：

在 Windows 操作系统中看到的 MAC 地址，其格式类似于 00-0c-29-27-c6-12，间隔符为"-"。但是在 Linux 操作系统中，MAC 地址的间隔符则变成了"："。

【vim /etc/dhcp/dhcpd.conf】
　　1 ddns-update-style none;

```
2 ignore client-updates;
3 subnet 192.168.88.0 netmask 255.255.255.0 {
4 range 192.168.88.50 192.168.88.150;
5 option subnet-mask 255.255.255.0;
6 option routers 192.168.88.1;
7 option domain-name "linux-yhy.com";
8 option domain-name-servers 192.168.88.1;
9 default-lease-time 21600;
10 max-lease-time 43200;
11 host linux-yhy {
12 hardware ethernet 00:0c:29:27:c6:12;
13 fixed-address 192.168.88.88;
14 }
15 }
```

确认参数填写正确后就可以保存并退出配置文件了，然后即可通过以下命令重启 dhcpd 服务程序。

【systemctl restart dhcpd】

至此，配置完成。

复 习 题

一、选择题

1．DHCP 是动态主机配置协议的简称，其作用是可以使网络管理员通过一台服务器来管理一个网络系统，自动地为网络中的主机分配（　　　）地址。

A．网络　　　　　　　　B．MAC　　　　　　　C．TCP　　　　　　　D．IP

2．若需要检查当前 Linux 操作系统是否已安装了 DHCP 服务器，以下命令正确的是（　　　）。

A．rpm -q dhcp　　　B．rpm -ql dhcp　　　C．rpm -q dhcpd　　　D．rpm -ql

3．DHCP 服务器的主配置文件是（　　　）。

A．/etc/dhcp.conf　　　　　　　　　B．/etc/dhcpd.conf

C．/etc/dhcp　　　　　　　　　　　D．/usr/share/doc/dhcp-4.1.1/dhcpd.conf.sample

4．启动 DHCP 服务器的命令有（　　　）。

A．systemctl start dhcp　　　　　　B．systemctl dhcp restart

C．service dhcp start　　　　　　　D．service dhcp restart

5．以下对 DHCP 服务器的描述中，错误的是（　　　）。

A．启动 DHCP 服务的命令是 service dhcpd start

B．对 DHCP 服务器进行配置，均可通过配置/etc/dhcp.conf 来完成

C．在定义作用域时，一个网段通常定义一个作用域，可通过 range 语句指定可分配的 IP 地址范围，使用 option routers 语句指定默认网关

D．DHCP 服务器必须指定一个固定的 IP 地址

二、简答题

1．说明 DHCP 服务器的工作过程。

2．如何在 DHCP 服务器中为某一台计算机分配固定的 IP 地址？

3．如何将 Windows 操作系统和 Linux 操作系统的计算机配置为 DHCP 客户端？

三、操作题

架设一台 DHCP 服务器，并按照以下要求进行配置。

（1）为子网 192.168.1.0/24 建立一个 IP 作用域，并将 192.168.1.20～192.168.1.100 的 IP 地址动态分配给客户端。

（2）假设子网中的 DNS 服务器地址为 192.168.1.2，IP 路由器地址为 192.168.1.1，所在的域名为 example.com，将这些参数指定给客户端使用。

（3）为某台主机保留 192.168.1.50 这个 IP 地址。

第 12 章 配置与应用 Web 服务

Web 服务器是公司、企业、政府部门、科研院所、大中专院校等必备的对外宣传工具，它们都在建设自己的 Web 网站，Web 服务器是实现信息发出、资源查询、数据处理、视频点播、办公处理等诸多应用的基础性平台，所以建设 Web 服务器是运维工程师必备的技能。

Web 服务采用浏览器/服务器（B/S）模型，浏览器用于解释和显示 Web 页面，响应用户的输入请求，并通过 HTTP 协议将用户请求传递给 Web 服务器。Web 服务器默认使用 80 端口为客户机的浏览器提供服务，浏览器使用 HTTP 发送请求，浏览器先与服务器建立连接，服务器查找到文档后会将文档传给客户机的浏览器。

本章先向读者介绍什么是 Web 服务程序，以及 Web 服务程序的用处，然后通过对比当前主流的 Web 服务程序来帮助读者更好地理解其各自的优势及特点，最后通过对 httpd 服务程序中全局配置参数、区域配置参数及注释信息的理论讲解和实战部署，确保读者学会 Web 服务程序的配置方法，并真正掌握在 Linux 操作系统中配置服务的技巧。

12.1 发布默认网站

Web 服务器又称为 WWW 服务器，它是放置一般网站的服务器。一台 Web 服务器上可以建立多个网站，各网站的拥有者只需要把做好的网页和相关文件放置在 Web 服务器的网站中，其他用户就可以通过浏览器访问网站中的网页了。

目前能够提供 Web 网络服务的程序有 IIS、Nginx 和 Apache 等。其中，IIS（Internet Information Services，互联网信息服务）是 Windows 操作系统中默认的 Web 服务程序，这是一款图形化的网站管理工具，不仅可以提供 Web 网站服务，还可以提供 FTP、NMTP、SMTP 等服务。Nginx 程序作为一款轻量级的网站服务软件，因其稳定性和丰富的功能而快速占领服务程序市场，Apache 程序目前是市场占有率很高的 Web 服务程序之一，其跨平台和安全性被广泛认可且拥有快速、可靠、简单的 API 扩展。Apache 软件基金会的 Logo 如图 12-1 所示，它的名字取自美国印第安人的土著语，寓意拥有高超的作战策略和无穷的耐性。

图 12-1　Apache 软件基金会的 Logo

Apache 服务程序可以在 Linux 操作系统、UNIX 操作系统甚至是 Windows 操作系统中运行；支持基于 IP、域名及端口号的虚拟主机功能；支持多种认证方式；集成有代理服务器模块、安全 Socket 层（SSL）；能够实时监视服务状态并定制日志消息；还有着各类丰富的模块支持。

　注意：

Apache 服务程序是 RHEL 5、RHEL 6、RHEL 7 操作系统默认的 Web 服务程序，其相关知识点也是 RHCSA 和 RHCE 认证考试的重点内容。

Apache 默认网站的发布非常简单，具体步骤如下。

第 1 步：把光盘设备中的系统镜像挂载到/media/cdrom 目录中。

【mkdir -p /media/cdrom】
【mount /dev/cdrom /media/cdrom】
mount: /dev/sr0 is write-protected, mounting read-only

第 2 步：使用 Vim 文本编辑器创建 yum 软件仓库的配置文件，下述命令中具体参数的含义可参考 4.1.4 节。

【vim /etc/yum.repos.d/CentOS7.repo】
[CentOS7]
name= CentOS7
baseurl=file:///media/cdrom
enabled=1
gpgcheck=0

第 3 步：手动安装 Apache 服务程序。注意，使用 yum 命令进行安装时，跟在命令后面的 Apache 服务程序的软件包的名称为 httpd。

【yum install　-y httpd】

第 4 步：启用 httpd 服务程序并将其加入开机启动项，使其能够随系统开机自动运行，从而持续为用户提供 Web 服务。

【systemctl start httpd】
【systemctl enable httpd】

第 5 步：验证 Apache 默认网站是否发布成功，在浏览器（这里以 Firefox 浏览器为例）的地址栏中输入 http://127.0.0.1（或服务器的 IP 地址）并按 Enter 键，就可以看到用于提供 Web 服务的 httpd 服务程序的默认页面了，如图 12-2 所示。

图 12-2　httpd 服务程序的默认页面

12.2　发布个人网站

前面介绍了怎样发布默认网站，默认网站是系统自带的一个页面，在此小节中，我们将深入了解个人网站的发布过程，在 Linux 操作系统中配置服务，其实就是修改服务的配置文件，因此，还需要知道这些配置文件所在的位置及用途，httpd 服务程序的主要配置文件及存放位置如表 12-1 所示。

表 12-1　httpd 服务程序的主要配置文件及存放位置

配置文件的名称	存放位置
服务目录	/etc/httpd
主配置文件	/etc/httpd/conf/httpd.conf
网站数据目录	/var/www/html
访问日志	/var/log/httpd/access_log
错误日志	/var/log/httpd/error_log

打开 httpd 服务程序的主配置文件，绝大部分都是以"#"开始的注释行，其目的是对 httpd 服务程序的功能或某一行参数进行介绍，使用户不需要逐行研究这些内容。

在 httpd 服务程序的主配置文件中，存在三种类型的信息：注释行信息、全局配置参数、区域配置参数。

全局配置参数是一种全局性的配置参数，可作用于所有的子站点，既保证了子站点的正常访问，也有效减少了频繁写入重复参数的工作量。区域配置参数则是单独针对每个独立的子站点进行设置的。就像在大学食堂里打饭，食堂负责打饭的阿姨先给每位同学来一碗标准大小的米饭（全局配置），然后根据每位同学的具体要求给他们盛想吃的菜（区域配置）。配置 httpd 服务程序时常用的参数及用途描述如表 12-2 所示。

表 12-2　配置 httpd 服务程序时常用的参数及用途描述

参　　数	用　　途
ServerRoot	服务目录
ServerAdmin	管理员邮箱
User	运行服务的用户
Group	运行服务的用户组
ServerName	网站服务器的域名
DocumentRoot	定义网站数据目录
Directory	网站数据目录的权限
Listen	监听的 IP 地址与端口号
DirectoryIndex	默认的索引页面
ErrorLog	错误日志文件
CustomLog	访问日志文件
Timeout	网页超时时间，默认为 300 秒

从表 12-2 中可知，DocumentRoot 参数用于定义网站数据目录，其参数的默认值是把网站数据存放到/var/www/html 目录中；而当前网站默认的首页面名称是 index.html，因此可以向/var/www/html 目录写入一个文件，替换掉 httpd 服务程序的默认首页面，该操作会立即生效。

执行完上述操作之后，再在 Firefox 浏览器中刷新 httpd 服务程序，可以看到该程序的首页面内容已经发生了改变，如图 12-3 所示。

【echo "Welcome To Linux-yhy.Com" > /var/www/html/index.html】

图 12-3　httpd 服务程序的首页面内容已经被修改

默认情况下，网站数据保存在/var/www/html 目录中，而在实际情况下，网站数据是可以存放在其他路径下的，把网站数据的目录修改为/home/wwwroot 的详细操作步骤如下。

第 1 步：建立网站数据的保存目录，并创建首页文件。

【mkdir /home/wwwroot】

【echo "The New Web Directory" > /home/wwwroot/index.html】

第 2 步：打开 httpd 服务程序的主配置文件，将约第 119 行的用于定义网站数据保存路径的参数 DocumentRoot 的路径修改为/home/wwwroot，同时还需要将约第 124 行的用于定义目录权限的参数 Directory 后面的路径也修改为/home/wwwroot，如图 12-4 所示。

【vim /etc/httpd/conf/httpd.conf】修改 Apache 配置文件。

图 12-4　修改 Apache 配置文件

修改完毕 Apache 配置文件后即可保存并退出。Vim 编辑器中显示行号的命令为【:set nu】，如图 12-5 所示。

图 12-5　Vim 编辑器中显示行号的命令

第 3 步：通过【systemctl restart httpd】命令重新启动 httpd 服务程序并验证效果，刷新浏览器页面后的内容如图 12-6 所示。

图 12-6　刷新浏览器页面后的内容

　注意：

刷新后如果显示的依然是 httpd 服务程序的默认首页面，请检查网站的首页面文件是否不存在或用户权限不足。如果尝试访问 http://127.0.0.1/index.html 页面时，发现页面中显示 "Forbidden,You don't have permission to access /index.html on this server."，就能确定是 SELinux 的配置问题，可以使用【setenforce 0】命令临时关闭 SELinux 后再访问，但这种修改只是临时的，在系统重启后就会失效。

12.3 配置网站安全机制 SELinux

SELinux（Security-Enhanced Linux）是美国国家安全局（NSA）对于强制访问控制的实现，是 Linux 操作系统历史上最杰出的安全子系统。NSA 在 Linux 社区的帮助下开发了一种访问控制体系，在这种访问控制体系的限制下，进程只能访问那些其任务中所需要的文件。SELinux 默认安装在 Fedora、Red Hat Enterprise Linux、CentOS 等操作系统上，其他发行版也很容易得到 SELinux 的安装包。

SELinux 可以对服务程序的功能进行限制（SELinux 域限制可以确保服务程序无法做出出格的事情）；也可以对文件资源的访问进行限制（SELinux 安全上下文可以确保文件资源只能被其所属的服务程序访问）。

SELinux 服务有三种配置模式，具体如下。

- enforcing：强制启用安全策略模式，将拦截不合法的请求。
- permissive：当服务越权访问时，只发出警告而不强制拦截。
- disabled：对于越权的行为不警告也不拦截。

本书后续的实验都是在强制启用安全策略模式下进行的，虽然在禁用 SELinux 服务后确实能够减少报错概率，但在生产环境中并不推荐进行此操作。随着技术的发展，建议大家检查一下自己的系统，查看 SELinux 服务主配置文件中定义的默认运行状态，如果是 permissive 或 disabled，建议读者将其修改为 enforcing，如图 12-7 所示。

【vim /etc/selinux/config】

```
[root@localhost ~]# vim /etc/selinux/config
# This file controls the state of SELinux on the system.
# SELINUX= can take one of these three values:
#     enforcing - SELinux security policy is enforced.
#     permissive - SELinux prints warnings instead of enforcing.
#     disableNo SELinux policy is loaded.
SELINUX=enforcing
#     SELINUXTYPE= can take one of three two values:
#     targeted - Targeted processes are protected,
#     minimum - Modification of targeted policy. Only selected processes
are protected.
```

图 12-7 修改 SELinux 主配置文件中定义的默认运行状态

在 SELinux 服务的主配置文件中，定义的是 SELinux 服务的默认运行状态，可以将其理解为系统重启后的状态，因此它不会在更改后立即生效。可以使用【getenforce】命令获得当前 SELinux 服务的运行模式，可以用【setenforce [0|1]】命令修改 SELinux 当前的运行模式（0 为禁用，1 为启用）。注意，这种修改只是临时的，在系统重启后就会失效。

现在再来访问/home/wwwroot 的网站，会跳出默认主页面，这是什么原因呢？我们接着往下看。

httpd 服务程序的功能是允许用户访问网站内容，因此 SELinux 会默认放行用户对网站的请求操作。但是，如果将网站数据的默认保存目录修改为/home/wwwroot，就会产生问题。在前面曾讲过，/home 目录是用来存放普通用户的家目录中的数据的，而现在，httpd 提供的网站服务却要获取普通用户家目录中的数据，这显然违反了 SELinux 的监管原则。

现在，把 SELinux 服务恢复到强制启用安全策略模式，然后分别查看原始网站数据的保存目录与当前网站数据的保存目录是否拥有不同的 SELinux 安全上下文：

【setenforce 1】
【ls -Zd /var/www/html】
drwxr-xr-x. root root system_u:object_r:httpd_sys_content_t:s0 /var/www/html
【ls -Zd /home/wwwroot】
drwxrwxrwx. root root unconfined_u:object_r:home_root_t:s0 /home/wwwroot

在文件中设置的 SELinux 安全上下文是由用户段、角色段及类型段等多个信息项目共同组成的。其中，用户段 system_u 代表系统进程的身份；角色段 object_r 代表文件目录的角色；类型段 httpd_sys_content_t 代表网站服务的系统文件。由于 SELinux 服务太过复杂，现在大家只需要简单熟悉 SELinux 服务的作用即可。

针对当前这种情况，只需要使用 semanage 命令将当前网站目录/home/wwwroot 的 SELinux 安全上下文修改为跟原始网站目录的安全上下文一样就可以了。

semanage 命令用于管理 SELinux 的策略，格式为【semanage [选项] [文件]】。

SELinux 服务极大地提升了 Linux 操作系统的安全性，对用户权限进行了限制。semanage 命令不仅能够像传统的 chcon 命令那样，可以设置文件、目录的策略，还可以管理网络端口、消息接口。使用 semanage 命令时经常用到的几个参数及其功能如下。

- -l 参数用于查询。
- -a 参数用于添加。
- -m 参数用于修改。
- -d 参数用于删除。

例如，可以在新的网站数据目录中新添加一条 SELinux 安全上下文，让这个目录及其中的所有文件能够被 httpd 服务程序访问。

【semanage fcontext -a -t httpd_sys_content_t /home/wwwroot】
【semanage fcontext -a -t httpd_sys_content_t /home/wwwroot/*】

执行上述设置之后仍无法立即访问网站，还需要使用 restorecon 命令使设置好的 SELinux 安全上下文立即生效。在使用 restorecon 命令时，可以加上-Rv 参数对指定的目录进行递归操作，并显示 SELinux 安全上下文的修改过程。最后，再次刷新页面，就可以正常看到网页内容了。

【restorecon -Rv /home/wwwroot/】

 注意：

在 RHCSA、RHCE 或 RHCA 考试中，都需要先重启计算机再执行判分脚本。因此，建议读者在日常工作中养成将所需服务添加到开机启动项中的习惯，比如上述操作就需要添加 systemctl enable httpd 命令。

12.4 搭建开放式与认证式个人网站

在 CentOS 中，httpd 服务程序提供了一种叫作个人用户主页的功能，可以快速地为每位用户建立一个独立的网站，该功能可以让系统内所有的用户在自己的家目录中管理个人网站，而且非常容易访问。

第 1 步：开启个人用户主页功能。

编辑/etc/httpd/conf.d/userdir.conf 文件，在第 17 行的 UserDir disabled 参数前面加上"#"，表示让 httpd 服务程序开启个人用户主页功能；同时再把第 24 行的 UserDir public_html 参数前面的"#"删除（UserDir 参数表示网站数据在用户家目录中的保存目录的名称，即 public_html 目录）；最后，在修改完毕后记得保存，如图 12-8 所示。

【vim /etc/httpd/conf.d/userdir.conf】

```
root@localhost:~
[root@localhost ~]# vim /etc/httpd/conf.d/userdir.conf
 15     # permissions).
 16     #
 17 #    UserDir disabled
 18
 19     #
 20     # To enable requests to /~user/ to serve the user's public_html
 21     # directory, remove the "UserDir disabled" line above, and uncomment
 22     # the following line instead:
 23     #
 24     UserDir public_html
 25 </IfModule>
 26
 27 #
 28 # Control access to UserDir directories.  The following is an example
```

图 12-8　开启个人用户主页功能

第 2 步：建立主页文件。

在用户家目录中建立用于保存网站数据的目录及主页文件。此外，还需要把家目录的权限修改为 755，保证其他用户也有权限读取里面的内容。

【su - linux-yhy】

【mkdir public_html】

【echo "This is linux-yhy's website" > public_html/index.html】

【chmod -Rf 755 /home/linux-yhy】

第 3 步：启动 httpd 服务程序与验证。

用【systemctl restart httpd】命令重新启动 httpd 服务程序，在浏览器的地址栏中输入网址，其格式为"网址/～用户名"（其中的波浪号不可省略，而且网址、波浪号、用户名之间没有空格），从理论上讲就可以看到用户的个人网站了。因为有 SELinux，所以可能会显示报错页面，如图 12-9 所示。

【systemctl start httpd】

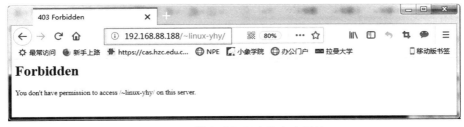

图 12-9 禁止访问用户的个人网站

第 4 步：修改 SELinux 域安全策略。

httpd 服务程序在提供个人用户主页功能时，该用户的网站数据目录本身就应该是存放到与这位用户对应的家目录中的，所以不需要修改家目录的 SELinux 安全上下文。但是，Linux 操作系统还有一个域的概念。Linux 域可以确保服务程序不执行违规操作，只能本本分分地为用户提供服务。接下来使用 getsebool 命令查询并过滤出所有与 HTTP 协议相关的安全策略，其中，off 表示禁止状态，on 表示允许状态。

【getsebool -a | grep http】
httpd_anon_write --> off
httpd_builtin_scripting --> on
httpd_can_check_spam --> off
httpd_can_connect_ftp --> off
httpd_can_connect_ldap --> off
httpd_can_connect_mythtv --> off
httpd_can_connect_zabbix --> off
httpd_can_network_connect --> off
httpd_can_network_connect_cobbler --> off
httpd_can_network_connect_db --> off
httpd_can_network_memcache --> off
httpd_can_network_relay --> off
httpd_can_sendmail --> off
httpd_dbus_avahi --> off
httpd_dbus_sssd --> off
httpd_dontaudit_search_dirs --> off
httpd_enable_cgi --> on
httpd_enable_ftp_server --> off
httpd_enable_homedirs --> off
httpd_execmem --> off
httpd_graceful_shutdown --> on
httpd_manage_ipa --> off
httpd_mod_auth_ntlm_winbind --> off
httpd_mod_auth_pam --> off
httpd_read_user_content --> off
httpd_run_stickshift --> off
httpd_serve_cobbler_files --> off
httpd_setrlimit --> off

```
httpd_ssi_exec --> off
httpd_sys_script_anon_write --> off
httpd_tmp_exec --> off
httpd_tty_comm --> off
httpd_unified --> off
httpd_use_cifs --> off
httpd_use_fusefs --> off
httpd_use_gpg --> off
httpd_use_nfs --> off
httpd_use_openstack --> off
httpd_use_sasl --> off
httpd_verify_dns --> off
named_tcp_bind_http_port --> off
prosody_bind_http_port --> off
```

开启 httpd 服务的个人用户主页功能，用到的 SELinux 域安全策略是 httpd_enable_homedirs。其实面对如此多的 SELinux 域安全策略，无须逐个理解它们，只要能通过名称大致猜测出相关的策略用途就可以了。接下来就可以用 setsebool 命令来修改 SELinux 域安全策略中各条规则的布尔值了。大家一定要记得在 setsebool 命令后面加上-P 参数，以使修改后的 SELinux 域安全策略永久生效且立即生效。随后刷新网页，如图 12-10 所示。

【setsebool -P httpd_enable_homedirs=on】

图 12-10　个人用户主页中的内容

有时，网站的拥有者并不希望直接将网页内容显示出来，只想让通过身份验证的用户访问里面的内容，这时可以在网站中添加口令功能。

第 1 步：生成密码数据库。

使用 htpasswd 命令生成密码数据库。-c 参数表示第一次生成，后面再分别添加密码数据库的存放文件，以及验证要用到的用户名称（该用户不必是系统中已有的本地账户）。

【htpasswd -c /etc/httpd/passwd linux-yhy】

New password:此处输入用于网页验证的密码

Re-type new password:再输入一遍密码进行确认

Adding password for user linux-yhy

第 2 步：编辑个人用户主页功能的配置文件。

把第 31～35 行的参数信息修改成下列内容，如图 12-11 所示，其中以"#"开头的内容为注释信息，可将其忽略。随后保存并退出配置文件，重启 httpd 服务程序即可生效。

【vim /etc/httpd/conf.d/userdir.conf】

图 12-11　编辑个人用户主页功能的配置文件

33 authuserfile "/etc/httpd/passwd"	#刚刚生成的密码验证文件保存路径
34 authname "My privately website"	#当用户尝试访问个人用户网站时的提示信息
36 require user linux-yhy	#用户进行账户密码登录时需要验证的用户名称
【systemctl restart httpd】	

第 3 步：访问验证。

此时，当用户再想访问某个用户的个人网站时，就必须要输入账户和密码才能正常访问了。另外，验证时使用的账户和密码是用 htpasswd 命令生成的专门用于登录网站的口令密码，而不是系统中的用户密码，请不要混淆。需要输入账户和密码才能访问的网站提示如图 12-12 所示。

图 12-12　需要输入账户和密码才能访问的网站提示

12.5　虚拟主机配置案例

如果每台运行 Linux 操作系统的服务器上只能运行一个网站，那么人气低、流量小的网站站长就要被迫承担高昂的服务器租赁费用了，这显然也会造成硬件资源的浪费。在虚拟专用服务器（Virtual Private Server，VPS）与云计算技术诞生以前，IDC 服务供应商为了能够更充分地利用服务器资源，同时也为了降低购买门槛，纷纷启用了虚拟主机功能。

利用虚拟主机功能可以把一台处于运行状态的物理服务器分割成多个虚拟的服务器。但是，该技术无法实现目前云主机技术的硬件资源隔离，为了让这些虚拟的服务器共同使用物理服务器的硬件资源，供应商只能限制硬盘的使用空间大小。出于各种考虑因素（主要是价格低廉），目前依然有很多企业或个人站长在使用虚拟主机的形式部署网站。

Apache 的虚拟主机功能是服务器基于用户请求的不同 IP 地址、主机域名或端口号，实现多个网站同时为外部提供访问服务的技术。

注意：

在做每个实验之前，请先将虚拟机还原为初始状态，以免多个实验之间产生冲突。

12.5.1　基于多 IP 地址的虚拟主机

如果一台服务器有多个 IP 地址，并且每个 IP 地址与服务器上部署的每个网站一一对应，那么当用户请求访问不同的 IP 地址时，会访问到不同网站的页面资源。而且，每个网站都有一个独立的 IP 地址，对优化搜索引擎也大有裨益。因此，以这种方式提供虚拟主机功能非常常见，且受到了网站站长的欢迎。

在前面曾讲解了用于配置网络的两种方法，大家在实验和工作中可以随意选择。就当前的实验来讲，使用 nmtui 命令配置的网络参数如图 12-13 所示。在配置完毕后重启网卡服务，命令为【systemctl restart network】，记得检查网络的连通性，确保 3 个 IP 地址均可正常访问。

图 12-13　使用 nmtui 命令配置的网络参数

第 1 步：分别在/home/wwwroot 中创建用于保存不同网站数据的 3 个目录，并向这 3 个目录分别写入网站的首页文件。每个首页文件中应有明确区分不同网站内容的信息，方便读者稍后能更直观地检查效果。

【mkdir -p /home/wwwroot/10】
【mkdir -p /home/wwwroot/20】
【mkdir -p /home/wwwroot/30】
【echo "IP:192.168.88.10" > /home/wwwroot/10/index.html】
【echo "IP:192.168.88.20" > /home/wwwroot/20/index.html】
【echo "IP:192.168.88.30" > /home/wwwroot/30/index.html】

第 2 步：从 httpd 服务的配置文件的倒数第 3 行开始，分别追加写入 3 个基于 IP 地址的虚拟主机网站参数，然后保存并退出，如图 12-14 所示。

图 12-14　编辑配置文件

记得需要重启 httpd 服务，命令为【systemctl restart httpd】，之后这些配置才能生效，其文本内容如下。

```
【vim /etc/httpd/conf/httpd.conf】
……………省略部分输出信息………………
  <VirtualHost 192.168.88.188>
      DocumentRoot /home/wwwroot/10
      ServerName www.linux-yhy.com
      <Directory /home/wwwroot/10 >
          AllowOverride None
          Require all granted
      </Directory>
  </VirtualHost>
  <VirtualHost 192.168.88.20>
      DocumentRoot /home/wwwroot/20
      ServerName bbs.linux-yhy.com
      <Directory /home/wwwroot/20 >
          AllowOverride None
          Require all granted
      </Directory>
  </VirtualHost>
  <VirtualHost 192.168.88.30>
      DocumentRoot /home/wwwroot/30
      ServerName tech.linux-yhy.com
      <Directory /home/wwwroot/30 >
```

```
                    AllowOverride None
                    Require all granted
              </Directory>
       </VirtualHost>
    ..................省略部分输出信息..................
```

第 3 步：此时访问网站，则会看到 httpd 服务程序的默认首页面。大家现在应该立刻就能反应过来：这是 SELinux 在捣鬼。由于当前的/home/wwwroot 目录及里面的网站数据目录的 SELinux 安全上下文与网站服务不吻合，所以 httpd 服务程序无法获取这些网站数据目录。需要手动把新的网站数据目录的 SELinux 安全上下文设置正确，并使用 restorecon 命令让新设置的 SELinux 安全上下文立即生效，这样就可以立即看到网站的访问效果了，如图 12-15 所示。

【semanage fcontext -a -t httpd_sys_content_t /home/wwwroot】

【semanage fcontext -a -t httpd_sys_content_t /home/wwwroot/10】

【semanage fcontext -a -t httpd_sys_content_t /home/wwwroot/10/*】

【semanage fcontext -a -t httpd_sys_content_t /home/wwwroot/20】

【semanage fcontext -a -t httpd_sys_content_t /home/wwwroot/20/*】

【semanage fcontext -a -t httpd_sys_content_t /home/wwwroot/30】

【semanage fcontext -a -t httpd_sys_content_t /home/wwwroot/30/*】

【restorecon -Rv /home/wwwroot】

图 12-15　基于不同的 IP 地址访问虚拟主机网站

12.5.2　基于多主机域名的虚拟主机

当服务器无法为每个网站都分配一个独立的 IP 地址的时候，可以尝试让 Apache 自动识别用户请求的域名，从而根据不同的域名请求来传输不同的内容。这种情况下的配置更加简单，只需要保证生产环境中的服务器上有一个可用的 IP 地址（这里以 192.168.88.188 为例）就可以了。由于当前还没有介绍如何配置 DNS 解析服务，所以读者需要手动定义 IP 地址与域名之间的对应关系。/etc/hosts 是 Linux 操作系统中用于强制把某个主机域名解析到指定 IP 地址的配置文件。简单来说，只要这个配置文件正确，即使网卡参数中没有 DNS 信息也能将域名解析为某个 IP 地址，具体步骤如下。

第 1 步：通过修改配置文件的方式将服务器的 IP 地址修改为 192.168.88.188，修改网卡的配置文件后，记得重启网络服务。

【vim /etc/sysconfig/network-scripts/ifcfg-ens33】
【systemctl restart network】

第 2 步：手动定义 IP 地址与域名之间的对应关系，保存并退出后会立即生效。可以通过分别 ping 这些域名来验证域名是否已经成功解析为 IP 地址。

【vim /etc/hosts】

添加以下信息：

192.168.88.188 www.linux-yhy.com bbs.linux-yhy.com tech.linux-yhy.com

使用【ping -c 4 www.linux-yhy.com】命令测试域名能否 ping 通，再进行下一步。

第 3 步：分别在/home/wwwroot 中创建用于保存不同网站数据的 3 个目录，并向这 3 个目录分别写入网站的首页文件。每个首页文件中应有明确区分不同网站内容的信息，方便稍后能更直观地检查效果。

【mkdir -p /home/wwwroot/www】
【mkdir -p /home/wwwroot/bbs】
【mkdir -p /home/wwwroot/tech】
【echo "WWW.linux-yhy.com" > /home/wwwroot/www/index.html】
【echo "BBS.linux-yhy.com" > /home/wwwroot/bbs/index.html】
【echo "TECH.linux-yhy.com" > /home/wwwroot/tech/index.html】

第 4 步：从 httpd 服务的配置文件的倒数第 3 行处开始，分别追加写入 3 个基于主机域名的虚拟主机网站参数，然后保存并退出。记得需要重启 httpd 服务，这些配置才会生效。

```
【vim /etc/httpd/conf/httpd.conf】
………………省略部分输出信息………………
    <VirtualHost 192.168.88.188>
        DocumentRoot "/home/wwwroot/www"
        ServerName "www.linux-yhy.com"
        <Directory "/home/wwwroot/www">
            AllowOverride None
            Require all granted
        </directory>
    </VirtualHost>
    <VirtualHost 192.168.88.188>
        DocumentRoot "/home/wwwroot/bbs"
        ServerName "bbs.linux-yhy.com"
        <Directory "/home/wwwroot/bbs">
            AllowOverride None
```

```
                    Require all granted
                </Directory>
        </VirtualHost>
        <VirtualHost 192.168.88.188>
                DocumentRoot "/home/wwwroot/tech"
                ServerName "tech.linux-yhy.com"
                <Directory "/home/wwwroot/tech">
                        AllowOverride None
                        Require all granted
                </directory>
        </VirtualHost>
................省略部分输出信息.................
【systemctl restart httpd】
```

第 5 步：因为当前的网站数据目录还是在/home/wwwroot 目录中，所以必须要正确设置网站数据目录文件的 SELinux 安全上下文，使其与网站服务功能相吻合。最后记得用 restorecon 命令让新配置的 SELinux 安全上下文立即生效，这样就可以立即访问虚拟主机网站了，如图 12-16 所示。

```
【semanage fcontext -a -t httpd_sys_content_t /home/wwwroot】
【semanage fcontext -a -t httpd_sys_content_t /home/wwwroot/www】
【semanage fcontext -a -t httpd_sys_content_t /home/wwwroot/www/*】
【semanage fcontext -a -t httpd_sys_content_t /home/wwwroot/bbs】
【semanage fcontext -a -t httpd_sys_content_t /home/wwwroot/bbs/*】
【semanage fcontext -a -t httpd_sys_content_t /home/wwwroot/tech】
【semanage fcontext -a -t httpd_sys_content_t /home/wwwroot/tech/*】
【restorecon -Rv /home/wwwroot】
```

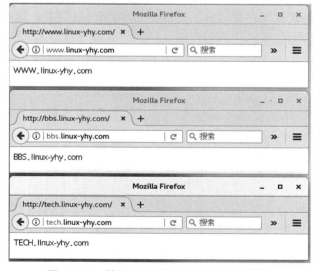

图 12-16　基于主机域名访问虚拟主机网站

12.5.3 基于多端口的虚拟主机

基于端口号的虚拟主机功能可以让用户通过指定的端口号来访问服务器上的网站资源。在使用 Apache 配置虚拟主机功能时，基于端口号的配置方式是最复杂的，它不仅要考虑 httpd 服务程序的配置因素，还需要考虑 SELinux 服务对新开设的端口的管控。一般来说，使用 80、443、8080 等端口号来提供网站访问服务是比较合理的，如果使用其他端口号则会受到 SELinux 服务的限制。

在接下来的实验中，不但要考虑目录上应用的 SELinux 安全上下文的限制，还需要考虑 SELinux 域对 httpd 服务程序的管控。

第 1 步：分别在/home/wwwroot 中创建用于保存不同网站数据的两个目录，并向其中分别写入网站的首页文件。每个首页文件中应有明确区分不同网站内容的信息，方便稍后能更直观地检查效果。

```
【mkdir -p /home/wwwroot/8111】
【mkdir -p /home/wwwroot/8222】
【echo "port:8111" > /home/wwwroot/8111/index.html】
【echo "port:8222" > /home/wwwroot/8222/index.html】
```

第 2 步：在 httpd 服务的配置文件的第 43 行和第 44 行分别添加用于监听 8111 和 8222 端口的参数。

```
【vim /etc/httpd/conf/httpd.conf】
………………省略部分输出信息………………
42 Listen 80
   43 Listen 8111
   44 Listen 8222
………………省略部分输出信息………………
```

第 3 步：从 httpd 服务的配置文件的倒数第 3 行开始，分别追加写入 2 个基于端口号的虚拟主机网站参数，然后保存并退出。记得需要重启 httpd 服务，这些配置才能生效。

```
【vim /etc/httpd/conf/httpd.conf】
………………省略部分输出信息………………
<VirtualHost 192.168.88.188:8111>
    DocumentRoot "/home/wwwroot/8111"
    ServerName www.linux-yhy.com
    <Directory "/home/wwwroot/8111">
        AllowOverride None
        Require all granted
    </Directory>
</VirtualHost>
    <VirtualHost 192.168.88.188:8222>
    DocumentRoot "/home/wwwroot/8222"
    ServerName bbs.linux-yhy.com
```

```
        <Directory "/home/wwwroot/8222">
            AllowOverride None
            Require all granted
        </Directory>
    </VirtualHost>
    ………………省略部分输出信息………………
```

第 4 步：因为网站数据目录存放在/home/wwwroot 目录中，所以必须要正确设置网站数据目录的 SELinux 安全上下文，使其与网站服务功能相吻合。最后记得用 restorecon 命令使新配置的 SELinux 安全上下文立即生效。

【semanage fcontext -a -t httpd_sys_content_t /home/wwwroot】

【semanage fcontext -a -t httpd_sys_content_t /home/wwwroot/8111】

【semanage fcontext -a -t httpd_sys_content_t /home/wwwroot/8111/*】

【semanage fcontext -a -t httpd_sys_content_t /home/wwwroot/8222】

【semanage fcontext -a -t httpd_sys_content_t /home/wwwroot/8222/*】

【restorecon -Rv /home/wwwroot/】

在妥当配置 httpd 服务程序和 SELinux 安全上下文并重启 httpd 服务后，通过浏览器访问基于端口号的网站，竟然还会出现报错信息。这是因为 SELinux 服务检测到 8111 和 8222 端口原本不属于 Apache 服务需要的资源，现在却以 httpd 服务程序的名义监听使用了，所以 SELinux 会拒绝 Apache 服务使用这两个端口。可以使用 semanage 命令查询并过滤出所有与 HTTP 协议相关且 SELinux 服务允许的端口列表。

【semanage port -l | grep http】
http_cache_port_t tcp 8080, 8118, 8123, 10001-10010
http_cache_port_t udp 3130
http_port_t tcp 80, 81, 443, 488, 8008, 8009, 8443, 9000
pegasus_http_port_t tcp 5988
pegasus_https_port_t tcp 5989

第 5 步：在 SELinux 服务允许且与 HTTP 协议相关的端口号中，默认不包含 8111 和 8222，因此需要将这两个端口号手动添加进去。该操作会立即生效，而且在系统重启后依然有效。设置好后再重启 httpd 服务，就可以看到网页内容了，如图 12-17 所示。

【semanage port -a -t http_port_t -p tcp 8111】

【semanage port -a -t http_port_t -p tcp 8222】

【semanage port -l | grep http】
http_cache_port_t tcp 8080, 8118, 8123, 10001-10010
http_cache_port_t udp 3130
http_port_t tcp   80, 81, 443, 488, 8008, 8009, 8111, 8222, 8443, 9000
pegasus_http_port_t tcp 5988
pegasus_https_port_t tcp 5989

【systemctl restart httpd】

图 12-17　基于端口号访问虚拟主机网站

12.6　配置访问控制规则

Apache 可以基于源主机域名、源 IP 地址或源主机上的浏览器特征等信息对网站上的资源进行访问控制。它通过 Allow 命令允许某个主机访问服务器上的网站资源，通过 Deny 命令实现禁止访问。在允许或禁止访问网站资源时，还会用到 Order 命令，这个命令用来定义 Allow 或 Deny 命令的作用顺序，其匹配原则是按照顺序进行匹配，若匹配成功则执行后面的默认命令。例如，"Order Allow, Deny"表示先将源主机与允许规则进行匹配，若匹配成功，则允许访问请求，反之则拒绝访问请求。

第 1 步：先在服务器上的网站数据目录中新建一个子目录，并在这个子目录中创建一个包含 Order 单词的首页文件。

【mkdir /var/www/html/server】
【echo " Order " > /var/www/html/server/index.html】

第 2 步：打开 httpd 服务的配置文件，在倒数第 3 行后面添加下述规则以限制源主机的访问。这段规则的含义是允许使用 Firefox 浏览器的主机访问服务器上的首页文件，除此之外的所有请求都将被拒绝。使用 Firefox 浏览器的主机访问服务器上的首页文件的效果如图 12-18 所示。

【vim /etc/httpd/conf/httpd.conf】
………………省略部分输出信息………………
<Directory "/var/www/html/server">
    SetEnvIf User-Agent "Firefox" ff=1
    Order allow,deny
    Allow from env=ff
</Directory>
………………省略部分输出信息………………
【systemctl restart httpd】

203

图 12-18　使用 Firefox 浏览器的主机访问服务器的首页文件的效果

除了匹配源主机的浏览器特征，还可以通过匹配源主机的 IP 地址进行访问控制。例如，只允许 IP 地址为 192.168.88.20 的主机访问网站资源，那么就可以在 httpd 服务的配置文件的第 129 行后面添加以下规则。这样在重启 httpd 服务程序后再用本机（服务器，其 IP 地址为 192.168.88.188）来访问网站的首页面时，就会提示访问被拒绝了，如图 12-19 所示。

```
【vim /etc/httpd/conf/httpd.conf】
………………省略部分输出信息………………
<Directory "/var/www/html/server">
Order allow,deny
Allow from 192.168.88.20
Order allow,deny
</Directory>
………………省略部分输出信息………………
【systemctl restart httpd】
```

图 12-19　因 IP 地址不符合要求而被拒绝访问

复　习　题

一、选择题

1．以下（　　　）是 Apache 的基本配置文件。

A．http.conf
B．srm.conf
C．mime.type
D．apache.conf

2．以下关于 Apache 的描述（　　　）是错误的。

A．不能改变服务端口
B．只能为一个域名提供服务
C．可以给目录设定密码
D．默认端口是 8080

3．启动 Apache 服务器的命令是（　　　）。

A．systemctl apache start

B．systemctl http start

C．systemctl httpd start

D．systemctl httpd reload

4．若要设置 Web 站点根目录的位置，应在配置文件中通过（　　　）配置语句来实现。

A．ServerRoot

B．ServerName

C．DocumentRoot

D．DirectoryIndex

5．若要设置站点的默认主页，可在配置文件中通过（　　　）配置项来实现。

A．RootIndex

B．ErrorDocument

C．DocumentRoot

D．DirectoryIndex

二、简答题

1．简述启动和关闭 Apache 服务器的方法。

2．简述 Apache 配置文件的结构及其关系。

3．Apache 服务器可架设哪几个类型的虚拟主机？各有什么特点？

三、操作题

1．建立 Web 服务器，并根据以下要求配置 Web 服务器。

（1）设置主目录的路径为/var/www/web。

（2）添加 index.jsp 文件作为默认文档。

（3）设置 Apache 监听的端口号为 8888。

（4）设置默认字符集为 GB2312。

2．在 Web 服务器中建立一个名为 temp 的虚拟目录，其对应的物理路径是/usr/local/temp，并配置 Web 服务器允许该虚拟目录具备目录浏览和允许内容协商的多重视图特性。

3．在 Web 服务器中建立一个名为 private 的虚拟目录，其对应的物理路径是/usr/local/private，并配置 Web 服务器对该虚拟目录启用用户认证，只允许用户名为 abc 和 xyz 的用户进行访问。

4．在 Web 服务器中建立一个名为 test 的虚拟目录，其对应的物理路径是/usr/local/test，并配置 Web 服务器仅允许来自 192.168.16.0/24 的客户机进行访问。

5．使用 192.168.1.17 和 192.168.1.18 两个 IP 地址创建基于 IP 地址的虚拟主机，其中，IP 地址为 192.168.1.17 的虚拟主机对应的主目录为/usr/www/web1，IP 地址为 192.168.1.18 的虚拟主机对应的主目录为/usr/www/web2。

6．在 DNS 服务器中建立 www.example.com 和 www.test.com 两个域名，使它们解析到同一个 IP 地址 192.168.16.17 上，然后创建基于域名的虚拟主机。其中，域名为 www.example.com 的虚拟主机对应的主目录为/usr/www/web1，域名为 www.test.com 的虚拟主机对应的主目录为/usr/www/web2。

第 13 章　使用 BIND 提供 DNS 域名解析服务

在 Internet 中使用 IP 地址来确定某台计算机的唯一地址，但 IP 地址不太容易记忆。为了方便访问计算机，人们为计算机分配了一个名称，通过将每台计算机的名称与 IP 地址建立映射关系，可以直接利用计算机名称访问计算机。将计算机名称与 IP 地址的映射关系保存并提供相关查询功能的系统被称为域名解析系统。域名解析系统有很多类型，如 WINS、DNS 等，目前大部分操作系统使用的域名解析系统都是本章讲述的 DNS。

本章主要讲解 DNS 域名解析服务的原理及作用，介绍域名查询功能中正向解析与反向解析的作用，并通过实验的方式演示如何在 DNS 主服务器上部署正向解析和反向解析，以便让读者深刻体会到 DNS 域名解析服务的便利及强大。

13.1　DNS 域名解析服务

相对于由数字构成的 IP 地址，域名更容易被理解和记忆，所以通常通过域名的方式来访问网络中的资源。但是，网络中的计算机之间只能基于 IP 地址来相互识别身份，而且要想在互联网中传输数据，也必须基于外网的 IP 地址来完成。

为了降低用户访问网络资源的门槛，DNS 域名解析技术应运而生。这是一项用于管理和解析域名与 IP 地址对应关系的技术，简单来说，就是能够接收用户输入的域名或 IP 地址，然后自动查找与之匹配（或者说具有映射关系）的 IP 地址或域名，即将域名解析为 IP 地址（正向解析），或将 IP 地址解析为域名（反向解析）。这样一来，只需要在浏览器中输入域名就能打开想要访问的网站了。DNS 域名解析技术的正向解析是最常使用的一种工作模式。

鉴于互联网中的域名和 IP 地址对应关系的数据库太过庞大，DNS 域名解析服务采用了类似目录树的层次结构来记录域名与 IP 地址之间的对应关系，从而形成了一个分布式的数据库系统，如图 13-1 所示。

域名后缀一般分为国际域名和国内域名。原则上来讲，域名后缀都有严格的定义，但在实际使用时无须严格遵守。DNS 根域下一级是顶级域，由 Internet 名字授权机构管理。顶级域有 3 种类型：组织域、国家域和地区域，如表 13-1 所示。

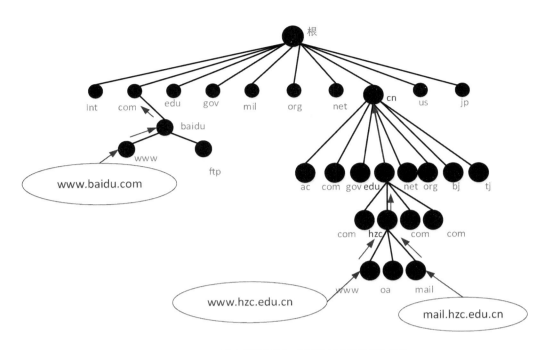

图 13-1　DNS 域名解析服务采用的目录树层次结构

表 13-1　组织域、国家域和地区域

组 织 域	说　　明	国 家 域	说　　明	地 区 域	说　　明
com	商业部门	cn	中国	tw	台湾
gov	政府部门	de	德国	hk	香港
org	民间团体组织	it	意大利		
net	网络服务机构	uk	英国		
edu	教育部门	jP	日本		
mil	军事部门	kr	韩国		

　　当今世界的信息化程度越来越高，大数据、云计算、物联网、人工智能等新技术不断涌现，全球网民的数量早已突破 35 亿，而且还在迅速增长。这些因素导致互联网中的域名数量激增，被访问的频率也进一步加大。假设全球网民每人每天只访问一个网站域名，而且只访问一次，也会产生至少 35 亿次的查询请求，如此庞大的请求数量无法被某一台服务器全部处理。DNS 域名解析技术作为互联网基础设施中重要的一环，为了为网民提供不间断、稳定且快速的域名查询服务，保证互联网正常运转，提供了以下 3 种类型的服务器。

- 主服务器：在特定区域内具有唯一性，负责维护该区域内的域名与 IP 地址之间的对应关系。
- 从服务器：从主服务器中获得域名与 IP 地址之间的对应关系并进行维护，预防主服务器宕机等情况。
- 缓存服务器：通过向其他域名解析服务器查询获得域名与 IP 地址之间的对应关系，并将经常查询的域名信息保存到服务器本地，以此来提高重复查询时的效率。

简单来说，主服务器是用于管理域名和 IP 地址之间的对应关系的真正的服务器，从服务器帮助主服务器"打下手"，分散部署在各个国家、省市或地区，以便用户就近查询域名，从而减轻主服务器的负载压力。缓存服务器并不常用，一般部署在企业内网的网关位置，用于加速处理用户的域名查询请求。

下面通过一个查询 www.qq.com 的例子来了解 DNS 查询服务的工作原理，如图 13-2 所示。

图 13-2　DNS 查询服务的工作原理

① 在 Web 浏览器中输入 www.qq.com 域名，操作系统会先检查自己本地的 hosts 文件中是否有这个网址映射关系，如果有，就先调用这个 IP 地址映射，完成域名解析。

② 如果 hosts 文件中没有这个域名的映射，则查找本地 DNS 解析器缓存，看是否有这个网址映射关系，如果有，直接返回，完成域名解析。

③ 如果 hosts 文件与本地 DNS 解析器缓存都没有相应的网址映射关系，则查找 TCP/IP 参数中设置的首选 DNS 服务器，在此我们叫它本地 DNS 服务器，此服务器收到查询请求时，如果要查询的域名包含在本地配置区域资源中，则返回解析结果给客户机，完成域名解析，此解析具有权威性。

④ 如果要查询的域名不由本地 DNS 服务器区域解析，但该服务器已缓存了此网址映射关系，则调用这个 IP 地址映射，完成域名解析，此解析不具有权威性。

⑤ 如果本地 DNS 服务器的本地区域文件与缓存解析都失效，则根据本地 DNS 服务器的设置（是否设置转发器）进行查询，如果未用转发模式，本地 DNS 服务器就把请求发至 13 台根 DNS 服务器，根 DNS 服务器收到请求后会判断这个域名（.com）由谁来授权管理，并会返回一个负责该顶级域名服务器的 IP 地址。本地 DNS 服务器收到 IP 地址信息后，将会联系负责.com 域名的这台服务器。这台负责.com 域名的服务器收到请求后，如果自己无法解析，它会将一个管理.com 域名的下一级 DNS 服务器的地址（qq.com）发送给本地 DNS 服务器。当本地 DNS 服务器收到这个地址后，就会找 qq.com 域服务器，重复以上操作，进行查询，直至找到 www.qq.com 主机。

⑥ 如果本地 DNS 服务器用的是转发模式，本地 DNS 服务器就会把请求转发至上一级 DNS 服务器，由上一级 DNS 服务器进行解析，上一级 DNS 服务器如果不能解析，或查找根 DNS 服务器，或把转发请求转至上上级，以此循环。无论本地 DNS 服务器是用转发模式，

还是根提示，最后都会把结果返回给本地 DNS 服务器，由本地 DNS 服务器返回给客户机。

高级、权威的根 DNS 服务器总共有 13 台，世界上的 13 台根 DNS 服务器的具体信息表如表 13-2 所示。

表 13-2　世界上的 13 台根 DNS 服务器的具体信息表

主　机　名	IPv4 地址	IPv6 地址	DNS 软件	所在国家地区
A.root-servers.net	198.41.0.4	2001:503:BA3E::2:30	BIND	美国弗吉尼亚州
B.root-servers.net	192.228.79.2	2001:478:65::53	BIND	美国加利福尼亚州
C.root-servers.net	192.33.4.12		BIND	美国弗吉尼亚州
D.root-servers.net	128.8.10.90		BIND	美国马里兰州
E.root-servers.net	192.203.230.10		BIND	美国加利福尼亚州
F.root-servers.net	192.5.5.241	2001:500:2f::f	BIND	美国加利福尼亚州
G.root-servers.net	192.112.36.4		BIND	美国弗吉尼亚州
H.root-servers.net	128.63.2.53	2001:500:1::803f:235	NSD	美国马里兰州
I.root-servers.net	192.36.148.17	2001:7fe::53	BIND	瑞典斯德哥尔摩
J.root-servers.net	192.58.128.30	2001:503:C27::2:30	BIND	美国弗吉尼亚州
K.root-servers.net	193.0.14.129	2001:7fd::1	NSD	英国伦敦
L.root-servers.net	198.32.64.12	2001:500:3::42	NSD	美国弗吉尼亚州
M.root-servers.net	202.12.27.33	2001:dc3::35	BIND	日本东京

13.2　配置主 DNS 服务器

伯克利因特网名称域（Berkeley Internet Name Domain，BIND）服务是全球范围内使用非常广泛、安全可靠且高效的域名解析服务程序。DNS 域名解析服务作为互联网基础设施服务，其责任非常重大，因此建议大家在生产环境中安装部署 BIND 服务程序时加上 chroot（俗称牢笼机制）扩展包，以便有效地限制 BIND 服务程序，使其仅能对自身的配置文件进行操作，以确保整个服务器的安全。

【yum install　-y bind-chroot】

配置 BIND 服务程序并不简单，因为要想为用户提供健全的 DNS 查询服务，必须在本地保存相关的域名数据库，但是如果把所有域名和 IP 地址的对应关系都写入某个配置文件，会有上千万条的参数，这样既不利于提高程序的执行效率，也不方便日后的修改和维护工作。因此，在 BIND 服务程序中有以下 3 个比较关键的文件。

- 主配置文件（/etc/named.conf）：只有 58 行，而且在去除注释信息和空行之后，实际有效的参数仅有 30 行左右，这些参数用来定义 BIND 服务程序的运行。
- 区域配置文件（/etc/named.rfc1912.zones）：用来保存域名和 IP 地址的对应关系。类似于图书目录，对应着每个域名和相应的 IP 地址所在的具体位置，当需要查看或修改文件时，可根据这个位置找到相关文件。
- 数据配置文件（/var/named）：该目录用来保存域名和 IP 地址真实对应关系的数据配置文件。

在 Linux 操作系统中，BIND 服务程序的名称为 named。首先需要在/etc 目录中找到该服务程序的主配置文件，然后把第 11 行和第 17 行的地址均修改为 any。这两个地方一定要修改准确，如图 13-3 所示。

【vim /etc/named.conf】

图 13-3　修改主配置文件

图 13-3 中的第 13 行表示监听这个 DNS 服务器系统上的哪个网络接口。默认监听 "localhost 或 127.0.0.1"，即只有本机可以对 DNS 服务器进行查询，但是这样并不合理，所以这里要将大括号内的数据改成 any，这样可以监听多个接口，any 后面要加上分号才算结束。

"allow-query { any; };" 是针对客户端的设定，即谁可以对此 DNS 服务器提出查询请求。原本的档案内容默认只对 localhost 开放，这里改成对所有的用户开放，防火墙也要开放才行。

BIND 服务程序的区域配置文件（/etc/named.rfc1912.zones）用来保存域名和 IP 地址对应关系的所在位置。在这个文件中，定义了域名与 IP 地址解析规则的存放位置及服务类型等内容，但不包含具体的域名、IP 地址对应关系等信息。BIND 服务类型有 3 种，分别为 hint（根区域）、master（主区域）、slave（辅助区域），其中常用的 master 和 slave 指的就是主服务器和从服务器。将域名解析为 IP 地址的正向解析参数和将 IP 地址解析为域名的反向解析参数分别如图 13-4 和图 13-5 所示。

图 13-4　将域名解析为 IP 地址的正向解析参数

图 13-5　将 IP 地址解析为域名的反向解析参数

下面的实验中会分别修改 BIND 服务程序的主配置文件、区域配置文件与数据配置文件。如果在实验中遇到了 BIND 服务程序启动失败的情况，并且您认为这是由写错参数造成的，就可以执行【named-checkconf】命令和【named-checkzone】命令，分别检查主配置文件与数据配置文件中的语法或参数的错误。

13.2.1　配置正向解析区域

在 DNS 域名解析服务中，正向解析是指根据域名（主机名）查找到对应的 IP 地址。也就是说，当用户输入了一个域名后，BIND 服务程序会自动进行查找，并将匹配到的 IP 地址返给用户。这也是最常用的 DNS 工作模式。

第 1 步：编辑区域配置文件。该文件中默认存在一些解析参数，旨在让用户有一个参考。可以将以下参数添加到区域配置文件的最下面，当然，也可以将该文件中的原有信息全部清空，只保留自己的域名解析信息。

```
【vim /etc/named.rfc1912.zones】
    zone "linux-yhy.com" IN {
    type master;
    file "linux-yhy.com.zone";
    allow-update {none;};
};
```

第 2 步：编辑数据配置文件，命令为【vim linux-yhy.com.zone】。可以从/var/named 目录中复制一份正向解析的模板文件（named.localhost），命令为【cp -p named.localhost linux-yhy.com.zone】，然后把域名和 IP 地址的对应数据填写到数据配置文件中并保存。在复制时记得加上-p 参数，这样可以保留原始文件的所有者、所属组、权限等信息，以便让 BIND 服务程序顺利读取文件内容，正向解析文件如图 13-6 所示。

图 13-6　正向解析文件

在保存并退出文件后记得重启 named 服务程序，命令为【systemctl restart named】，以使新的解析数据生效。考虑正向解析文件中的参数较多，而且都比较重要，笔者在每个参数后面都进行了简要说明。

$TTL 1D	#生存周期为 1 天				
@	IN SOA	linux-yhy.com.	root.linux-yhy.com.		(
	#授权信息开始	#DNS 区域的地址	#域名管理员的邮箱（不要用@符号）		
				0;serial	#更新序列号
				1D;refresh	#更新时间
				1H;retry	#重试延时
				1W;expire	#失效时间
				3H);minimum	#无效解析记录的缓存时间
	NS	ns.linux-yhy.com.		#域名服务器记录	
ns	IN A	192.168.88.188		#地址记录（ns.linux-yhy.com.）	
	IN MX 10	mail.linux-yhy.com.		#邮箱交换记录	
mail	IN A	192.168.88.188		#地址记录（mail.linux-yhy.com.）	
www	IN A	192.168.88.188		#地址记录（www.linux-yhy.com.）	
bbs	IN A	192.168.88.20		#地址记录（bbs.linux-yhy.com.）	

第 3 步：检验解析结果。为了检验解析结果，一定要先把 Linux 操作系统网卡中的 DNS 地址修改成本机 IP 地址，这样就可以使用本机提供的 DNS 查询服务了，如图 13-7 所示。修改完成后重启网络服务，命令为【systemctl restart network】。

图 13-7　修改本机的 DNS 地址

【nslookup】命令用于检测能否从 DNS 服务器中查询到域名与 IP 地址的解析记录，进而更准确地检验 DNS 服务器是否能够为用户提供服务，如图 13-8 所示。

```
[root@www named]# nslookup
> www.linux-yhy.com
Server:          192.168.88.188
Address:         192.168.88.188#53

Name:    www.linux-yhy.com
Address: 192.168.88.20
> bbs.linux-yhy.com
Server:          192.168.88.188
Address:         192.168.88.188#53

Name:    bbs.linux-yhy.com
Address: 192.168.88.30
> mail.linux-yhy.com
Server:          192.168.88.188
Address:         192.168.88.188#53

Name:    mail.linux-yhy.com
Address: 192.168.88.188
>
```

图 13-8　用【nslookup】命令检测结果

13.2.2　配置反向解析区域

在 DNS 域名解析服务中，反向解析的作用是将用户提交的 IP 地址解析为对应的域名信息，它一般用于对某个 IP 地址上绑定的所有域名进行整体屏蔽，屏蔽由某些域名发送的垃圾邮件。它也可以针对某个 IP 地址进行反向解析，大致判断出有多少个网站在上面运行。当购买虚拟主机时，可以使用这一功能验证虚拟主机提供商是否有严重的超售问题。

第 1 步：编辑区域配置文件。在编辑该文件时，除了不要写错格式，还需要记住此处定义的数据配置文件名称，因为一会儿还需要在/var/named 目录中建立与其对应的同名文件。反向解析是把 IP 地址解析成域名格式，因此在定义 zone（区域）时应该把 IP 地址反写，如果原来是 192.168.88.0，反写后应该是 88.168.192，而且只需写出 IP 地址的网络位即可。把下列参数添加至正向解析参数的后面。

```
【vim /etc/named.rfc1912.zones】
zone "linux-yhy.com" IN {
    type master;
    file "linux-yhy.com.zone";
    allow-update {none;}};
};
zone "88.168.192.in-addr.arpa" IN {
    type master;
    file "192.168.88.arpa";
};
```

第 2 步：编辑数据配置文件。首先从/var/named 目录中复制一份反向解析的模板文件，命令为【cp-p named.loopback 192.168.88.arpa】，然后把下列参数填写到文件中，命令为【vim 192.168.88.arpa】。其中，IP 地址仅需要写主机位，如图 13-9 所示。最后重启 BIND 服务，命令为【systemctl restart named】。

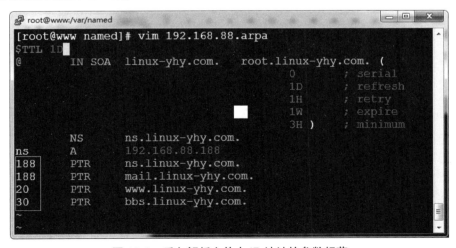

图 13-9　反向解析文件中 IP 地址的参数规范

图 13-9 中的代码对应的注释如下。

$TTL 1D				
@	IN SOA	linux-yhy.com.	root.linux-yhy.com.	(
				0;serial
				1D;refresh
				1H;retry
				1W;expire
				3H);minimum
	NS	ns.linux-yhy.com.		
ns	A	192.168.88.188		
188	PTR	ns.linux-yhy.com.	#PTR 为指针记录，仅用于反向解析	
188	PTR	mail.linux-yhy.com.	#对应 IP 地址为 192.168.88.188	
20	PTR	www.linux-yhy.com.	#对应 IP 地址为 192.168.88.20	
30	PTR	bbs.linux-yhy.com.	#对应 IP 地址为 192.168.88.30	

第 3 步：检验解析结果。在前面的正向解析实验中，已经把系统网卡中的 DNS 地址修改成了本机 IP 地址，因此可以直接使用【nslookup】命令来反向检验解析结果，仅需输入 IP 地址即可查询到对应的域名信息，如图 13-10 所示。

图 13-10　反向检验解析结果

13.3　配置从服务器

作为重要的互联网基础设施服务，保证 DNS 域名解析服务的正常运转至关重要，只有这样才能提供稳定、快速且不间断的域名查询服务。在 DNS 域名解析服务中，从服务器（IP地址：192.168.88.20）可以从主服务器（IP 地址：192.168.88.188）上获取指定的区域配置文件，从而起到备份解析记录与均衡负载的作用，因此，通过配置从服务器可以减轻主服务器的负载压力，还可以提升用户的查询效率，具体的操作步骤如下。

第 1 步：在主服务器的区域配置文件中允许该从服务器的更新请求，即修改 allow-update {允许更新区域信息的主机地址;};参数，然后重启主服务器的 DNS 服务程序。

```
【vim /etc/named.rfc1912.zones】
zone "linux-yhy.com" IN {
    type master;
    file "linux-yhy.com.zone";
    allow-update { 192.168.88.20; };
};
zone "88.168.192.in-addr.arpa" IN {
    type master;
    file "192.168.88.arpa";
    allow-update { 192.168.88.20; };
};
【systemctl restart named】
```

第 2 步：在从服务器中填写主服务器的 IP 地址与要获取的区域信息，然后重启 DNS 服务程序。注意，此时的服务类型应该是 slave（从），而不再是 master（主）。masters 参数后面应该为主服务器的 IP 地址，而且 file 参数后面定义的是同步数据配置文件后要将其保存到什么位置，稍后可以在该目录中看到同步的文件。

```
【vim /etc/named.rfc1912.zones】
zone "linux-yhy.com" IN {
    type slave;
    masters { 192.168.88.188; };
    file "slaves/linux-yhy.com.zone";
};
zone "10.168.192.in-addr.arpa" IN {
    type slave;
    masters { 192.168.88.188; };
    file "slaves/192.168.88.arpa";
};
【systemctl restart named】
```

第 3 步：检验解析结果。当从服务器的 DNS 服务程序重启后，从服务器就可以自动从主服务器上同步数据配置文件了，而且该文件默认会放置在区域配置文件所定义的目录位置。随后修改从服务器的网络参数，把 DNS 地址参数修改成 192.168.88.20，即可使用从服务器自身提供的 DNS 域名解析服务。最后就可以使用 nslookup 命令顺利看到解析结果了。使用【cd /var/named/slaves】命令切换到相应目录，使用【ll】命令查看从服务器复制过来的文件，如图 13-11 所示。

图 13-11　从服务器复制过来的文件

复 习 题

一、选择题

1．若要检查当前 Linux 操作系统是否已安装了 DNS 服务器，以下命令正确的是（　　）。

A．rpm -q dns　　　　　　　　　　　　B．rpm -q bind

C．rpm -aux | grep bind　　　　　　　　D．Rpm ps aux | grep dns

2．启动 DNS 服务的命令是（　　）。

A．systemctl bind restart　　　　　　　B．service bind start

C．systemctl named state　　　　　　　D．systemctl named restart

3．以下对 DNS 服务的描述正确的是（　　）。

A．DNS 服务的主配置文件是/etc/named.config/nds.conf

B．配置 DNS 服务，只需配置/etc/named.conf 即可

C．配置 DNS 服务，通常需要配置/etc/named.conf 和对应的区域配置文件

D．配置 DNS 服务时，正向和反向解析文件都必须配置才行

4．检验 DNS 服务器配置是否成功、解析是否正确，最好采用（　　）命令。

A．ping　　　　　　B．netstat　　　　　　C．ps -aux | bind　　　D．nslookup

二、简答题

1．Linux 操作系统中的 DNS 服务器主要有哪几种类型？

2．如何启动、关闭和重启 DNS 服务？

3．BIND 的配置文件主要有哪些？每个文件的作用是什么？

4．测试 DNS 服务器和配置是否正确主要有哪几种方法？

5．正向解析文件和反向解析文件分别由哪些记录组成？

三、操作题

1．安装基于 chroot 的 DNS 服务器，并根据以下要求配置主服务器。

（1）设置根区域并下载根服务器信息文件 named.ca，以便 DNS 服务器在本地区域文件不能进行查询解析时，能转到根 DNS 服务器进行查询。

（2）建立 xyz.com 主区域，设置允许区域复制的辅域名服务器的地址为 192.168.7.17。

（3）建立以下 A 资源记录。

dns.xyz.com.　　　　　　IN　A　192.168.16.177

www.xyz.com.　　　　　　IN　A　192.168.16.9

mail.xyz.com.　　　　　　IN　A　192.168.16.178

（4）建立以下别名 CNAME 资源记录。

bbs　　　　　　　　　　IN　A　192.168.16.177

（5）建立以下电子邮件交换器 MX 资源记录。

xyz.com.　　　　　　　　IN　MX　10　　mail.xyz.com.

（6）建立反向解析区域 16.168.192.in-addr.arpa，并为以上 A 资源记录建立对应的指针 PTR 资源记录。

2．安装基于 chroot 的 DNS 服务器，并根据以下要求配置从服务器。

（1）建立 xyz.com 从区域，设置主服务器的地址为 192.168.16.177。

（2）建立反向解析从区域 16.168.192.in-addr.arpa，设置主服务器的地址为 192.168.16.177。

3．安装基于 chroot 的 DNS 服务器，并将其配置成 Cache-only 缓存服务器，然后将客户机的查询请求转发到 61.144.56.101 这台 DNS 服务器上。

第 14 章 使用 Postfix 与 Dovecot 部署电子邮件系统

电子邮件服务器是处理电子邮件交换的软、硬件设施的总称，包括电子邮件程序、电子邮箱等，它是为用户提供 E-mail 服务的电子邮件系统，用户通过访问电子邮件服务器实现电子邮件的交换。服务器程序通常不能由用户启动，而是一直在系统中运行，它一方面负责把本机器上发出的电子邮件发送出去，另一方面负责接收其他主机发过来的电子邮件，并把各种电子邮件分发给相应的用户。

本章将介绍在 Linux 操作系统中使用 Postfix 和 Dovecot 部署电子邮件系统的方法，并重点讲解常用的配置参数，此外还将结合 BIND 服务程序提供的 DNS 域名解析服务来验证客户端与服务器之间的电子邮件收发功能。本章最后还介绍了如何在电子邮件系统中设置用户别名，以帮助大家在生产环境中更好地控制、管理电子邮件账户及邮箱地址。

14.1 电子邮件的工作原理

与传统信件的收发流程类似，电子邮件采用的是存储转发的方式。在了解电子邮件的工作原理前，首先要了解以下几个概念。

（1）MUA：电子邮件用户代理（Mail User Agent，MUA），为使用者提供编写、收、发电子邮件等功能，无论是接收还是发送电子邮件，一般客户端都是通过操作系统提供的 MUA 使用电子邮件系统，在测试电子邮件系统或其他情况下也可以使用 telnet 直接连接到 MTA。提供 MUA 功能的电子邮件客户端软件有 Apple Mail、Outlook Express、Mozilla Thunderbird（雷鸟）、Foxmail 等，如表 14-1 所示。此外，还有目前非常流行的 WebMail 方式。

表 14-1　常见的提供 MUA 功能的电子邮件客户端软件

版　　本	开发商	收费方式	软件许可证	操作系统支持
Apple Mail	苹果	MacOS X 的一部分	专有	MacOSX
Foxmail	腾讯	免费	专有	Windows
Mozilla Thunderbird	Mozilla	免费	MPL、MPL/GPL /LGPL 三重许可证	MacOSX、Windows、Linux（BSN/UNIX）
Outlook Express	微软	Windows—部分	专有	Windows
Microsoft Office Outlook	微软	Office 的一部分	专有	MacOSX、Windows
Kmail	KDE	KDE 一部分	GPL	MacOSX、Linux（BSNA/UNLX）

（2）MTA：电子邮件传输代理（Mail Transfer Agent，MTA），将电子邮件交给电子邮件系统后，电子邮件系统会将电子邮件发送给正确的接收主机。电子邮件系统的设计与具体的网络结构无关，无论是互联网还是 UUCP 网络，理论上只要能识别对应网络协议的 MTA，电子邮件系统就可以通过 MTA 将电子邮件从一个主机发送到另一个主机。一个 MTA 应该具备接收电子邮件、转发电子邮件及响应客户端收取电子邮件的请求等功能。提供 MTA 功能的软件在 Windows 平台中有 Exchange Server（Exchange Server 并非只提供 MTA 功能，微软为了满足企业对异步通信平台的需求，在其中增加了很多其他功能，如 OWA、OMA、统一通信等）、MDaemon、Foxmail Server 等，在 Linux 平台中有 sendmail、Postfix、QMail 等。

（3）MDA：电子邮件投递代理（Mail Delivery Agent，MDA），根据 MTA 接收的电子邮件，收件人将电子邮件存放到对应的电子邮件存放地点或通过 MTA 将电子邮件投递到下一个 MTA。

（4）MRA：电子邮件收取代理（Mail Retrieval Agent，MRA），为 MUA 读取电子邮件提供标准协议，目前主要使用 POP3 或 IMAP 协议。

图 14-1 所示为电子邮件的工作原理，当发送电子邮件时，会进行以下操作。

图 14-1　电子邮件的工作原理

① 用户通过 MUA 将电子邮件投递到 MTA。

② MTA 首先将电子邮件传递给 MDA。

③ MDA 会根据电子邮件收件人的不同采取两种不同的方式处理：一种方式是当收件人和发件人来自同一个区域时，MDA 会将电子邮件存放到对应的电子邮件存放地点；另一种方式是当收件人和发件人并非来自同一个区域时，MDA 会将电子邮件还给 MTA。

④ MTA 通过 DNS 查询到收件人 MTA 的 IP 地址。

⑤ 将电子邮件投递到收件人 MTA。

⑥ 收件人所在区域 MTA 将电子邮件投递到 MDA。

⑦ MDA 将电子邮件存放到对应的电子邮件存放地点。

当用户收取电子邮件时，进行以下操作。

⑧ 用户通过 MUA 连接 MRA。

⑨ MRA 在电子邮件存放地点将电子邮件收取，并传递回 MDA。

在 MTA 通过 DNS 查询到收件人 MTA 的 IP 地址（④）时，DNS 的区域信息中一般至少会有 MX（Mail Exchange）记录（其作用是指明收件人 MTA 的 FQDN）和收件人 MTA 的 FQDN 对应的 A 记录。MX 记录存在的原因是当发件人的电子邮件中只有收件人的电子邮件地址时，如 yanghaiyan@yhy.com，通过这个地址无法判断出收件人所在区域 MTA 的 IP 地址，发件人 MTA 在向 DNS 查询时，首先会通过 MX 记录找到收件人 MTA 的 FQDN 对应的 A 记录，再通过收件人 MTA 的 FQDN 对应的 A 记录查询到 IP 地址。当然如果发件人在电子邮件中采用 yhy@收件人 MTA 的 FQDN 或 yhy@收件人 MTA 的 IP 地址时，没有 MX 记录或收件人 MTA 的 FQDN 对应的 A 记录也是可以的，但是很少有人会这样写电子邮件。

MX 记录的定义如下，它与 DNS 中其他记录最大的区别在于多了一个优先级（下例中的 5 和 10 就是定义的优先级），其有效值为 0～65536 的任何整数。MX 记录指向的是一个收件人 MTA 的 FQDN 对应的 A 记录，不推荐指向别名（CNAME）记录。

```
yhy.com.   IN   MX   5    mail.yhy.com
yhy.com    IN   MX   10   maill.yhy.com
yhy.com    IN   A        192.168.0.15
yhy.com    IN   A        192.168.0.16
```

同一个区域中允许有多条 MX 记录，数字越小优先级越高，当发件人 MTA 通过 DNS 查询发现收件人所在的区域中有多条 MX 记录时，发件人 MTA 会从优先级高的 MX 记录开始尝试投递电子邮件，如果无法投递则会尝试将电子邮件投递给优先级第二高的 MX 记录，依次类推。假设这里优先级第二高的 MX 记录所指的 MTA 可以连接，电子邮件会被投递给优先级第二高的 MX 记录，它不会对电子邮件进行处理，而是暂时收下电子邮件后再尝试将电子邮件投递给优先级最高的 MX 记录（优先级低的 MX 记录帮助优先级高的 MX 记录临时保存的电子邮件）。

电子邮件系统基于电子邮件协议来完成电子邮件的传输，常见的电子邮件协议如下。

- 简单电子邮件传输协议（Simple Mail Transfer Protocol，SMTP）：用于发送和中转发出的电子邮件，占用服务器的 25/TCP 端口。
- 邮局协议版本 3（Post Office Protocol 3）：用于将电子邮件存储到本地主机，占用服务器的 110/TCP 端口。
- Internet 消息访问协议版本 4（Internet Message Access Protocol 4）：用于在本地主机上访问电子邮件，占用服务器的 143/TCP 端口。

前面曾提到当 MTA 收到电子邮件时会采取两种处理方式，其中一种处理方式是向外投递电子邮件，这就发生了中继。有一种特殊的情况，当 MTA 投递电子邮件时，这封电子邮件的收件人及发件人都不在 MTA 的所在区域，这种情况被称为第三方中继，如图 14-2 所示。如果 MTA 不进行任何验证就将电子邮件投递到外部区域，这时 MTA 就提供了所谓的开放中继（Open Relay）。如果某个互联网电子邮件服务器是开放中继，那么用不了多久这台电子邮件服务器就会成为垃圾电子邮件服务器。

图 14-2　第三方中继

14.2　部署基础的电子邮件系统

　　一个基础的电子邮件系统必须能提供发件服务和收件服务，为此需要使用基于 SMTP 协议的 Postfix 服务程序提供发件服务功能，并使用基于 POP3 协议的 Dovecot 服务程序提供收件服务功能。这样一来，用户就可以使用 Outlook Express 或 Foxmail 等客户端服务程序正常收发电子邮件了。

　　在 RHEL 5、RHEL 6 及诸多早期的 Linux 操作系统中，默认使用的发件服务是由 sendmail 服务程序提供的，而在 CentOS 7 中已经替换为 Postfix 服务程序。相比于 sendmail 服务程序，Postfix 服务程序减少了很多不必要的配置步骤，而且在稳定性、并发性等方面也有很大提升。

　　一般而言，用户的邮箱地址类似于"root@linux-yhy.com"，其格式为"用户名@主机地址（域名）"。如果您给我一串"root@192.168.88.188"的信息，我可能猜不到这是一个邮箱地址，也许会将它当作 SSH 协议的链接信息。因此，要想更好地检验电子邮件系统的配置效果，需要先部署 BIND 服务程序，为电子邮件服务器和客户端提供 DNS 域名解析服务。

　　第 1 步：配置服务器主机名称。

　　配置服务器主机名称，需要保证服务器主机名称与发件域名保持一致：

```
【vim /etc/hostname】
mail.linux-yhy.com
【hostname】
mail.linux-yhy.com
```

　　第 2 步：清空 iptables 防火墙的默认策略。

　　清空 iptables 防火墙的默认策略，并保存策略状态，避免 iptables 防火墙中的默认策略阻止客户端 DNS 解析域名及收发电子邮件：

```
【iptables -F】
【service iptables save】
```

　　第 3 步：配置域名解析。

　　为电子邮件系统提供域名解析。第 13 章已经讲解了 bind-chroot 服务程序的配置方法，因此这里只提供主配置文件、区域配置文件和域名数据文件的配置内容，其余配置步骤请大家自行完成：

```
【cat /etc/named.conf】
  10 options {
  11 listen-on port 53 { any; };
  12 listen-on-v6 port 53 { ::1; };
  13 directory "/var/named";
  14 dump-file "/var/named/data/cache_dump.db";
  15 statistics-file "/var/named/data/named_stats.txt";
  16 memstatistics-file "/var/named/data/named_mem_stats.txt";
  17 allow-query { any; };
```

18

..................省略部分输出信息..................

【cat /etc/named.rfc1912.zones】

```
zone "linux-yhy.com" IN {
    type master;
    file "linux-yhy.com.zone";
    allow-update {none;};
};
```

【cat /var/named/linux-yhy.com.zone】

【systemctl restart named】

【systemctl enable named】

$TTL 1D				
@	IN SOA	linux-yhy.com.	root.linux-yhy.com.	(
				0;serial
				1D;refresh
				1H;retry
				1W;expire
				3H;minimum
	NS	ns.linux-yhy.com.		
ns	IN A	192.168.88.188		
@	IN MX 10	mail.linux-yhy.com.		
mail	IN A	192.168.88.188		

　　修改好配置文件后记得重启 BIND 服务程序，这样电子邮件系统所对应的服务器主机名称为 mail.linux-yhy.com，而电子邮件域为@linux-yhy.com。把服务器的 DNS 地址修改成本地 IP 地址，如图 14-3 所示。

图 14-3　配置服务器的 DNS 地址

14.2.1　配置 Postfix 电子邮件服务器

　　Postfix 是一种电子邮件服务器，它是由任职于 IBM 华生研究中心（T.J. Watson Research Center）的荷兰籍研究员 Wietse Venema 为了改良 sendmail 电子邮件服务器而研发的，是一个开放源代码的软件，Postfix 的作用范围是广大的 Internet 用户，试图影响大多数的 Internet 上的电子邮件系统，因此它是免费的。

Postfix 在性能上大约比 sendmail 快 3 倍。一部运行 Postfix 的台式 PC 每天可以收发上百万封电子邮件。Postfix 是与 sendmail 兼容的，从而使得 sendmail 用户可以很方便地迁移到 Postfix 上。Postfix 在重负荷之下仍然可以正常工作，当系统运行超出了可用的内存或磁盘空间时，Postfix 会自动减少运行进程的数目。当处理的电子邮件数目逐渐增长时，Postfix 运行的进程不会随之增加。

Postfix 是由十几个小程序组成的，每个小程序完成特定的功能。可以通过配置文件设置每个小程序的运行参数。

Postfix 具有多层防御结构，可以有效地抵御恶意入侵者。如大多数的 Postfix 服务程序可以在较低的权限下运行，用户不可以通过网络访问 Postfix 与安全性相关的本地投递程序。

第 1 步：关闭防火墙。

Postfix 服务程序在 CentOS 7 中默认已经安装，如果没有安装，可以用 yum 安装，在正式配置 Postfix 之前，建议大家禁用 iptables 防火墙，否则外部用户无法访问电子邮件系统。

【rpm -qa postfix】
【yum install postfix】
【systemctl disable iptables】

第 2 步：配置 Postfix 服务程序。

Postfix 服务程序的主配置文件大约有 679 行左右的内容，但是需要重点掌握的只有 7 个参数，如表 14-2 所示。其中，大部分为注释内容。

表 14-2　Postfix 服务程序的主配置文件中的重要参数

参　　数	作　　用	大 概 位 置
myhostname	电子邮件系统的主机名	第 76 行
mydomain	电子邮件系统的域名	第 83 行
myorigin	从本机发出电子邮件的域名	第 99 行
inet_interfaces	监听的网卡接口	第 116 行
mydestination	可接收电子邮件的主机名或域名	第 164 行
mynetworks	设置可转发哪些主机的电子邮件	第 264 行
relay_domains	设置可转发哪些网域的电子邮件	第 296 行

在 Postfix 服务程序的主配置文件中，总计需要修改 5 处内容。第 1 处修改是在第 76 行，定义一个名为 myhostname 的变量，用来保存服务器的主机名。请记住这个变量的名称，以下参数需要调用它，注意去掉前面的注释符号"#"。

【vim /etc/postfix/main.cf】
………………省略部分输出信息………………
75 #myhostname = host.domain.tld
76 myhostname = mail.linux-yhy.com
………………省略部分输出信息………………

第 2 处修改是在第 83 行，定义一个名为 mydomain 的变量，用来保存电子邮件的域名。大家也要记住这个变量名称，以下参数将调用它：

```
78 # The mydomain parameter specifies the local internet domain name.
79 # The default is to use $myhostname minus the first component.
80 # $mydomain is used as a default value for many other configuration
81 # parameters.
82 #
83 mydomain = linux-yhy.com
```

第 3 处修改是在第 99 行，调用前面的 mydomain 变量，以定义发出电子邮件的域。调用变量的好处是避免重复写入信息，并便于日后统一修改：

```
94 # For the sake of consistency between sender and recipient addresses,
95 # myorigin also specifies the default domain name that is appended
96 # to recipient addresses that have no @domain part.
97 #
98 #myorigin = $myhostname
99 myorigin = $mydomain
```

第 4 处修改是在第 116 行，定义网卡监听地址。可以指定要使用服务器的哪些 IP 地址对外提供电子邮件服务；也可以写成 all，这代表所有 IP 地址都能提供电子邮件服务：

```
113 #inet_interfaces = all
114 #inet_interfaces = $myhostname
115 #inet_interfaces = $myhostname, localhost
116 inet_interfaces = all
```

最后一处修改是在第 164 行，定义可接收电子邮件的主机名或域名列表。这里可以直接调用前面定义好的 myhostname 和 mydomain 变量（如果不想调用变量，也可以直接调用变量中的值）：

```
162 # See also below, section "REJECTING MAIL FOR UNKNOWN LOCAL USERS".
163 #
164 mydestination = $myhostname , $mydomain
165 #mydestination = $myhostname, localhost.$mydomain, localhost, $mydomain
166 #mydestination = $myhostname, localhost.$mydomain, localhost, $mydomain,
```

第 3 步：创建电子邮件系统的登录账户。

Postfix 可以调用本地系统的账户和密码，因此在本地系统创建常规账户即可。最后重启配置妥当的 Postfix 服务程序，并将其添加到开机启动项中。

```
【useradd boss】
【echo "linux-yhy" | passwd --stdin boss】
【systemctl restart postfix】
【systemctl enable postfix】
```

14.2.2 配置 Dovecot 服务

POP/IMAP 是 MUA 从电子邮件服务器中读取电子邮件时使用的协议。其中，POP3 协议从电子邮件服务器中下载电子邮件并将其存储起来，IMAP4 协议则将电子邮件留在服务器端直接对电子邮件进行管理、操作。Dovecot 是一个开源的 IMAP 和 POP3 电子邮件服务器，由 Timo Sirainen 开发。其笔者将安全性放在第一位，因此，Dovecot 在安全性方面比较出众。另外，Dovecot 支持多种认证方式，所以在功能方面也比较符合一般的应用。

第 1 步：安装 Dovecot 服务程序软件包。

首先配置 yum 软件仓库、挂载光盘镜像到指定目录，然后输入要安装的 Dovecot 软件包名称即可：

```
【yum install    -y dovecot】
```

第 2 步：配置部署 Dovecot 服务程序。

在 Dovecot 服务程序的主配置文件中进行以下修改。首先是第 24 行，把 Dovecot 服务程序支持的协议修改为"imap、pop3 和 lmtp"。然后在这一行下面添加一行参数，允许用户使用明文进行密码验证。之所以这样操作，是因为 Dovecot 服务程序为了保证电子邮件系统的安全默认强制用户使用加密方式进行登录，而当前还没有加密系统，因此需要添加此参数，允许用户使用明文登录。

```
【vim /etc/dovecot/dovecot.conf】
………………省略部分输出信息………………
23 # Protocols we want to be serving.
24 protocols = imap pop3 lmtp
25 disable_plaintext_auth = no
………………省略部分输出信息………………
```

在主配置文件中的第 48 行设置允许登录的网段地址，也就是说可以在这里限制只有来自某个网段的用户才能使用电子邮件系统。如果想允许所有人都能使用电子邮件系统，就不用修改本参数：

```
44 # Space separated list of trusted network ranges. Connections from these
45 # IPs are allowed to override their IP addresses and ports (for logging and
46 # for authentication checks). disable_plaintext_auth is also ignored for
47 # these networks. Typically you'd specify your IMAP proxy servers here.
48 login_trusted_networks = 192.168.88.0/24
```

第 3 步：配置电子邮件格式与存储路径。

在 Dovecot 服务程序单独的子配置文件中定义一个路径，用于指定将收到的电子邮件存放到本地服务器的哪个位置。此路径默认已经被定义好，只需要将该配置文件中的第 25 行前面的"#"删除即可。

```
【vim /etc/dovecot/conf.d/10-mail.conf】
24 # mail_location = maildir:~/Maildir
25 mail_location = mbox:~/mail:INBOX=/var/mail/%u
26 # mail_location = mbox:/var/mail/%d/%1n/%n:INDEX=/var/indexes/%d/%1n/%n
………………省略部分输出信息………………
```

然后切换到配置 Postfix 服务程序时创建的 boss 账户，并在家目录中建立用于保存电子邮件的目录。记得要重启 Dovecot 服务程序并将其添加到开机启动项中。至此，对 Dovecot 服务程序的配置部署步骤全部完成。

```
【su - boss】
Last login: Sat Aug 15 16:15:58 CST 2017 on pts/1
【mkdir -p mail/.imap/INBOX】
【exit】
【systemctl restart dovecot】
【systemctl enable dovecot】
```

14.2.3 　配置电子邮件客户端

　　世界上有很多种著名的电子邮件客户端。主要包括 Windows 操作系统自带的 Outlook、Mozilla Thunderbird、The Bat!、Becky!，以及 Microsoft Outlook 的升级版 Windows Live Mail。国内的电子邮件客户端三剑客为 Foxmail、DreamMail 和 Koomail。

　　电子邮件客户端通常指使用 IMAP/APOP/POP3/SMTP/ESMTP/协议收发电子邮件的软件。用户不需要登录邮箱就可以收发电子邮件。

　　下面将介绍如何使用 Windows 操作系统中自带的 Outlook 来进行测试（也可以使用其他电子邮件客户端来测试，如 Foxmail）。请按照图 14-4 来设置电子邮件系统、DNS 服务器和客户端主机的 IP 地址，以便能正常解析电子邮件域名。

图 14-4　配置 Windows 7 系统的网络参数

　　第 1 步：在 Windows 7 操作系统中运行 Outlook 软件程序。

　　各位读者使用的 Windows 7 操作系统的版本不一定相同，笔者决定采用 Outlook 2013 版本进行实验。如果您想要与这里的实验环境保持一致，请先安装 Outlook 2013，如图 14-5 所示。

图 14-5　Outlook 2013 启动向导

第 2 步：配置电子邮件账户。

在"Microsoft Outlook 账户设置"界面中选择"是"单选按钮，然后单击"下一步"按钮，如图 14-6 所示。

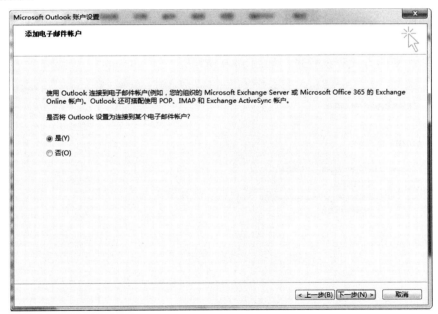

图 14-6　配置电子邮件账户

第 3 步：填写电子邮件账户信息。

"您的姓名"文本框中可以为自定义的任意名字，"电子邮件地址"文本框中则需要输入服务器系统内的账户名加发件域，"密码"文本框中需要输入该账户的登录密码。在填写完毕之后，单击"下一步"按钮，如图 14-7 所示。

图 14-7　填写电子邮件账户信息

第 4 步：进行电子邮件服务登录验证。

当前没有可用的 SSL 加密服务，因此在 Dovecot 服务程序的主配置文件中写入了一条参数，让客户可以使用明文登录到电子邮件服务。Outlook 软件默认会通过 SSL 加密协议尝试登录电子邮件服务，所以在进行"正在搜索 boss@linux-yhy.com 设置"大约 30～60 秒后（见图 14-8），系统会出现登录失败的报错信息。此时只需再次单击"下一步"按钮，Outlook 软件即可通过非加密的方式验证登录，如图 14-9 所示。

图 14-8　进行电子邮件服务验证登录

图 14-9　通过非加密的方式进行电子邮件服务验证登录

第 5 步：向其他邮箱发送电子邮件。

在成功登录 Outlook 软件后，即可尝试编写并发送电子邮件。只需在软件界面的空白处右击，在弹出的菜单中选择"新建电子邮件"命令即可，如图 14-10 所示，然后在电子邮件界面填写收件人的邮箱地址及完整的电子邮件内容后单击"发送"按钮，如图 14-11 所示。

图 14-10　向其他邮箱发送电子邮件

图 14-11　填写收件人的邮箱地址并编写完整的电子邮件内容

当使用 Outlook 软件成功发送电子邮件后，便可以在电子邮件服务器上使用 mail 命令查看到新电子邮件提醒了。如果想查看电子邮件的完整内容，只需输入收件人姓名前面的编号即可，ROOT 用户查看电子邮件效果图如图 14-12 所示。

图 14-12　ROOT 用户查看电子邮件效果图

14.3　设置电子邮件监控

电子邮件监控即用户别名功能，用户别名功能是一项简单实用的电子邮件账户伪装技术，可以用来设置多个虚拟邮箱的账户以接收电子邮件，从而保证自身的电子邮件地址不被泄露，还可以用来接收自己的多个邮箱中的电子邮件。上一节已经顺利地向 ROOT 账户发送了电子邮件，下面再向服务器上的 bin 账户发送一封电子邮件，如图 14-13 所示。

图 14-13　向服务器上的 bin 账户发送电子邮件

在电子邮件发送后登录电子邮件服务器，然后尝试以 bin 账户的身份登录。由于 bin 账户在 Linux 操作系统中是系统账户，默认的 Shell 终端是/sbin/nologin，所以在以 bin 账户登录时，系统会提示当前账户不可用。但是，在电子邮件服务器上使用 mail 命令后，可以看到这封原本要发送给 bin 账户的电子邮件已经被存放到 ROOT 账户的邮箱中了，如图 14-14 所示。

【su - bin】
This account is currently not available.
【mail】

图 14-14 ROOT 用户收到了发送给 bin 账户的电子邮件

可以看到发送给 bin 账户的电子邮件会被 ROOT 账户收到，这就是使用用户别名技术实现的。在 aliases 电子邮件别名服务的配置文件中可以看到，里面定义了大量的用户别名，这些用户别名大多数是 Linux 操作系统本地的系统账户，而在 ":" 间隔符后面的 ROOT 账户则是用来接收这些账户的电子邮件的用户。用户别名可以是 Linux 操作系统内的本地用户名，也可以是完全虚构的用户名。通过【cat /etc/aliases】命令可以查看其具体的对应关系。aliases 电子邮件别名服务的配置文件专门用来定义用户别名与电子邮件接收人的映射。除了使用本地系统中系统账户的名称，还可以自行定义一些用户别名来接收电子邮件。例如，创建一个名为 yhy 的账户，而真正接收该账户的电子邮件的是 ROOT 账户。

【echo "yhy：　root" >> /etc/aliases】

保存并退出 aliases 电子邮件别名服务的配置文件后，需要执行 newaliases 命令，其目的是让新的用户别名配置文件立即生效。然后尝试发送电子邮件，如图 14-15 所示。

图 14-15 向服务器上的 yhy 账户发送电子邮件

这时，使用 ROOT 账户在服务器上执行 mail 命令后，就能看到这封原本要发送给 yhy 账户的电子邮件了，如图 14-16 所示。

【mail】

用户别名功能不仅应用广泛，而且配置简单。一般的公司都会要求公司的员工将所有电子邮件往来给总经理发送一份，而公司的员工并不会察觉。

图 14-16　ROOT 账户查看电子邮件效果

复 习 题

一、选择题

1．Postfix 的主配置文件是（　　　）。

A．/etc/postfix/sendmail.mc 　　　　B．/etc/postfix/mian.cf

C．/etc/postfix/sendmail.conf　　　　D．/etc/postfix/sendmail

2．能实现电子邮件的接收和发送的协议是（　　　）。

A．POP3　　　　　B．MAT　　　　C．SMTP　　　　D．无

3．安装 Postfix 电子邮件服务器后，若要启动该服务，正确的命令是（　　　）。

A．systemctl start postfix　　　　　B．service sendmail restart

C．systemctl postfix start　　　　　D．/etc/rc.d/init.d/sendmail restart

4．Postfix 的日志功能可以用来记录该服务的事件，其日志保存在（　　　）目录下。

A．/var/log/message　　　　　　　B．/var/log/maillog

C．/var/mail/maillog　　　　　　　D．/var/mail/message

5．为了转发电子邮件，（　　　）是必需的。

A．POP　　　　　B．IMAP　　　　C．BIND　　　　D．postfix

二、简答题

1．简述 MUA 和 MTA 的功能。

2．简述电子邮件系统和其配置过程。

3．架设一台 Postfix+Cyrus Imapd+Squirrelmail 电子邮件服务器，并按照以下要求进行配置。

（1）只为子网 192.168.1.0/24 提供电子邮件转发功能。

（2）允许用户使用多个电子邮件地址，如用户 tom 的电子邮件地址有 tom@example.com 和 gdxs_tom@example.com。

（3）设置电子邮件群发功能。

（4）设置 SMTP 认证功能。

（5）用户可以使用 Squirrelmail 收发电子邮件。

4．试用 Outlook Express 客户端收发电子邮件。

第 15 章　配置网络数据库 MariaDB 服务

MariaDB 网络数据库服务就是以后台运行的数据库管理系统为基础，加上一定的前台程序，为网络用户提供数据的存储、查询等功能的服务，广泛地应用在 Internet 网站、搜索引擎、电子商务、电子政务和网上教育等各个方面。

MariaDB 数据库管理系统是 MySQL 的一个分支，主要由开源社区维护，采用 GPL，MariaDB 的目的是完全兼容 MySQL，包括 API 和命令行，使之能轻松地成为 MySQL 的代替品。在存储引擎方面，MariaDB 使用 XtraDB 来代替 MySQL 的 InnoDB。MariaDB 由 MySQL 的创始人 Michael Widenius 主导开发，他曾以 10 亿美元的价格，将自己创建的公司 MySQL AB 卖给了 SUN，此后，随着 SUN 被甲骨文公司收购，MySQL 的所有权也落入甲骨文公司。MariaDB 的名称来自 Michael Widenius 的女儿 Maria。

当前，谷歌、维基百科等决定将 MySQL 数据库上的业务转移到 MariaDB 数据库上，Linux 开源系统的领袖红帽公司也决定在 RHEL 7、CentOS 7 及最新的 Fedora 操作系统中，将 MariaDB 作为默认的数据库管理系统，红帽公司更是首次将数据库知识加入 RHCE 认证的考试内容。

本章主要介绍 MariaDB 数据库管理系统的内容，包括账户的创建与管理、账户权限的授权；新建数据库、新建数据表；对数据库执行新建、删除、修改、查询操作，以及数据库的备份与恢复等操作。

15.1　MariaDB 的基本配置

相对于 MySQL，MariaDB 数据库管理系统增加了一些扩展特性，如对微秒级别的支持、线程池、子查询优化、进程报告等的支持。在配置妥当 yum 软件仓库后，就可以安装部署 MariaDB 数据库主程序及服务程序了。在安装部署完毕后，记得启动服务进程，并将其加入开机启动项。

```
【yum install  -y mariadb mariadb-server】
【systemctl start mariadb】
【systemctl enable mariadb】
```

在确认 MariaDB 数据库服务程序安装完毕并成功启动后请不要立即使用它。为了确保数据库的安全性和正常运转，需要先对数据库服务程序进行初始化操作。此初始化操作涉及以下 5 个步骤。

第 1 步：登录系统，MariaDB 数据库管理系统的默认密码为空（注意，该密码并非 ROOT 管理员在系统中的密码），可直接按 Enter 键，进入 MariaDB 数据库初识化设计步骤。

第 2 步：设置 ROOT 管理员密码，设置 ROOT 管理员在数据库中的专有密码。

第 3 步：随后删除匿名账户，并使用 ROOT 管理员账户远程登录数据库，以确保数据库上运行的业务的安全性。

第 4 步：删除默认的测试数据库，取消测试数据库的一系列访问权限。

第 5 步：刷新授权列表，使初始化的设定立即生效。

下面是详细的数据库初始化的操作步骤：

```
【mysql_secure_installation】
[root@mail ~]# mysql_secure_installation

NOTE: RUNNING ALL PARTS OF THIS SCRIPT IS RECOMMENDED FOR ALL MariaDB
      SERVERS IN PRODUCTION USE!   PLEASE READ EACH STEP CAREFULLY!

In order to log into MariaDB to secure it, we'll need the current
password for the root user.   If you've just installed MariaDB, and
you haven't set the root password yet, the password will be blank,
so you should just press enter here.

Enter current password for root (enter for none): 当前数据库密码为空，直接按 Enter 键
OK, successfully used password, moving on...

Setting the root password ensures that nobody can log into the MariaDB
root user without the proper authorisation.

Set root password? [Y/n] y
New password: 输入要为 ROOT 管理员设置的数据库密码
Re-enter new password: 再次输入密码
Password updated successfully!
Reloading privilege tables..
 ... Success!


By default, a MariaDB installation has an anonymous user, allowing anyone
to log into MariaDB without having to have a user account created for
them.   This is intended only for testing, and to make the installation
go a bit smoother.   You should remove them before moving into a
production environment.
```

Remove anonymous users? [Y/n] y 删除匿名账户

   ... Success!

Normally, root should only be allowed to connect from 'localhost'.   This
ensures that someone cannot guess at the root password from the network.

Disallow root login remotely? [Y/n] y 禁止 ROOT 管理员从远程登录

   ... Success!

By default, MariaDB comes with a database named 'test' that anyone can
access.   This is also intended only for testing, and should be removed
before moving into a production environment.

Remove test database and access to it? [Y/n] y 删除 test 数据库并取消对它的访问权限

   - Dropping test database...

   ... Success!

   - Removing privileges on test database...

   ... Success!

Reloading the privilege tables will ensure that all changes made so far
will take effect immediately.

Reload privilege tables now? [Y/n] y 刷新授权表，使初始化的设定立即生效

   ... Success!

Cleaning up...

All done!   If you've completed all of the above steps, your MariaDB
installation should now be secure.

Thanks for using MariaDB!

    在很多生产环境中都需要使用站库分离的技术（网站和数据库不在同一个服务器上），如果需要让 ROOT 管理员远程访问数据库，可在上述初始化操作中设置策略，以允许 ROOT 管理员从远程访问。此外，还需要设置防火墙，使其放行对数据库服务程序的访问请求，数据库服务程序默认会占用 3306 端口，在防火墙策略中服务名称统一叫作"mysql"：

【firewall-cmd --permanent --add-service=mysql】

【firewall-cmd --reload】

success

    首次登录 MariaDB 数据库时使用-u 参数来指定以 ROOT 管理员的身份登录，而-p 参数用来验证该用户在数据库中的密码值。

```
【mysql -u root -p】
Enter password:  此处输入刚才设置的 ROOT 管理员在数据库中的密码
Welcome to the MariaDB monitor.    Commands end with ; or \g.
Your MariaDB connection id is 10
Server version: 5.5.56-MariaDB MariaDB Server

Copyright (c) 2000, 2017, Oracle, MariaDB Corporation Ab and others.

Type 'help;' or '\h' for help. Type '\c' to clear the current input statement.

MariaDB [(none)]>
```

在登录 MariaDB 数据库执行数据库命令时，需要在命令后面用";"结尾，这也是与 Linux 命令最显著的区别。下面执行【SHOW databases;】命令，查看当前数据库管理系统中都有哪些数据库，如图 15-1 所示。

图 15-1　查看当前数据库管理系统中都有哪些数据库

接下来使用数据库命令【SET password = PASSWORD('linux-yhy');】，将 ROOT 管理员在数据库管理系统中的密码修改为 linux-yhy。退出后再尝试登录，如果还输入原来的密码，将会提示访问失败。

15.2　账户的授权与移除

为了保障数据库系统的安全性，在生产环境中不能一直使用 ROOT 管理员账户，同时也需要其他用户协同管理数据库，可以在 MariaDB 数据库管理系统中创建多个专用的数据库管理账户，再为其分配合理的权限，以满足其工作需求。为此，可使用 ROOT 管理员登录数据库管理系统，然后按照"CREATE USER 用户名@主机名 IDENTIFIED BY '密码';"的格式创建数据库管理账户 yhy，命令为【CREATE USER yhy@localhost IDENTIFIED BY 'linux-yhy';】。需要注意的是每条数据库命令后面的";"。

```
MariaDB [(none)]>
Query OK, 0 rows affected (0.01 sec)
```

创建的账户信息可以使用 select 命令语句来查询。【SELECT HOST,USER,PASSWORD FROM user WHERE USER="yhy";】命令查询的是账户 yhy 的主机名称、账户名称及经过加密的密码值信息：

```
MariaDB [(none)]> use mysql
Reading table information for completion of table and column names
You can turn off this feature to get a quicker startup with -A

Database changed
MariaDB [mysql]> SELECT HOST,USER,PASSWORD FROM user WHERE USER="yhy";
+-----------+------+-----------------------------------------+
| HOST      | USER | PASSWORD                                |
+-----------+------+-----------------------------------------+
| localhost | yhy  | *02DBD63F97607D554501DC5D89DA88B6A0C9D277 |
+-----------+------+-----------------------------------------+
1 row in set (0.00 sec)

MariaDB [mysql]>
```

不过，用户 yhy 只是一个普通账户，它没有数据库的任何操作权限。需要对其进行授权，它才能操作数据库。GRANT 命令用于为账户进行授权，如表 15-1 所示。在使用 GRANT 命令时需要写上要赋予的权限、数据库及数据表名称，以及对应的账户及主机信息。

表 15-1 GRANT 命令的常见格式及其作用

命　　　令	作　　用
GRANT 权限 ON 数据库.数据表名称 TO 账户名@主机名	对某个特定数据库中的特定数据表授予权限
GRANT 权限 ON 数据库.*TO 账户名@主机名	对某个特定数据库中的所有数据表授予权限
GRANT 权限 ON*.*TO 账户名@主机名	对所有数据库及所有数据表授予权限
GRANT 权限 1,权限 2 ON 数据库.*TO 账户名@主机名	对某个数据库中的所有数据表授予多个权限
GRANT ALL PRIVILEGES ON *.*TO 账户名@主机名	对所有数据库及所有数据表授予全部权限（需谨慎操作）

账户的授权工作需要数据库管理员执行。下面以 ROOT 管理员的身份登录到数据库管理系统中，针对 MySQL 数据库中的 user 数据表向账户 yhy 授予查询、更新、删除及插入等权限。

```
【mysql -u root -p】
Enter password:此处输入 ROOT 管理员在数据库中的密码
MariaDB [(none)]> use mysql;
Reading table information for completion of table and column names
You can turn off this feature to get a quicker startup with -A
Database changed
MariaDB [mysql]> GRANT SELECT,UPDATE,DELETE,INSERT ON mysql.user TO yhy@localhost;
Query OK, 0 rows affected (0.00 sec)
```

在执行完上述授权操作之后，再查看一下账户 yhy 的权限：

```
MariaDB [mysql]> SHOW GRANTS FOR yhy@localhost;
+-------------------------------------------------------------------------+
| Grants for yhy@localhost     |
+-------------------------------------------------------------------------+
|GRANT USAGE ON *.* TO 'yhy'@'localhost' IDENTIFIED BY PASSWORD '*02DBD63F9
7607D554501DC5D89DA88B6A0C9D277' |
|GRANT SELECT, INSERT, UPDATE, DELETE ON `mysql`.`user` TO 'yhy'@'localhost'     |
+-------------------------------------------------------------------------+
2 rows in set (0.00 sec)

MariaDB [mysql]>
```

以上输出信息中显示账户 yhy 已经拥有了针对 MySQL 数据库中的 user 数据表的一系列权限了。这时再切换到账户 yhy，就能够看到 MySQL 数据库了，还能看到数据表 user（其余数据表会因无操作权限而继续隐藏）：

```
【mysql -u yhy -p】
Enter password:此处输入 yhy 用户在数据库中的密码
MariaDB [(none)]> SHOW DATABASES;
+--------------------+
| Database           |
+--------------------+
| information_schema |
| mysql              |
+--------------------+
2 rows in set (0.01 sec)
MariaDB [(none)]> use mysql
Reading table information for completion of table and column names
You can turn off this feature to get a quicker startup with -A
Database changed
MariaDB [mysql]> SHOW TABLES;
+-----------------+
| Tables_in_mysql |
+-----------------+
| user            |
+-----------------+
1 row in set (0.01 sec)
MariaDB [mysql]> exit
Bye
```

当前，先切换回 ROOT 管理员账户，移除刚才的授权。

```
【mysql -u root -p】
Enter password:此处输入 ROOT 管理员在数据库中的密码
```

```
MariaDB [(none)]> use mysql;
Reading table information for completion of table and column names
You can turn off this feature to get a quicker startup with -A

Database changed
MariaDB [(none)]> REVOKE SELECT,UPDATE,DELETE,INSERT ON mysql.user FROM yhy@localhost;
Query OK, 0 rows affected (0.00 sec)
```

可以看到，除移除授权的命令（REVOKE）与授权命令（GRANT）不同以外，其余部分都是一致的。这样不仅好记还容易理解。执行移除授权命令后，再来查看账户 yhy 的信息。

```
MariaDB [(none)]>SHOW GRANTS FOR yhy@localhost;
+-----------------------------------------------------------+
| Grants for yhy@localhost |
+-----------------------------------------------------------+
| GRANT       USAGE       ON    *.*    TO    'yhy'@'localhost'    IDENTIFIED    BY    PASSWORD
'*02DBD63F97607D554501DC5D89DA88B6A0C9D277' |
+-----------------------------------------------------------+
1 row in set (0.00 sec)
```

15.3 操作 MariaDB 数据库

操作 MariaDB 数据库用的是结构化查询语言（Structured Query Language，SQL），它是一种特殊目的的编程语言，是一种数据库查询和程序设计语言，用于存取数据及查询、更新和管理关系数据库系统，其名称也是其数据库脚本文件的扩展名。

结构化查询语言是高级的非过程化编程语言，允许用户在高层数据结构上工作。它不要求用户指定对数据的存放方法，也不需要用户了解具体的数据存放方式，所以具有完全不同的底层结构的不同数据库系统可以使用相同的结构化查询语言作为数据输入与管理的接口。结构化查询语言的语句可以嵌套，这使它具有极大的灵活性和强大的功能。

在 MariaDB 数据库管理系统中，一个数据库可以存放多个数据表，数据表是数据库的核心内容。用户可以根据自己的需求自定义数据表结构，然后在其中合理地存放数据，以便后期轻松地维护和修改数据。表 15-2 所示为部分数据库的命令及其作用。

表 15-2 部分数据库的命令及其作用

命令	作用
CREATE DATABASE 数据库名称	创建新的数据库
DESCRIBE 数据表名称	描述数据表
UPDATE 数据表名称 SET attribute=新值 WHERE attribute>原始值	更新数据表中的数据
USE 数据库名称	指定使用的数据库
SHOW databases	显示当前已有的数据库
SHOW tables	显示当前数据库中的数据表
SELECT * FROM 数据表名称	从数据表中选中某个记录值
DELETE FROM 数据表名称 WHERE attribute=值	从数据表中删除某个记录值

创建数据库是管理数据的起点。现在尝试创建一个名为 linux-yhy 的数据库，再查看数据库列表，就能看到它了：

```
MariaDB [(none)]> CREATE DATABASE linux-yhy;
Query OK, 1 row affected (0.00 sec)
MariaDB [(none)]> SHOW databases;
+--------------------+
| Database           |
+--------------------+
| information_schema |
| linux-yhy          |
| mysql              |
| performance_schema |
+--------------------+
4 rows in set (0.04 sec)
```

要想创建数据表，需要先切换到某个指定的数据库中。比如在新建的 linux-yhy 数据库中创建数据表 mybook，然后进行数据表的初始化，即定义存储数据内容的结构。分别定义 3 个字段项，其中，长度为 15 个字符的字符型字段 name 用来存放图书名称，整型字段 price 和 pages 分别用来存放图书的价格和页数。当执行完以下命令之后，就可以看到数据表的结构信息了：

```
MariaDB [(none)]> use linux-yhy;
Database changed
MariaDB [linux-yhy]> CREATE TABLE mybook (name char(15),price int,pages int);
Query OK, 0 rows affected (0.16 sec)
MariaDB [linux-yhy]> DESCRIBE mybook;
+-------+----------+------+-----+---------+-------+
| Field | Type     | Null | Key | Default | Extra |
+-------+----------+------+-----+---------+-------+
| name  | char(15) | YES  |     | NULL    |       |
| price | int(11)  | YES  |     | NULL    |       |
| pages | int(11)  | YES  |     | NULL    |       |
+-------+----------+------+-----+---------+-------+
3 rows in set (0.02 sec)
```

接下来在 mybook 数据表中插一条图书信息。为此需要使用 INSERT 命令，并在命令中写清数据表名称及对应的字段项。执行该命令之后即可完成插入图书信息。下面使用该命令插入一条图书信息，其中书名为 linux-yhy，价格和页数分别是 49 元和 300 页。执行命令后图书信息会被成功写入数据表，然后就可以查询数据表中的内容了。在使用 select 命令查询数据表内容时，需要加上想要查询的字段，如果想查看数据表中的所有内容，可以使用 "*" 通配符来显示：

```
MariaDB [linux-yhy]> INSERT INTO mybook(name,price,pages) VALUES('linux-yhy',
'60', '518');
Query OK, 1 row affected (0.00 sec)
```

```
MariaDB [linux-yhy]> SELECT * FROM mybook;
+------------+-------+-------+
| name       | price | pages |
+------------+-------+-------+
| linux-yhy  |    49 |   300 |
+------------+-------+-------+
1 rows in set (0.01 sec)
```

对数据库运维人员而言，需要做好 4 门功课——增、删、改、查。这意味着创建数据表并在其中插入内容仅仅是第一步，还需要掌握数据表内容的修改方法。例如，可以使用 update 命令将刚才插入的 linux-yhy 图书信息的价格修改为 45 元，然后使用 select 命令查看该图书的名称和定价信息。注意，因为这里只查看图书的名称和定价，而不涉及页码，所以无须再用星号通配符来显示所有内容。

```
MariaDB [linux-yhy]> UPDATE mybook SET price=55 ;
Query OK, 1 row affected (0.00 sec)
Rows matched: 1  Changed: 1  Warnings: 0
MariaDB [linux-yhy]> SELECT name,price FROM mybook;
+------------+-------+
| name       | price |
+------------+-------+
| linux-yhy  |    45 |
+------------+-------+
1 row in set (0.00 sec)
```

还可以使用 delete 命令删除某个数据表中的内容。下面使用 delete 命令删除数据表 mybook 中的所有内容，再查看该数据表中的内容，可以发现该数据表的内容为空。

```
MariaDB [linux-yhy]> DELETE FROM mybook;
Query OK, 1 row affected (0.01 sec)
MariaDB [linux-yhy]> SELECT * FROM mybook;
Empty set (0.00 sec)
```

一般而言，数据表中会存放成千上万条数据信息。比如刚刚创建的用于保存图书信息的 mybook 数据表，随着时间的推移，里面的图书信息也会越来越多。在这样的情况下，如果只想查看价格大于某个数值的图书，该如何定义查询语句呢？

下面先使用 insert 插入命令依次插入 4 条图书信息：

```
MariaDB [linux-yhy]> INSERT INTO mybook(name,price,pages) VALUES('linux-yhy1',
'30', '518');
Query OK, 1 row affected (0.05 sec)
MariaDB [linux-yhy]> INSERT INTO mybook(name,price,pages) VALUES('linux-yhy2',
'50', '518');
Query OK, 1 row affected (0.05 sec)
MariaDB [linux-yhy]> INSERT INTO mybook(name,price,pages) VALUES('linux-yhy3',
'80', '518');
Query OK, 1 row affected (0.01 sec)
```

```
MariaDB [linux-yhy]> INSERT INTO mybook(name,price,pages) VALUES('linux-yhy4',
'100', '518');
Query OK, 1 row affected (0.00 sec)
```

要想让查询结果更加精准，需要结合使用 select 与 where 命令。其中，where 命令是在数据库中进行匹配查询的条件命令。通过设置查询条件，可以查找出符合该条件的数据。where 命令中常用的查询参数及作用如表 15-3 所示。

表 15-3　where 命令中常用的查询参数及作用

参　　数	作　　用
=	相等
<>或!=	不相等
>	大于
<	小于
>=	大于或等于
<=	小于或等于
BETWEEN	在某个范围内
LIKE	搜索一个例子
IN	在列表中搜索多个值

现在进入手动环节。分别在 mybook 数据表中查找出价格大于 75 元或价格不等于 80 元的图书，其对应的命令如下所示。在熟悉了这两个查询条件之后，大家可以自行尝试精确查找图书名为 linux-yhy2 的图书信息。

```
MariaDB [linux-yhy]> SELECT * FROM mybook WHERE price>75;
+-------------+-------+-------+
| name        | price | pages |
+-------------+-------+-------+
| linux-yhy3  |    80 |   518 |
| linux-yhy4  |   100 |   518 |
+-------------+-------+-------+
2 rows in set (0.06 sec)
MariaDB [linux-yhy]> SELECT * FROM mybook WHERE price!=80;
+-------------+-------+-------+
| name | price | pages |
+-------------+-------+-------+
| linux-yhy1 | 30 | 518 |
| linux-yhy2 | 50 | 518 |
| linux-yhy4 | 100 | 518 |
+-------------+-------+-------+
3 rows in set (0.01 sec)
MariaDB [mysql]> exit
Bye
```

15.4　数据库的备份及恢复

随着计算机的普及和信息技术的发展，特别是计算机网络的飞速发展，信息安全越来越重要，数据库的备份是保证信息安全的一个重要方法。只要发生数据传输、数据存储和数据交换，就有可能产生数据故障，这时，如果没有采取数据库的备份及恢复措施，就可能导致数据丢失，有时数据丢失造成的损失是无法弥补与估量的。

MariaDB 备份数据库的命令为 mysqldump，该命令的工作原理很简单。它先查出需要备份的数据表的结构，再在文本文件中生成一个 CREATE 语句。然后将表中的所有记录转换成一条 INSERT 语句。最后通过这些语句就能创建数据表并插入数据了。

mysqldump 命令格式为【mysqldump [参数] [数据库名称]】。其中的参数与 mysql 命令大致相同，-u 参数用于定义登录数据库的账户名称，-p 参数代表密码提示符。下面将 linux-yhy 数据库中的内容导出生成一个文件，并将其保存到 ROOT 管理员的家目录中：

```
【mysqldump -u root -p linux-yhy > /root/linux-yhyDB.dump】
Enter password: 此处输入 ROOT 管理员在数据库中的密码
```

然后进入 MariaDB 数据库管理系统，彻底删除 linux-yhy 数据库，这样 mybook 数据表也将被彻底删除。然后重新建立 linux-yhy 数据库：

```
MariaDB [(none)]> DROP DATABASE linux-yhy;
Query OK, 1 row affected (0.04 sec)
MariaDB [(none)]> SHOW databases;
+--------------------+
| Database           |
+--------------------+
| information_schema |
| mysql              |
| performance_schema |
+--------------------+
3 rows in set (0.02 sec)
MariaDB [(none)]> CREATE DATABASE linux-yhy;
Query OK, 1 row affected (0.00 sec)
```

接下来验证数据恢复的效果，使用输入重定向符把刚刚备份的数据库文件导入 mysql 命令，执行该命令。然后登录 MariaDB 数据库，就能看到 linux-yhy 数据库及 mybook 数据表了，至此，数据库恢复成功。

```
【mysql -u root -p linux-yhy < /root/linux-yhyDB.dump】
Enter password: 此处输入 ROOT 管理员在数据库中的密码值
【mysql -u root -p】
Enter password: 此处输入 ROOT 管理员在数据库中的密码值
MariaDB [(none)]> use linux-yhy;
```

```
Reading table information for completion of table and column names
You can turn off this feature to get a quicker startup with -A
Database changed
MariaDB [linux-yhy]> SHOW tables;
+---------------------+
| Tables_in_linux-yhy |
+---------------------+
| mybook              |
+---------------------+
1 row in set (0.05 sec)
MariaDB [linux-yhy]> DESCRIBE mybook;
+-------+----------+------+-----+---------+-------+
| Field | Type     | Null | Key | Default | Extra |
+-------+----------+------+-----+---------+-------+
| name  | char(15) | YES  |     | NULL    |       |
| price | int(11)  | YES  |     | NULL    |       |
| pages | int(11)  | YES  |     | NULL    |       |
+-------+----------+------+-----+---------+-------+
3 rows in set (0.02 sec)
```

复 习 题

1．初始化 MariaDB 或 MySQL 数据库管理系统的命令是什么？

2．若只想查看 mybook 数据表中价格大于 75 元的图书信息，应该执行什么命令？

3．架设一台 MariaDB 数据库服务器，并按照下面的要求进行操作。

（1）建立一个数据库，在该数据库中建立一个至少包含 5 个字段的数据表，并为该数据表添加至少 10 条记录。

（2）试完成对数据表及记录的各项编辑工作。

（3）为数据库创建各类用户，并为这些用户设置适当的访问权限。

第 16 章　安装与配置 LNMP 服务器

LNMP 动态网站架构是一套由 Linux + Nginx + MySQL + PHP 组成的动态网站系统解决方案。Nginx 是十分轻量级的 HTTP 服务器，Nginx 是一个高性能的 HTTP 和反向代理服务器，同时也是一个 IMAP/POP3/SMTP 代理服务器，Nginx 是由俄罗斯人 Igor Sysoev 为 Rambler.ru 站点开发的，Nginx 是 Apache 服务器不错的替代品。同时 Nginx 也可以作为 7 层负载均衡服务器来使用。Nginx 0.8.46 + PHP 5.2.14（FastCGI）可以承受 3 万以上的并发连接数，相当于同等环境下 Apache 的 10 倍。

Nginx 超越 Apache 的高性能和稳定性，使得国内使用 Nginx 作为 Web 服务器的网站越来越多，其中包括新浪博客、新浪播客、网易新闻、腾讯网、搜狐博客等门户网站频道，六间房、56.com 等视频分享网站，Discuz!官方论坛、水木社区等知名论坛，盛大在线、金山逍遥网等网络游戏网站，豆瓣、人人网、YUPOO 相册、金山爱词霸、迅雷在线等新兴的 Web 2.0 网站。

16.1　编译安装源码包软件

源码包软件，顾名思义，源码包软件就是源代码可见的软件，其中基于 Linux 和 BSD 操作系统的软件较常见，目前国内源代码可见的软件几乎绝迹，大多开源软件都是国外出品的，在国内较为出名的开源软件有 fcitx、lumaqq、Lumaqq 及 scim 等。

软件的源代码可见并不等于软件是开源的，还要以软件的许可协议为准。有些软件的源代码是可见的，但它规定用户只能按它规定的内容来修改，如 vbb 论坛程序，所以开源软件需要具备两个条件：一是源代码可见；二是要有宽松的许可协议，如 GPL 等。

在 GNU Linux 或 BSD 社区中，开发人员在放出软件的二进制软件包的同时，也会提供源代码软件包。

一般来讲，在安装软件时，如果能通过 yum 软件仓库安装，就用 yum 软件仓库安装；反之则去寻找合适的 RPM 软件包来安装；如果实在没有资源可用，就只能使用源码包来安装了。

使用源码包安装服务程序的过程相对复杂，具体步骤如下。

第 1 步：下载并解压缩源码包文件。

为了方便在网络中传输，源码包文件通常会在归档后使用 gzip 或 bzip2 格式进行压缩，因此源码包一般会具有.tar.gz 与.tar.bz2 的后缀。要想使用源码包安装服务程序，必须先把里面的内容解压缩，然后再切换到源码包文件的目录中：

【tar xzvf FileName.tar.gz】

【cd FileDirectory】

第 2 步：编译源码包代码。

在正式使用源码包安装服务程序之前，还需要使用编译脚本针对当前系统进行一系列的评估工作，包括对源码包文件、软件之间及函数库之间的依赖关系、编译器、汇编器及连接器进行检查。还可以根据需要来追加--prefix 参数，以指定稍后源码包程序的安装路径，从而使服务程序的安装过程更加可控。当编译工作结束后，如果系统环境符合安装要求，一般会自动在当前目录下生成一个 Makefile 安装文件。

【./configure --prefix=/usr/local/program】

第 3 步：生成二进制安装程序。

刚刚生成的 Makefile 安装文件中会保存系统环境、软件依赖关系和安装规则等内容，接下来便可以使用 make 命令来根据 Makefile 安装文件内容提供的安装规则编译生成真正可供用户使用的二进制安装程序了。

【make】

第 4 步：运行二进制安装程序。

由于不需要再检查系统环境，也不需要再编译代码，所以运行二进制安装程序应该是速度最快的步骤。如果在源码包编译阶段使用了--prefix 参数，二进制安装程序就会被安装到那个目录中，如果没有自行使用参数定义目录，二进制安装程序一般会被默认安装到/usr/local/bin目录中。

【make install】

第 5 步：清理源码包临时文件。

由于在安装程序的过程中进行了代码编译的工作，所以在安装完毕后目录中会遗留下很多临时的垃圾文件，本着尽量不要浪费磁盘存储空间的原则，可以使用【make clean】命令对临时文件进行彻底的清理。

【make clean】

也许有读者会有疑问，为什么同样是安装程序，源码包的编译工作（configure）与生成二进制文件的工作（make）会使用这么长的时间，而采用 RPM 软件包安装效率明显高很多？原因很简单，在 RHCA 认证的 RH401 考试中，会要求考生写一个 RPM 软件包，其实 RPM 软件包就是把软件的源码包和一个针对特定系统、架构、环境编写的安装规定打包在一起的命令集，因此为了让用户能够使用这个软件包来安装程序，通常一个软件程序会发布多种格式的 RPM 软件包（如 i386、x86_64 等架构）来让用户选择。而源码包的软件作者希望自己的软件能够被安装到更多的系统上面，能够被更多的用户所了解、使用，他们会在编译阶段（configure）检查用户当前系统的情况，然后制定出一份可行的安装方案，所以会占用很多的系统资源，需要更长的等待时间。

16.2 架设 LNMP 动态网站架构

LNMP 动态网站架构是一套由 Linux + Nginx + MySQL + PHP 组成的动态网站系统解决方案。LNMP 中的字母 L 代表 Linux 操作系统，可以是 RHEL、CentOS、Fedora，还可以是 Debian、Ubuntu 等操作系统，LNMP 动态网站架构的 logo 如图 16-1 所示。

图 16-1 LNMP 动态网站架构的 Logo

在使用源码包安装服务程序之前，首先要让安装主机具备编译程序源码的环境，它需要具备 C 语言、C++语言、Perl 语言等编译器，以及各种常见的编译支持函数库程序。因此，请先配置妥当 yum 软件仓库，然后安装下列软件包：

【yum install -y apr* autoconf auyhyake bison bzip2 bzip2* compat* cpp curl curl-devel fontconfig fontconfig-devel freetype freetype* freetype-devel gcc gcc-++ gd gettext gettext-devel glibc kernel kernel-headers keyutils keyutils-libs-devel krb5-devel libcom_err-devel libpng libpng-devel libjpeg* libsepol-devel libselinux-devel libstdc++-devel libtool* libgomp libxml2 libxml2-devel libXpm* libtifflibtiff* make mpfr ncurses* ntp openssl openssl-devel patch pcre-devel perl php-common php-gd policycoreutils telnet t1lib t1lib* nasm nasm* wget zlib-devel
Loaded plugins: langpacks, product-id, subscription-manager】

将安装 LNMP 动态网站架构所需的 16 个软件源码包和 1 个用于检查效果的论坛网站系统软件包上传至服务器。大家可以在 Windows 操作系统中下载后通过 SSH 服务传送到打算部署 LNMP 动态网站架构的 Linux 服务器中，也可以直接在 Linux 服务器中使用 wget 命令下载这些源码包文件，该软件在本书配套的资源文件夹 software 中。建议把要安装的软件包存放在/usr/local/src 目录中：

【cd /usr/local/src】
【ls】
zlib-1.2.8.tar.gz   libmcrypt-2.5.8.tar.gz   pcre-8.35.tar.gz
cmake-2.8.11.2.tar.gz   libpng-1.6.12.tar.gz   php-5.5.14.tar.gz
Discuz_X3.2_SC_GBK.zip   libvpx-v1.3.0.tar.bz2   t1lib-5.1.2.tar.gz
freetype-2.5.3.tar.gz   mysql-5.6.19.tar.gz   tiff-4.0.3.tar.gz
jpegsrc.v9a.tar.gz   nginx-1.6.0.tar.gz   yasm-1.2.0.tar.gz
libgd-2.1.0.tar.gz   openssl-1.0.1h.tar.gz

CMake 是 Linux 操作系统中一款常用的编译工具。要想通过源码包安装服务程序，就要严格遵守上面总结的安装步骤：下载及解压缩源码包文件、编译源码包代码、生成二进制安装程序、运行二进制安装程序、清理源码包临时文件。接下来在解压缩、编译各个软件源码包程序时，都会生成大量的输出信息，本书不再详细介绍，请读者以实际操作为准。

【tar xzvf cmake-2.8.11.2.tar.gz】
【cd cmake-2.8.11.2/】

【./configure】
【make】
【make install】

16.2.1 配置 MySQL 服务

在使用 yum 软件仓库安装服务程序时，系统会自动根据 RPM 软件包中的命令集完成软件配置等工作。但是一旦选择使用源码包的方式来安装服务程序，这一切就需要用户自己来完成了。针对 MySQL 数据库而言，需要在系统中创建一个名为 mysql 的账户，专门用于负责运行 MySQL 数据库。请记得把这类账户的 Bash 终端设置成 nologin 解释器，避免黑客通过该账户登录到服务器中，从而提高系统的安全性。

【cd /usr/local/src】
【useradd mysql -s /sbin/nologin】

创建一个用于保存 MySQL 数据库程序和数据库文件的目录，并把该目录的所有者和所属组身份修改成 mysql。其中，/usr/local/mysql 是用于保存 MySQL 数据库服务程序的目录，/usr/local/mysql/var 则是用于保存真实数据库文件的目录。

【mkdir -p /usr/local/mysql/var】
【chown -Rf mysql:mysql /usr/local/mysql】

接下来解压缩、编译、安装 MySQL 数据库服务程序。在编译数据库时使用的是 cmake 命令，其中，-DCMAKE_INSTALL_PREFIX 参数用于定义数据库服务程序的保存目录，-DMYSQL_DATADIR 参数用于定义真实数据库文件的目录，-DSYSCONFDIR 参数则用于定义 MySQL 数据库配置文件的保存目录。由于 MySQL 数据库服务程序比较大，所以编译过程比较漫长。

【tar xzvf mysql-5.6.19.tar.gz】
【cd mysql-5.6.19/】
【 cmake . -DCMAKE_INSTALL_PREFIX=/usr/local/mysql -DMYSQL_DATADIR=/usr/local/mysql/var -DSYSCONFDIR=/etc】
【make】
【make install】

为了让 MySQL 数据库程序正常运行，需要先删除/etc 目录中的默认配置文件，然后在 MySQL 数据库程序的保存目录 scripts 内找到一个名为 mysql_install_db 的脚本程序，执行这个脚本程序并使用--user 参数指定 MySQL 数据库程序的对应账户名称（在前面的步骤已经创建好），使用--basedir 参数指定 MySQL 数据库程序的保存目录，使用--datadir 参数指定 MySQL 真实数据库的文件保存目录，这样即可生成系统数据库文件，也会生成新的 MySQL 服务配置文件。

【rm -rf /etc/my.cnf】
【cd /usr/local/mysql】
【./scripts/mysql_install_db --user=mysql --basedir=/usr/local/mysql --datadir=/usr/local/mysql/var】

把系统新生成的 MySQL 数据库配置文件链接到/etc 目录中，然后把程序目录中的开机程序文件复制到/etc/rc.d/init.d 目录中，以便通过 service 命令来管理 MySQL 数据库服务程序。记得把数据库脚本文件的权限修改成 755，以便用户有执行该脚本文件的权限：

【ln -s my.cnf /etc/my.cnf】
【cp ./support-files/mysql.server /etc/rc.d/init.d/mysqld】
【chmod 755 /etc/rc.d/init.d/mysqld】

编辑刚复制的 MySQL 数据库脚本文件，把第 46、47 行的 basedir 与 datadir 参数分别修改为 MySQL 数据库程序的保存目录和真实数据库的文件内容。

【vim /etc/rc.d/init.d/mysqld】
………………省略部分输出信息………………
  45
  46 basedir=/usr/local/mysql
  47 datadir=/usr/local/mysql/var
  48
………………省略部分输出信息………………

配置好脚本文件后便可以用 service 命令启动 mysqld 数据库服务了。mysqld 是 MySQL 数据库程序的服务名称，注意不要写错。还要使用 chkconfig 命令把 mysqld 服务程序加入开机启动项。

【service mysqld start】
Starting MySQL. SUCCESS!
【chkconfig mysqld on】

MySQL 数据库程序自带许多命令，但是 Bash 终端的 PATH 变量并没有包含这些命令所存放的目录，因此无法顺利地对 MySQL 数据库进行初始化，也不能使用 MySQL 数据库自带的命令。想要把命令所保存的目录永久性地定义到 PATH 变量中，需要编辑/etc/profile 文件并写入追加的命令目录，这样当物理设备在下一次重启时就会永久生效，如果不想通过重启设备的方式来生效，也可以使用 source 命令加载/ect/profile 文件，此时新的 PATH 变量就可以立即生效。

【vim /etc/profile】
………………省略部分输出信息………………
  73 done
  74 export PATH=$PATH:/usr/local/mysql/bin
  75 unset i
 【source /etc/profile】

MySQL 数据库程序还会调用一些程序文件和函数库文件。由于当前是通过源码包方式安装 MySQL 数据库的，所以必须以手动方式把这些文件链接过来。

【mkdir /var/lib/mysql】
【ln -s /usr/local/mysql/lib/mysql /usr/lib/mysql】
【ln -s /tmp/mysql.sock /var/lib/mysql/mysql.sock】
【ln -s /usr/local/mysql/include/mysql /usr/include/mysql】

现在，MySQL 数据库程序已经启动，要调用的各函数文件已经就位，PATH 环境变量中也加入了 MySQL 数据库命令的所在目录。接下来准备对 MySQL 数据库进行初始化，这个初始化的配置过程与 MariaDB 数据库是一样的。

【mysql_secure_installation】
NOTE: RUNNING ALL PARTS OF THIS SCRIPT IS RECOMMENDED FOR ALL MySQL
    SERVERS IN PRODUCTION USE!   PLEASE READ EACH STEP CAREFULLY!

In order to log into MySQL to secure it, we'll need the current
password for the root user.   If you've just installed MySQL, and
you haven't set the root password yet, the password will be blank,
so you should just press enter here.

Enter current password for root (enter for none): 此处只需按下 Enter 键
OK, successfully used password, moving on...

Setting the root password ensures that nobody can log into the MySQL
root user without the proper authorisation.

Set root password? [Y/n] y（要为 ROOT 管理员设置数据库的密码）
New password: 输入要为 ROOT 管理员设置的数据库密码
Re-enter new password: 再输入一次密码
Password updated successfully!
Reloading privilege tables..
  ... Success!

By default, a MySQL installation has an anonymous user, allowing anyone
to log into MySQL without having to have a user account created for
them.   This is intended only for testing, and to make the installation
go a bit smoother.   You should remove them before moving into a
production environment.

Remove anonymous users? [Y/n] y（删除匿名账户）
  ... Success!

Normally, root should only be allowed to connect from 'localhost'.   This
ensures that someone cannot guess at the root password from the network.

Disallow root login remotely? [Y/n] y（禁止 ROOT 管理员从远程登录）
  ... Success!

By default, MySQL comes with a database named 'test' that anyone can
access.   This is also intended only for testing, and should be removed

before moving into a production environment.

Remove test database and access to it? [Y/n] y　（删除 test 数据库并取消对它的访问权限）

  - Dropping test database...

  ... Success!

  - Removing privileges on test database...

  ... Success!

Reloading the privilege tables will ensure that all changes made so far

will take effect immediately.

Reload privilege tables now? [Y/n] y　（刷新授权表，让初始化后的设定立即生效）

  ... Success!

All done!　If you've completed all of the above steps, your MySQL

installation should now be secure.

Thanks for using MySQL!

Cleaning up...

[root@localhost mysql]#

16.2.2　配置 Nginx 服务

Nginx 是一款相当优秀的用于部署动态网站的轻量级服务程序，它最初是为俄罗斯门户站点开发的，因其性能稳定、功能丰富、占用内存少且并发能力强而备受用户信赖。目前，国内外诸多门户站点均已使用了此服务程序。

在正式安装 Nginx 服务程序之前，还需要解决相关的软件依赖关系。例如，用于提供 Perl 语言兼容的正则表达式库的软件包 pcre，就是 Nginx 服务程序用于实现伪静态功能必不可少的依赖包。下面来解压缩、编译、生成、安装 Nginx 服务程序的源码文件：

```
【cd /usr/local/src】
【tar xzvf pcre-8.35.tar.gz】
【cd pcre-8.35】
【./configure --prefix=/usr/local/pcre】
【make】
【make install】
```

openssl 软件包是用于提供网站加密证书服务的程序文件，在安装该程序时需要自定义服务程序的安装目录，以便稍后调用它们的时候更方便。

```
【cd /usr/local/src】
【tar xzvf openssl-1.0.1h.tar.gz】
【cd openssl-1.0.1h】
【./config --prefix=/usr/local/openssl】
【make】
【make install】
```

openssl 软件包安装后默认会在/usr/local/openssl/bin 目录中提供很多的可用命令，需要像前面的操作那样，将这个目录添加到 PATH 环境变量中，并将其写入配置文件，最后执行 source 命令以便新的 PATH 环境变量的内容立即生效：

```
【vim /etc/profile】
..................省略部分输出信息..................
    73 done
    74 export PATH=$PATH:/usr/local/mysql/bin:/usr/local/openssl/bin
    75 unset i
  【source /etc/profile】
```

zlib 软件包是用于提供压缩功能的函数库文件。无须深入了解 Nginx 服务程序调用的服务程序，只要大致了解其作用即可：

```
【cd /usr/local/src】
【tar xzvf zlib-1.2.8.tar.gz】
【cd zlib-1.2.8】
【./configure --prefix=/usr/local/zlib】
【make】
【make install】
```

在安装部署好具有依赖关系的软件包之后，创建一个用于执行 Nginx 服务程序的账户 www。账户名称可以自定义，但一定别忘记设置，因为在后续需要调用它：

```
【cd ..】
【useradd www -s /sbin/nologin】
```

在编译 Nginx 服务程序时，需要设置很多参数，其中，--prefix 参数用于定义服务程序稍后安装到的位置，--user 与--group 参数用于指定执行 Nginx 服务程序的用户名和用户组。在使用参数调用 openssl、zlib、pcre 软件包时，请写出软件源码包的解压缩路径，而不是程序的安装路径：

```
【tar xzvf nginx-1.6.0.tar.gz】
【cd nginx-1.6.0/】
【./configure --prefix=/usr/local/nginx --without-http_memcached_module --user=www --group=www --with-http_stub_status_module --with-http_ssl_module --with-http_gzip_static_module --with-openssl=/usr/local/src/openssl-1.0.1h --with-zlib=/usr/local/src/zlib-1.2.8 --with-pcre=/usr/local/src/pcre-8.35】
【make】
【make install】
```

要想启动 Nginx 服务程序并将其加入开机启动项，需要有脚本文件。可惜的是，在安装完 Nginx 软件包之后默认并没有为用户提供脚本文件，因此笔者给各位读者准备了一份可用的启动脚本文件，大家只需在/etc/rc.d/init.d 目录中创建脚本文件并直接复制以下脚本内容即可。

```
【vim /etc/rc.d/init.d/nginx】
#!/bin/bash
```

```
# nginx - this script starts and stops the nginx daemon
# chkconfig: - 85 15
# description: Nginx is an HTTP(S) server, HTTP(S) reverse \
# proxy and IMAP/POP3 proxy server
# processname: nginx
# config: /etc/nginx/nginx.conf
# config: /usr/local/nginx/conf/nginx.conf
# pidfile: /usr/local/nginx/logs/nginx.pid
# Source function library.
. /etc/rc.d/init.d/functions
# Source networking configuration.
. /etc/sysconfig/network
# Check that networking is up.
[ "$NETWORKING" = "no" ] && exit 0
nginx="/usr/local/nginx/sbin/nginx"
prog=$(basename $nginx)
NGINX_CONF_FILE="/usr/local/nginx/conf/nginx.conf"
[ -f /etc/sysconfig/nginx ] && . /etc/sysconfig/nginx
lockfile=/var/lock/subsys/nginx
make_dirs() {
# make required directories
user=`$nginx -V 2>&1 | grep "configure arguments:" | sed 's/[^*]*--user=\([^ ]*\).
*/\1/g' -`
        if [ -z "`grep $user /etc/passwd`" ]; then
                useradd -M -s /bin/nologin $user
        fi
options=`$nginx -V 2>&1 | grep 'configure arguments:'`
for opt in $options; do
        if [ `echo $opt | grep '.*-temp-path'` ]; then
                value=`echo $opt | cut -d "=" -f 2`
                if [ ! -d "$value" ]; then
                    # echo "creating" $value
                    mkdir -p $value && chown -R $user $value
                fi
        fi
done
}
start() {
[ -x $nginx ] || exit 5
[ -f $NGINX_CONF_FILE ] || exit 6
make_dirs
echo -n $"Starting $prog: "
daemon $nginx -c $NGINX_CONF_FILE
retval=$?
```

```
echo
[ $retval -eq 0 ] && touch $lockfile
return $retval
}
stop() {
echo -n $"Stopping $prog: "
killproc $prog -QUIT
retval=$?
echo
[ $retval -eq 0 ] && rm -f $lockfile
return $retval
}
restart() {
#configtest || return $?
stop
sleep 1
start
}
reload() {
#configtest || return $?
echo -n $"Reloading $prog: "
killproc $nginx -HUP
RETVAL=$?
echo
}
force_reload() {
restart
}
configtest() {
$nginx -t -c $NGINX_CONF_FILE
}
rh_status() {
status $prog
}
rh_status_q() {
rh_status >/dev/null 2>&1
}
case "$1" in
start)
        rh_status_q && exit 0
        $1
        ;;
stop)
        rh_status_q || exit 0
```

```
              $1
              ;;
restart|configtest)
$1
;;
reload)
              rh_status_q || exit 7
              $1
              ;;
force-reload)
              force_reload
              ;;
status)
              rh_status
              ;;
condrestart|try-restart)
              rh_status_q || exit 0
              ;;
*)
echo $"Usage: $0 {start|stop|status|restart|condrestart|try-restart|reload|force-
reload|configtest}"
exit 2
esac
```

　　保存脚本文件后记得为其赋予 755 权限，以便能够执行此脚本。然后以绝对路径的方式执行此脚本，通过 restart 参数重启 Nginx 服务程序，最后再使用 chkconfig 命令将 Nginx 服务程序添加至开机启动项中。

【chmod 755 /etc/rc.d/init.d/nginx】

【/etc/rc.d/init.d/nginx restart】

【chkconfig nginx on】

　　启动 Nginx 服务程序后就可以在浏览器中输入服务器的 IP 地址来查看默认网页了。相较于 Apache 服务程序的红色默认页面，Nginx 服务程序的默认页面显得更加简洁，如图 16-2 所示。

图 16-2　Nginx 服务程序的默认页面

16.2.3　配置 PHP 服务

超文本预处理器（Hypertext Preprocessor，PHP）是一种通用的开源脚本语言，发明于 1995 年，它吸取了 C 语言、Java 语言及 Perl 语言的很多优点，具有开源、免费、快捷、跨平台性强、效率高等优良特性，是目前 Web 开发领域常用的语言之一。

使用源码包的方式编译安装 PHP 语言环境其实并不复杂，难点在于解决 PHP 的程序包和其他软件的依赖关系。为此需要先安装部署近十个用于搭建网站页面的程序包，才能正式安装 PHP 程序。

yasm 源码包是一款常见的开源汇编器，其解压缩、编译、安装过程中生成的输出信息均已省略：

【cd ..】
【tar zxvf yasm-1.2.0.tar.gz】
【cd yasm-1.2.0】
【./configure】
【make】
【make install】

libmcrypt 源码包是用于加密算法的扩展库程序，其解压缩、编译、安装过程中生成的输出信息均已省略：

【cd ..】
【tar zxvf libmcrypt-2.5.8.tar.gz】
【cd libmcrypt-2.5.8】
【./configure】
【make】
【make install】

libvpx 源码包是用于提供视频编码器的服务程序，其解压缩、编译、安装过程中生成的输出信息均已省略。相信会有很多读者顺手使用了 tar 命令的 xzvf 参数，但仔细观察就会发现：libvpx 源码包的后缀是.tar.bz2，这表示它是使用 bzip2 格式进行压缩的，因此正确的解压缩参数应该是 xjvf：

【cd ..】
【tar xjvf libvpx-v1.3.0.tar.bz2】
【cd libvpx-v1.3.0】
【./configure --prefix=/usr/local/libvpx --enable-shared --enable-vp9】
【make】
【make install】

tiff 源码包是用于提供标签图像文件格式的服务程序，其解压缩、编译、安装过程中生成的输出信息均已省略：

【cd ..】
【tar zxvf tiff-4.0.3.tar.gz】

【cd tiff-4.0.3】

【./configure --prefix=/usr/local/tiff --enable-shared】

【make】

【make install】

libpng 源码包是用于提供 png 图片格式支持的函数库的服务程序，其解压缩、编译、安装过程中生成的输出信息均已省略：

【cd ..】

【tar zxvf libpng-1.6.12.tar.gz】

【cd libpng-1.6.12】

【./configure --prefix=/usr/local/libpng --enable-shared】

【make】

【make install】

freetype 源码包是用于提供字体支持的引擎的服务程序，其解压缩、编译、安装过程中生成的输出信息均已省略：

【cd ..】

【tar zxvf freetype-2.5.3.tar.gz】

【cd freetype-2.5.3】

【./configure --prefix=/usr/local/freetype -enable-shared】

【make】

【make install】

jpeg 源码包是用于提供 jpeg 图片格式支持的函数库的服务程序，其解压缩、编译、安装过程中生成的输出信息均已省略：

【cd ..】

【tar zxvf jpegsrc.v9a.tar.gz】

【cd jpeg-9a】

【 ./configure --prefix=/usr/local/jpeg --enable-shared】

【make】

【make install】

libgd 源码包是用于提供图形处理的服务程序，其解压缩、编译、安装过程中生成的输出信息均已省略。在编译 libgd 源码包时，请记得写入的是 jpeg、libpng、freetype、tiff、libvpx 等服务程序在系统中的安装路径，即在上述安装过程中使用--prefix 参数指定的目录路径：

【cd ..】

【tar zxvf libgd-2.1.0.tar.gz】

【cd libgd-2.1.0】

【 ./configure --prefix=/usr/local/libgd --enable-shared --with-jpeg=/usr/local/jpeg --with-png=/usr/local/libpng --with-freetype=/usr/local/freetype --with-fontconfig=/usr/local/freetype --with-xpm=/usr/ --with-tiff=/usr/local/ tiff --with-vpx=/usr/local/libvpx】

【make】

【make install】

t1lib 源码包是用于提供图片生成函数库的服务程序，其解压缩、编译、安装过程中生成的输出信息均已省略。安装后把/usr/lib64 目录中的函数文件链接到/usr/lib 目录中，以便系统能够顺利调取到函数文件：

```
【cd ..】
【tar zxvf t1lib-5.1.2.tar.gz】
【cd t1lib-5.1.2】
【./configure --prefix=/usr/local/t1lib --enable-shared】
【make】
【make install】
【ln -s /usr/lib64/libltdl.so /usr/lib/libltdl.so】
【cp -frp /usr/lib64/libXpm.so* /usr/lib/】
```

此时，终于把编译 PHP 源码包的相关软件包安装部署妥当了。在开始编译 PHP 源码包之前，先定义一个名为 LD_LIBRARY_PATH 的全局环境变量，该环境变量的作用是帮助系统找到指定的动态链接库文件，这些文件是编译 PHP 源码包的必要元素之一。编译 PHP 源码包时，除了定义要将其安装到哪个目录，还需要依次定义 PHP 服务程序配置文件的保存目录、MySQL 数据库服务程序所在目录、MySQL 数据库服务程序配置文件所在目录，以及 libpng、jpeg、freetype、libvpx、zlib、t1lib 等服务程序的安装目录路径，并通过参数启动 PHP 服务程序的诸多默认功能：

```
【cd ..】
【tar -zvxf php-5.5.14.tar.gz】
【cd php-5.5.14】
【export LD_LIBRARY_PATH=/usr/local/libgd/lib】
【./configure --prefix=/usr/local/php --with-config-file-path=/usr/local/php/etc --with-mysql=/usr/local/mysql
--with-mysqli=/usr/local/mysql/bin/mysql_config --with-mysql-sock=/tmp/mysql.sock --with-pdo-mysql=/usr/local/
mysql --with-gd --with-png-dir=/usr/local/libpng --with-jpeg-dir=/usr/local/jpeg --with-freetype-dir=/usr/local/
freetype --with-xpm-dir=/usr/ --with-vpx-dir=/usr/local/libvpx/ --with-zlib-dir=/usr/local/zlib --with-t1lib=/usr/
local/t1lib --with-iconv --enable-libxml --enable-xml --enable-bcmath --enable-shmop --enable-sysvsem --enable-
inline-optimization --enable-opcache --enable-mbregex --enable-fpm --enable-mbstring --enable-ftp --enable-gd-
native-ttf --with-openssl --enable-pcntl --enable-sockets --with-xmlrpc --enable-zip --enable-soap --without-pear
--with- gettext --enable-session --with-mcrypt --with-curl --enable-ctype】
【make】
【make install】
```

在 PHP 源码包程序安装完成后，需要删除当前默认的配置文件，然后将 PHP 服务程序目录中相应的配置文件复制过来：

```
【rm -rf /etc/php.ini】
【cp php.ini-production /usr/local/php/etc/php.ini】
【ln -s /usr/local/php/etc/php.ini /etc/php.ini】
【cp /usr/local/php/etc/php-fpm.conf.default /usr/local/php/etc/php-fpm.conf】
【ln -s /usr/local/php/etc/php-fpm.conf /etc/php-fpm.conf】
```

php-fpm.conf 是 PHP 服务程序重要的配置文件之一，需要启用该配置文件中第 25 行左右的 pid 文件保存目录，然后将第 148 行和第 149 行的 user 与 group 参数分别修改为 www 账户和其用户组名称：

```
【vim /usr/local/php/etc/php-fpm.conf】
………………省略部分输出信息………………
24 ; Default Value: none
25 pid = run/php-fpm.pid
26
………………省略部分输出信息………………
147 ; will be used.
148 user = www
149 group = www
150
………………省略部分输出信息………………
```

配置妥当后便可把用于管理 PHP 服务的脚本文件复制到/etc/rc.d/init.d 中了。为了能够执行脚本，请记得为脚本赋予 755 权限。最后把 php-fpm 服务程序加入开机启动项：

```
【cp sapi/fpm/init.d.php-fpm /etc/rc.d/init.d/php-fpm】
【chmod 755 /etc/rc.d/init.d/php-fpm】
【chkconfig php-fpm on】
```

由于 PHP 服务程序的配置参数直接会影响到 Web 服务的运行环境，所以如果默认开启了一些不必要且高危的功能（如允许用户在网页中执行 Linux 命令），就会降低网站被入侵的难度，入侵人员甚至可以拿到整台 Web 服务器的管理权限。因此需要编辑 php.ini 配置文件，在第 305 行的 disable_functions 参数后面追加上要禁止的功能。下面的禁用功能名单来源于笔者的经验，不一定适合每个生产环境，建议读者在此基础上根据自身工作需求酌情删减：

```
【vim /usr/local/php/etc/php.ini】
………………省略部分输出信息………………
304 ; http://php.net/disable-functions
305 disable_functions = passthru,exec,system,chroot,scandir,chgrp,chown,shell_exec,proc_open,proc_get_st
atus,ini_alter,ini_alter,ini_restore,dl,openlog,syslog,readlink,symlink,popepassthru,stream_socket_server,escapes
hellcmd,dll,popen,disk_free_space,checkdnsrr,checkdnsrr,g etservbyname,getservbyport,disk_total_space,posix_ter
mid,posix_get_last_error,posix_getcwd,posix_getegid,posix_geteuid, posix_getgid,po six_getgrgid,posix_getgrnam,
posix_ getgroups,posix_getlogin,posix_getpgid,posix_getpgrp,posix_getpid,posix_getppid,posix_getpwnam,posix_g
etpwuid,posix_getrlimit,posix_getsid,posix_getuid,posix_isatty,posix_kill,posix_mkfifo,posix_setegid,posix_seteuid,
posix_setgid,posix_ setpgid,posix_setsid,posix_setuid,posix_strerror,posix_times,posix_ttyname,posix_uname
306
………………省略部分输出信息………………
```

这样就把 PHP 服务程序配置妥当了。之后，还需要编辑 Nginx 服务程序的主配置文件，把第 2 行的"#"删除，然后在后面写上负责运行 Nginx 服务程序的账户名称和用户组名称；在第 45 行的 index 参数后面写上网站的首页名称。最后将第 65～71 行参数前的"#"删除来启用参数，主要是修改第 69 行的脚本名称路径参数，其中$document_root 变量就是网站信息存储的根目录路径，若没有设置该变量，Nginx 服务程序就无法找到网站信息，因此会提示"404 页面未找到"的报错信息。在确认参数信息填写正确后便可重启 Nginx 服务程序与php-fpm 服务程序。

```
【vim /usr/local/nginx/conf/nginx.conf】
   1
   2 user www www;
   3 worker_processes 1;
   4
………………省略部分输出信息………………

   {
  44 root html;
  45 index index.html index.htm index.php;
  46 }
………………省略部分输出信息………………
  68 fastcgi_index index.php;
  69 fastcgi_param SCRIPT_FILENAME $document_root$fastcgi_script_name;
  70 include fastcgi_params;
………………省略部分输出信息………………
【systemctl restart nginx】
【systemctl restart php-fpm】
```

至此，LNMP 动态网站架构的配置实验全部结束。

16.3　搭建 Discuz!论坛

　　Discuz!论坛程序因其简便、快捷、易使用的特性成为目前使用最多的论坛程序。而通过 Discuz!程序也能快速地搭建出符合自己需求的论坛网站。在搭建 Discuz!论坛时，根据自己的论坛发展需求选择合适的空间至关重要。一般来说由于论坛的特殊性，在空间的选择上应尽量选择足够大的空间，也可以通过购买服务器来保证论坛具有较高的可用性。Disucz!论坛是基于 PHP 开发的，所以在空间的选择上选择 PHP 的程序空间加上 MySQL 数据库即可。一般的网站选择 500MB 虚拟空间加 50MB 的数据库即可。搭建论坛时可以考虑选择 "2GB 的空间+200MB 的 MySQL 数据库"，即可完成初步的程序搭建。

　　Discuz!软件包的后缀是 ".zip"，因此应当使用专用的 unzip 命令来进行解压缩。解压缩 Discuz!软件包后会在当前目录中出现一个名为 upload 的文件目录，这里面保存的就是 Discuz!论坛的系统程序。把 Nginx 服务程序网站根目录的内容清空后，就可以把这些目录中的文件都复制进去了。要记得把 Nginx 服务程序的网站根目录的所有者和所属组修改为本地的 www 用户，并为其赋予 755 的权限以便用户能够读、写、执行该论坛系统内的文件。

　　第 1 步：接受 Discuz!安装向导的授权协议。在把 Discuz!论坛系统程序（刚才 upload 目录中的内容）复制到 Nginx 服务网站根目录后便可刷新浏览器页面，系统会自动跳转到 Discuz!论坛系统的安装界面，此处需要单击 "我同意" 按钮，进入下一步的安装过程，如图 16-3 所示。

图 16-3　接受 Discuz!安装向导的授权协议

第 2 步：检查 Discuz!论坛系统的安装环境及目录权限。部署的 LNMP 动态网站环境版本和软件都应与 Discuz!论坛的要求相符合，如果图 16-4 中的目录状态为不可写，请自行检查目录的所有者和所属组是否为 www 用户，以及是否对目录设置了 755 权限，然后单击"下一步"按钮。

图 16-4　检查 Discuz!论坛系统的安装环境及目录权限

第 3 步：选择"全新安装 Discuz! X（含 UCenter Server）"单选按钮。UCenter Server 是站点的管理平台，能够在多个站点之间同步会员账户及密码信息，单击"下一步"按钮，如图 16-5 所示。

图 16-5　选择全新安装 Discuz! X（含 UCenter Server）

第 4 步：填写服务器的数据库信息与论坛系统管理员信息。网站系统使用由服务器本地（localhost）提供的数据库服务，数据名称与数据表前缀可由用户自行填写，其中数据库的用户名和密码则为用于登录 MySQL 数据库的信息（以初始化 MySQL 服务程序时填写的信息为准）。论坛系统的管理员账户为今后登录、管理 Discuz!论坛时使用的账户，管理员账户可以设置得简单好记一些，但是要将密码设置得尽可能复杂。在信息填写正确后单击"下一步"按钮，如图 16-6 所示。

图 16-6　填写服务器的数据库信息与论坛系统的管理员信息

第 5 步：等待 Discuz!论坛系统安装完毕。这个安装过程很快，大概只需要 30 秒左右，然后就可以看到论坛安装完成后的欢迎界面了。由于虚拟机主机可能并没有连接互联网，所以该界面中可能无法正常显示 Discuz!论坛系统的广告信息。接入互联网的服务器，成功安装 Discuz!论坛系统后的欢迎界面如图 16-7 所示。随后单击"您的论坛已完成安装，点此访问"按钮，即可访问论坛首页，如图 16-8 所示。

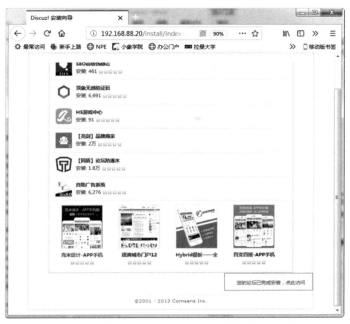

图 16-7　成功安装 Discuz! X 论坛系统后的欢迎界面

图 16-8　Discuz! X 论坛系统的首页界面

复　习　题

1．LNMP 动态网站架构通常包含哪些服务程序？

2．在 MySQL 数据库服务程序中，/usr/local/mysql 与 /usr/local/mysql/var 目录的作用是什么？

参考文献

[1] 鸟哥. 鸟哥的 Linux 私房菜——服务器架设篇[M]. 3 版. 北京：机械工业出版社，2012.
[2] 鸟哥. 鸟哥的 Linux 私房菜——基础学习篇[M]. 3 版. 北京：人民邮电出版社，2010.
[3] 张迎春，戴伟成，胡国胜. Linux 服务与安全管理[M]. 2 版. 北京：电子工业出版社，2014.
[4] 老男孩. 跟老男孩学 Linux 运维——Web 集群实战[M]. 北京：机械工业出版社，2016.

华信SPOC官方公众号

欢迎广大院校师生 **免费** 注册应用

www. hxspoc. cn

华信SPOC在线学习平台

专注教学

教学课件
师生实时同步

数百门精品课
数万种教学资源

多种在线工具
轻松翻转课堂

电脑端和手机端（微信）使用

测试、讨论、
投票、弹幕……
互动手段多样

一键引用，快捷开课
自主上传，个性建课

教学数据全记录
专业分析，便捷导出

登录 www. hxspoc. cn 检索 华信SPOC 使用教程 获取更多

华信SPOC宣传片

教学服务QQ群： 1042940196
教学服务电话：010-88254578/010-88254481
教学服务邮箱： hxspoc@phei. com. cn

电子工业出版社
PUBLISHING HOUSE OF ELECTRONICS INDUSTRY　　华信教育研究所